山区幸福河创建实践研究

王荣华　邓振贵

唐彦　王慧 ◎ 著

河海大学出版社

HOHAI UNIVERSITY PRESS

·南京·

内 容 提 要

《山区幸福河创建实践研究》在系统梳理山区幸福河创建理论及实践的基础上,全面总结桂林市临桂区桃花江黄塘村至龙头村段(塔山段)生态修复工程——"漓江上游水源涵养与生物多样性保护修复区·桃花江水生态和矿山生态修复单元·水生态保护修复"中的一个子项目。本书系统梳理山区幸福河创建的做法、经验及实践效果,响应习近平同志关于生态文明建设的要求,以"山水林田湖草沙生命共同体"理念为重要指引,防治洪水灾害,保障河流健康,控制水土流失,推进乡村振兴;恢复桃花江生态系统完整性,保障水体流动性,提升两岸的生态环境质量,实现河畅水清、江河安澜、人水和谐,促进水资源可持续利用,为保障经济社会高质量发展提供有效支撑。

本书对保护河湖、推行河湖长制具有重要的理论意义和实践价值,适合广大河湖长、水利工作人员、环境保护人员、设计人员以及相关领域研究人员参考使用。

图书在版编目(CIP)数据

山区幸福河创建实践研究 / 王荣华等著. —— 南京：
河海大学出版社,2024.8. —— ISBN 978-7-5630-9242-0

Ⅰ. X171.4

中国国家版本馆 CIP 数据核字第 2024ZR8268 号

书　　名	**山区幸福河创建实践研究**
	SHANQU XINGFUHE CHUANGJIAN SHIJIAN YANJIU
书　　号	ISBN 978-7-5630-9242-0
责任编辑	陈丽茹
特约校对	罗　玮
装帧设计	徐娟娟
出版发行	河海大学出版社
地　　址	南京市西康路 1 号(邮编:210098)
网　　址	http://www.hhup.com
电　　话	(025)83737852(总编室)　(025)83787104(编辑室)
	(025)83722833(营销部)
经　　销	江苏省新华发行集团有限公司
排　　版	南京月叶图文制作有限公司
印　　刷	苏州市古得堡数码印刷有限公司
开　　本	787 毫米×1092 毫米　　1/16
印　　张	21
字　　数	479 千字
版　　次	2024 年 8 月第 1 版
印　　次	2024 年 8 月第 1 次印刷
定　　价	98.00 元

前　言

　　2021年4月中共中央总书记习近平在桂林考察漓江,关注漓江流域综合治理和生态保护。《桂林漓江流域山水林田湖草沙一体化保护和修复工程实施方案》将漓江流域划分为上、中、下游3大分区14个生态保护修复单元,设置8大类83个子项目,总投资54.91亿元,实施期限为2022—2024年。桂林市临桂区桃花江黄塘村至龙头村段生态修复工程属于"漓江上游水源涵养与生物多样性保护修复区·桃花江水生态和矿山生态修复单元·水生态保护修复"中的一个子项目。桂林市临桂区桃花江黄塘村至龙头村段生态修复工程位于桂林市临桂区临桂镇,临桂镇不仅是临桂区人民政府驻地,也是桂林市人民政府驻地。

　　生态保护修复前,项目区部分河段杂草丛生,所涉及河岸为天然岸坡,经过多年的雨水、河水的冲刷,损坏较严重。河道泥土裸露、部分河岸塌陷,存在着滑坡、崩塌、泥石流及其他地质灾害危险,加之不合理的拦河设障、向河道倾倒垃圾、违章建筑等侵占河道的现象日渐增多,致使河道萎缩严重,行洪能力逐步降低,对沿河城乡的防洪安全构成了严重威胁。同时,随着人口向城镇聚集和城乡建设不断发展,沿河两岸聚集了大量村庄及工业厂房,各种污水不断向河流中排放,水质及生态环境日益恶化。

　　通过实施生态护岸措施、建设植物缓冲带改善了区域内河道综合环境,恢复了河道生态,提高了区域水资源调洪能力,优化了区域水资源配置,对安定人民生活,维护正常的生产和社会秩序,以及创造良好的投资、建设环境有着重要的作用。进行施工迹地植被恢复,改变过去垃圾乱堆、污水满地流的局面;临江道路的建设,使沿河两岸的堤、路、园等基础配套设施得到进一步完善,大大改善了该区环境面貌,促进了当地经济稳定地、可持续地发展。桃花江水生态保护修复已成为广西2023年国土空间生态修复典型案例,是广西推广"两山"转化成功路径的典型案例,项目本着"不推山,不填湖,保留现状植被"等低影响开发的设计理念,实施近自然生态修复,坚持"自然恢复为主,人工修复为辅",针对桃花江的实际开展近自然生态修复,打造形成了独具特色的十里桃花盛况,幸福河创建提高了51分。其典型做法和实践模式可复制、能推广,具有较强的示范引领效应。

目　录

上篇　理　论　篇

下篇 实践篇

理 论 篇

    在分析山区河流特点及研究意义的基础上,深入挖掘幸福河的内涵要义及相关理论,根据最新国内外有关学者的研究文献,对幸福河的内涵进行阐述。根据区域的实际情况,秉持以人为本的原则,兼顾普适性、差异性、独立性、可获得性、层次性和系统性,简单明了、突出重点地选取幸福河创建指标。采用专家咨询法、累计贡献率法、信息可替代性的指标筛选方法,有针对性地筛选指标,剔除相关程度较高的指标,使各个指标更具独立性和代表性。以"防洪保安全""优质水资源""健康水生态""宜居水环境""先进水文化""绿色水产业""文明水管护"七个维度为准则层,构建幸福河的创建指标,详细说明各个指标的含义、计算方法及等级标准值。根据博弈论组合赋权法,结合主观赋权法——序关系法(G1)和客观赋权法——熵权法(EWM)对各项指标合理地赋予其权重,将重要性程度不同的指标区别开来。采用模糊综合评价模型隶属度算法,确定隶属不同区间的赋分模型。根据实际数值,确定各指标实际分值,得到流域的最终幸福指数,再根据流域的幸福指数等级划分标准,确定流域的幸福河等级,最终形成完整的幸福河评价标准。本部分为下篇桃花江幸福河创建奠定了坚实的理论基础。

1 山区河

山区河是指位于山脉地带的河流。这些河流的特点是水流湍急、水势较大,因为它们下山时经过陡坡、峡谷和瀑布等地形,所以常常形成美丽的飞瀑和壮丽的峡谷景观。山区河水质通常较清澈,因为大部分山脉地带没有工业污染和人口密集地区的废水排放。这使得山区河成为许多野生动植物的栖息地,以及户外爱好者进行徒步旅行、钓鱼、划船和观光的理想场所。山区河对周边地区的生活起着重要作用。它们为山区居民提供了丰富的水源,用于农业灌溉、饮用水和发电等。山区河还承载着大量的沉积物,可以为山地农田提供养分,促进农作物的生长。

然而,由于山区河流域的地形复杂,水势陡峭,容易发生洪水和泥石流等自然灾害。因此,对山区河流域的水资源管理和环境保护显得尤为重要,以确保人类和生态系统的可持续发展。

1.1 定义

山区河流是指流经或发源于山区的河流。这些河流通常在山脉之间穿行,流经陡峭的峡谷和峰峦起伏的地形。山区河流的特点是水流湍急、水质清澈、流量较大,河水含有丰富的氧气和矿物质。

在英国,对坡度大于1%的河流,凡是河床组成物质较粗、具有跌水-深槽(Steep-Pool)形态特征的,都被认为属于山区河流范畴。James C. Bathurst认为河床由粗颗粒床沙组成,河底坡度在$0.5\% \sim 5\%$,水深与床沙代表粒径之比在10以下的河流,应属山区河流。钱宁等把冲积锥和冰水沉积平原上的卵石河流归属于山区河流。张光科通过对河流特性的分析研究,认为山区河流的水道分支比一般在$3 \sim 4$,其分支能力为一接近4的常数,宽深比B/h与水道级别N曲线的弯曲段比较长,一般要在$N=12$以后,B/h值才趋于稳定。显然,上述这些描述只涉及了山区河流一个方面的表面现象,难以揭示其真正内涵,仅以此来为山区河流下定义是不尽合理的。

要研究或描述山区河流及其特性,首先要确定山地和划定山地的区域。不少学者认为,首先从山地的地理地带性、山地的垂直性和水平地带性关系进行划分,并确定其区划的界线。其次,关于地貌类型的划分,裴善文等将相对高度大于200 m、绝对高度大于

800 m 的区域作为山地;有的学者将相对高度大于 100 m、绝对高度大于 500 m 的区域作为山地。这些研究都是地貌区划工作的重要基础。由此可知,对山区河流的判定应以上述两项研究为基础。

山区河流的平面形态为沿程宽窄相间,呈藕节状。在峡谷河段,河谷横断面多呈 V 形,谷坡陡峭,岸线极不规则,急弯、卡口、突嘴很多,常有孤石突出或礁石林立;在宽谷段或丘陵地段,河床横断面多呈 U 形,谷坡一般较缓,有发育的阶地,江心有洲滩;在溪沟汇入处,常有大量砂石堆积在溪口,形成扇形冲积体,将航道缩窄,甚至堵塞。山区河流纵断面形态存在很多折点,河床高程起伏很大,有的河流起伏高程差为 3~5 m,有的达 30~40 m,长江重庆段万州区附近的河床高差达 60 m。山区河流由于纵断面沿程起伏变化,水面线一般也存在折点,水流急流段和缓流段相间。由于河床形态特征不同,形成各种碍航的滩险。

山区河流对周围的生态环境和人类社会都有重要影响。它们为山区居民提供了宝贵的水源和灌溉资源。山区河流的水力资源也常用于发电和供应给附近的城市和乡村地区。此外,山区河流还扮演着重要的生态角色,为众多动植物提供了栖息地和食物来源。

然而,山区河流也面临一些挑战和问题。由于山区地势陡峭,河流容易发生洪水和泥石流等自然灾害,给周围的居民和农田带来威胁。此外,人类活动对山区河流的水质和生态系统造成了一定的影响,如水污染和水资源过度开发等问题。

因此,保护山区河流生态环境的重要性应该加强。通过科学的水资源管理、生态修复和环境保护措施,可以确保山区河流的可持续利用,保护生态多样性,并提供稳定的水资源供应。

1.2　水文泥沙特性

山区河流的水文泥沙特性受到山地地形、气候、降水、植被覆盖等多种因素的影响。以下是一些常见的山区河流水文泥沙特性:

(1) 水流特性:山区河流的水流特点通常是湍急、流速快、流量变化大。由于山地地形陡峭,河流的水流垂直落差大,形成了急流、瀑布和急流段等。此外,山区河流的水量会受到降雨和融雪的影响,季节性和年际变化较大。

(2) 泥沙含量:山区河流的泥沙含量通常较高。由于山地地形陡峭,水流带走了大量的岩石碎屑和土壤颗粒,使得河流中的泥沙含量较高。此外,山区河流容易发生泥石流和山洪,进一步增加了泥沙含量。

(3) 悬移负荷:山区河流的悬移负荷指的是河水中挟带的悬浮颗粒物的总量。山区河流的悬移负荷通常较大,包括细粒泥沙、砾石和岩石碎屑等。这些悬浮颗粒物对河流水质和生态环境都有一定的影响。

(4) 河床演变:由于泥沙的侵蚀和沉积作用,山区河流的河床容易发生演变。泥沙的侵蚀会使河床下切,形成峡谷和深谷;而泥沙的沉积则会形成冲积平原和河滩。河床演变对山区河流的水动力特性、生态系统和人类活动都有重要影响。

了解山区河流的水文泥沙特性对于水资源管理、水灾防治和生态保护具有重要意义。通过科学的监测和研究,可以更好地理解山区河流的特点,制定相应的管理和保护措施,以确保山区河流的可持续利用和生态健康。山区河流的河床质多由砾卵石或砂卵石组成,所流经的地区坡面陡峻,径流模数大,汇流时间较短。洪水暴涨暴落是山区河流重要的水文特点,在暴雨集中地区尤为显著,暴雨与山洪往往同时发生,但一般洪水持续时间不长,降雨过后,河道又恢复为原来的低水细流。流量与水位变幅大是山区河流又一个重要的水文特点。最大流量与最小流量的比值可达几百倍。例如,长江支流嘉陵江的最大流量为 39 600 m^3/s,最小流量为 220 m^3/s,两者相差 180 倍。但在集水面积大的山区河流,流量过程线自然调平,洪枯流量相差较小。山区河流一般河谷狭窄,调蓄能力低,随流量急剧变化,水位大幅度升降,例如,长江三峡的巫峡段,水位变幅达 55.6 m。另外,受河床形态及水流条件影响,山区河流水面比降一般都较大,且沿程分布极不均匀,绝大部分落差集中在局部河段。河床上存在急弯、石梁、卡口等滩险,形成很大的横比降。同时山区河流的流态十分险恶,常有回流、泡水、漩涡、跌水、水跃、剪刀水、横流等出现,对航行造成很大的威胁。

山区河流的泥沙来量主要集中在汛期,含有冲泻质、悬移质和推移质,悬移质含沙量视地区而异。在岩石风化不严重或植被较好的地区,含沙量较小。相反,在岩石风化严重或植被较差的地区,山洪暴发时含沙量极大,甚至形成泥石流。例如,府谷水文站最大含沙量达 1 190 kg/m^3(1971 年 7 月 23 日),有些山区河流处于泥石流发育地区,泥石流汇入江河以后,对泥沙运动、河流形态等有很大影响。

1.3　山区河流河床演变

山区河流的河床演变是指河流在山区地形中的变化过程。由于山区地势陡峭,山区河流的河床演变通常比平原河流更为剧烈和复杂。以下是一些常见的山区河流河床演变过程:

(1)岩石侵蚀和河床下切:山区河流受到较大的水流冲击力,河水流速快,因此能够侵蚀和切割河床上的岩石。随着时间的推移,河流会不断下切,形成峡谷和深谷。

(2)泥石流和山洪:山区河流经常面临泥石流和山洪的威胁。当陡峭山坡上的土壤和岩石被雨水冲刷或滑坡时,会形成泥石流,带来大量的泥沙和碎石,进而改变河床的形状。山洪是由暴雨或融雪引起的大规模洪水,其强大的水流能够改变河床的形态。

(3)沉积和堆积:当山区河流流经山谷和峡谷时,水流速度会减慢,导致悬移物质(如泥沙、砾石)沉积在河床上。这些沉积物逐渐堆积形成河床的河滩和冲积平原。

(4)河流改道:由于山区地形的不稳定性,山区河流可能会发生河道的改道。地震、滑坡或其他地质灾害等自然因素,以及人类活动(如水利工程建设)都可能导致河流改道,使河床的位置和形状发生变化。

总体而言,山区河流的河床演变是一个动态的过程,受到多种自然和人为因素的影响。了解和研究山区河流的河床演变对于科学地管理和保护这些宝贵的水资源具有重要意义。

山区河流除基岩裸露的河床外,一般均为卵石或砂卵石所覆盖。推移质多为卵石及粗砂。在峡谷河段,洪水期间峡谷段流速大,将峡谷内的推移质输送到下游河床宽阔段;枯水期间峡谷段水流平缓,而宽阔段的滩上流速、比降均较大,将洪水时期淤积的泥沙部分或全部输移到峡谷河段,推移质运动在空间分布上有明显的不连续性。宽阔段的浅滩,由于洪、枯水流路不一致,一般呈洪淤枯冲的周期性变化。山区河流两岸多为岩质组成,一般横向变幅不大①。

1.4　喀斯特山区河流特点

喀斯特地貌山区的河流具有一些特点:

(1)河道发育不完善:由于喀斯特地貌的特殊性,山区河流的河道发育通常不完善。由于溶蚀作用和地下水侵蚀,河流在岩溶地貌中形成了许多地下河道和溶洞,河水常常在地下流动,表面河道相对较少。

(2)河床多为岩溶地貌:喀斯特地貌山区的河流河床多为岩溶地貌,主要由溶蚀作用形成的石灰岩、大理石等构成。这些岩石易于溶解,形成许多潜流、地下河以及溶洞等地下水通道。

(3)河流水量变化大:由于地下水系统的复杂性,喀斯特地貌山区的河流水量变化较大。在雨季或融雪期,降雨水或融雪水会迅速注入地下水系统,导致地下水位上升,河流水量增加;而在旱季或无雪期,地下水位下降,河流水量减少甚至干涸。

(4)河流走向曲折:由于岩溶地貌中出现的溶洞、地下河道等地下水通道的存在,喀斯特地貌山区的河流走向通常会呈现曲折、蜿蜒的特点。河流在地下穿过溶洞、岩隙等地下通道,经过地表河道的段落长度较短。

(5)河流水质优良:喀斯特地貌山区的河流水质通常较好。由于地下水系统的自净作用和过滤作用,河水经过地下通道的过程中,会进行一定程度的自然净化,因此河水中的悬浮物、有机物质等含量较低,水质相对清澈。

总的来说,喀斯特地貌山区的河流具有河道发育不完善、河床多为岩溶地貌、水量变化大、走向曲折和水质优良等特点。这些特点对于山区河流的管理、保护和利用提出了一定的挑战,也为山区的生态环境和旅游资源提供了独特的价值。

---

① 《中国水利百科全书》编辑委员会.中国水利百科全书[M].北京:中国水利水电出版社,2006.

1.5　研究山区河道的意义

山区河道的研究具有重要的意义,主要体现在以下几个方面:

(1)水资源管理:山区河道是重要的水资源来源,研究山区河道可以帮助了解其水文特征、水量变化、水质状况等,从而更好地管理和保护水资源。这对于山区地区的农业灌溉、城市供水和生态环境的维护都至关重要。

(2)水灾防治:山区河道容易发生洪水、泥石流等自然灾害,研究山区河道的水文过程和河道形态变化可以帮助预测和防治水灾。通过了解河道的演变规律和水动力特征,可以制定相应的防洪和治理措施,减少灾害风险。

(3)生态环境保护:山区河道是重要的生态系统组成部分,研究山区河道可以了解其生态特征、水生物多样性等,为保护和恢复山区河道的生态环境提供科学依据。通过合理规划和管理山区河道,可以保护水源地、维护生态平衡,促进可持续发展。

(4)土地利用规划:山区河道的研究有助于合理规划和管理山区土地利用。了解河道的地质特征、土壤侵蚀状况等,可以为农业、林业、旅游业等领域的土地利用提供科学依据,减少土地资源的浪费和环境破坏。

(5)经济社会发展:山区河道的研究对于山区地区的经济社会发展具有重要意义。合理利用山区河道资源,可以促进农业生产、水电能源开发、旅游业发展等,提升山区地区的经济水平和居民生活质量。

综上所述,山区河道的研究对于水资源管理、水灾防治、生态环境保护、土地利用规划和经济社会发展等方面都具有重要的意义。通过深入研究山区河道,可以更好地保护和利用山区的自然资源,实现可持续发展。

2　幸　福　河

幸福河用来描述人们对河流的幸福感和生活满意度的整体情况。它类似于经济学中的"幸福经济学"或"幸福指数",旨在通过测量和评估人们的主观幸福感来了解和改善社会福祉。它强调人们对于幸福的追求和衡量,并试图找到影响幸福感的各种因素,包括物质、心理、社会和环境等方面。幸福河有一套理论和评价方法,以了解人们的幸福感水平以及影响幸福感的因素。这些研究可以帮助政府和社会决策者了解人民的需求和期望,制定更加符合人民期待的政策和措施。

2.1　幸福河的提出

习近平同志在 2019 年 9 月的黄河流域生态保护和高质量发展座谈会上提出了"让黄河成为造福人民的幸福河"的口号。这次座谈会是为了推动黄河流域生态保护和高质量发展而召开的重要会议。在座谈会上,习近平同志强调了黄河的重要性和保护治理的紧迫性,提出了让黄河成为造福人民的幸福河的目标。他指出,要坚持绿色发展理念,加强黄河流域的生态保护,推动黄河流域的高质量发展,为人民创造更多的福祉和幸福。这一口号的提出旨在强调将黄河的发展与人民的福祉紧密结合起来,通过改善黄河的生态环境、水资源管理和防洪减灾等措施,提升人民的生活质量和幸福感。

习近平同志发出"让黄河成为造福人民的幸福河"的号召,为新时代中国江河治理保护指明了方向。水利部原部长在 2020 年全国水利工作会议上对幸福河湖建设的主要目标做出了明确阐述:必须做到防洪保安全、优质水资源、健康水生态、宜居水环境、先进水文化,一个都不能少。

2020 年 11 月 13 日,习近平同志在扬州市运河三湾生态文化公园考察,扬州是中国古运河原点城市,也是长江经济带和大运河文化带交汇点城市。在运河三湾生态文化公园,习近平同志听取大运河沿线环境整治、生态修复及现代航运示范区建设等情况介绍;近年来,经过清理违建、水系疏浚等整治,生态环境明显改善;习近平同志沿运河三湾段岸边步行,察看运河生态廊道建设情况,了解大运河文化保护传承利用取得的成效。习近平同志在码头同市民群众亲切交流。他指出,扬州是个好地方,依水而建、缘水而兴、因水而美,是国家重要历史文化名城。千百年来,运河滋养两岸城市和人民,是运河两岸人民的致富河、幸福河。希望大家共同保护好大运河,使运河永远造福人民。生态文明建设关系经济社会发展,关系人民生活幸福,关系青少年健康成长。加强生态文明建设,是推动经济社会高质量发展的必然要求,也是广大群众的共识和呼声。要把大运河文化遗产保护同生态环境保护提升、沿线名城名镇保护修复、文化旅游融合发展、运河航运转型提升统一起来,为大运河沿线区域经济社会发展、人民生活改善创造有利条件。

"使运河永远造福人民"这一口号在中国的大运河保护和文化遗产保护工作中具有重要的指导意义,也体现了习近平同志对于历史文化遗产的重视和对人民幸福的关切。

幸福河的含义包括以下几个方面:

(1)生活品质:幸福河反映了人们的物质生活水平、住房条件、教育和医疗资源等方面的改善。一个高度发展的社会通常会努力提高人民的生活品质,使人们能够享受到更好的物质条件和基本服务。

(2)社会和谐:幸福河还涉及社会关系的和谐与稳定。一个和谐的社会能够提供安全、公平和公正的环境,使人们能够和睦相处并发展个人和社会。

(3)文化和精神层面:幸福河还包括人们对文化传统、精神信仰和个人价值观的认同和满足。文化和精神层面的幸福涵盖了人们的心理健康、社交关系、社会认同和个人成长等方面。

需要注意的是,幸福河的定义是一个相对主观的概念,因为不同的人对幸福的理解和追求可能会有所不同。因此,幸福河的确切定义可能因个人、社会和文化的差异而有所不同。

河流作为自然资源的一部分,对于人类社会有着重要的意义。河流为人们提供了水源,满足灌溉农田、供给生活用水等基本需求。此外,河流还提供了丰富的生态系统,为动植物提供栖息地和食物来源。

当人们在河边散步、垂钓或欣赏河流美景时,河流也给人们带来了心灵上的愉悦和放松感。这种与自然亲近的体验常常被形容为"幸福河流",因为人们通过与河流的接触和享受,感受到了生活中的幸福和满足。

"幸福河流"是一个比喻性的说法,用来形容人们对某个河流所产生的愉悦和幸福感。它强调了河流对人们生活的积极影响和重要性。

"幸福河"的概念在中国被广泛应用于河流保护和水资源管理的工作中,旨在通过改善河流生态环境和水质,提高人民的生活质量和幸福感。这一理念在中国的环境保护和可持续发展政策中具有重要地位和影响。

2.2　幸福河研究目的

幸福河湖是指灾害风险较小、供水保障有力、生态环境优良、水事关系和谐的安澜河湖、民生河湖、美丽河湖、生态河湖、健康河湖、和谐河湖。

幸福河的研究目的是探索和理解人民群众的幸福感,以及影响幸福河建设的因素和机制。具体而言,幸福河的研究目的包括以下几个方面:

(1)评估幸福水平:通过研究幸福河,可以对一个国家或地区的幸福水平进行评估。这有助于了解人民的生活满意度和幸福感,为政府和决策者提供参考,以制定相应的政策和措施来提升人民的幸福指数。

(2)发现幸福影响因素:研究幸福河可以揭示影响人民幸福感的因素。这可能涉及物质方面,如收入水平、就业状况和住房条件;也可能涉及非物质方面,如社交关系、健康状况、教育水平和精神满足等。通过了解这些因素,可以为政策制定者提供指导,以改善人民的生活条件和提升幸福感。

(3)探索幸福机制:研究幸福河有助于深入了解幸福的形成机制和过程。这可能包括个体层面的因素,如人格特质、心理健康和情绪调节;也可能涉及社会和环境层面的因素,如社会支持网络、社会公平和文化价值观。通过揭示这些机制,可以为幸福的培养和提升提供理论和实践上的指导。

(4)比较和跨文化研究:幸福河的研究还可以进行不同地区、不同文化背景之间的比较和跨文化研究。这有助于了解幸福感在不同环境下的差异和共性,以及不同文化对幸福的理解和追求方式。通过这样的研究,可以促进不同地区之间的交流和经验分享,为全球范围内的幸福发展提供借鉴和启示。

总之,幸福河的研究是为了更好地了解幸福的本质、影响因素和机制,为政策制定和社会发展提供科学依据和指导。

2.3　幸福河研究意义

幸福河的研究具有重要的意义,主要体现在以下几个方面:

(1)政策制定和社会发展:研究幸福河可以为政府和决策者提供重要的参考,以制定更加符合人民需求和期望的政策和措施。通过了解人民的幸福感,可以优化资源分配、改善社会福利,促进社会的全面发展和进步。

(2)人民生活质量的提升:通过研究幸福河,可以深入了解人民的生活满意度和幸福感,发现影响幸福的因素和机制。这有助于改善人民的生活条件,提供更好的教育、医疗、就业和社会保障等公共服务,提升人民的生活质量和幸福指数。

(3)心理健康水平和幸福感的提升:研究幸福河可以帮助了解幸福感的形成机制和心理健康的重要性。通过揭示幸福的影响因素,可以为个人和社会提供指导,培养积极的心态、提升心理健康水平,增强人们的幸福感和福祉。

(4)跨文化交流和理解:幸福河的研究可以促进不同地区、不同文化之间的比较和跨文化研究。这有助于了解不同文化对幸福的理解和追求方式,促进不同地区之间的交流和经验分享。通过这样的研究,可以促进全球范围内的幸福发展,推动人类共同进步。

（5）社会稳定和和谐发展：幸福河的研究有助于社会的稳定和和谐发展。通过提升人民的幸福感和福祉，可以减少社会不满和不平等的问题，促进社会的和谐与稳定，创造良好的社会环境和积极的社会关系。

综上所述，研究幸福河对于政策制定、人民生活质量提升、心理健康促进、跨文化交流和社会稳定等都具有重要的意义。通过深入研究幸福河，可以为社会的全面发展和人民的幸福指数提升提供科学依据和指导。

3 幸福河创建指标

根据第 2 章的相关理论,基于幸福河内涵以及区域实际情况,将幸福河指标分解为"防洪保安全""优质水资源""健康水生态""宜居水环境""先进水文化""绿色水产业""文明水管护"七个方面,并采取信息可替代性指标筛选法、累计信息贡献率法、专家咨询法等多种方法针对性地筛选指标,主观性、客观性相结合。为了避免客观筛选法受数据影响而筛掉重要指标的局限性,采用专家咨询法充分收集专家意见后,直接保留各维度重要性排名第一的指标,其余取舍按照少数服从多数原则,这使得筛选结果更加科学,最终构建幸福河创建指标体系。

3.1 指标构建原则与步骤

3.1.1 构建原则

幸福河指标体系的构建考虑以下原则:

1. 以人为本

基于幸福河最终应达到人水和谐、造福人类的效用,幸福河的指标也应当围绕主体"人"来展开。以人民需求为导向,以提升人民幸福感和满足感为落脚点,最终实现高质量发展,达到人水和谐的状态。参照相关创建指标,灵活选取适用于本指标体系的内容,切忌生搬硬套。

2. 兼顾普适性和差异性

各区域、流域河湖具备一定的差异性,选取的指标体系应在满足流域普适性的前提下,考虑到各个地区地域性的差异,幸福河湖的建设有其突出的地方性特色和具体特点,比如湖南省部分流域注重特色水产业的发展,注重绿色养殖经济高质量发展,因此可因地制宜选取能体现地域特色的个性化指标,在选取了部分个性化指标的基础上,再询问专家意见,适当给予一定的权重,从而使创建指标更加具有一定的针对性。

3. 简单明了和突出重点

为简化工作流程,减少评估过程中不必要的工作量,应选取最为重要的指标,没必要构建成庞大的指标体系,加大工作量的同时,也不具备一定的推广性。因此指标体系的制定应当突出重点、简单明了,能反映河流幸福度即可。

4. 全面性

指标体系应当覆盖幸福河内涵包含的所有维度,在符合区域相关规划要求的前提下,既能够反映河流本身特性,如"防洪保安全""优质水资源""健康水生态""宜居水环境",又要考虑人对河流的需求及主观感受,如"先进水文化""绿色水产业""文明水管护"等。

5. 独立性

在幸福河的指标体系的构建中,应当考虑各个指标的相对独立性,对于那些意义相近,或者关联度相对较高的指标,应及时剔除;为了保障选取的指标具备一定的独立性,可采用合适的指标筛选方法对初步选取的指标进行针对性的筛选,使每个指标都具备一定的独立性,此外,每个指标的含义应当明确、具体。

6. 可获得性

幸福河的指标体系中要求的指标数据应当可获得,在现有统计成果基础上具有可收集性、可整理性,或者可以通过现有调查方法进行一定的补充,这也是指标体系构建原则中应当着重强调的一点。

7. 层次性和系统性

幸福河的指标体系的构建同样应具备层次性,自下而上具备整体性,同时每个指标还应具备一定的逻辑性,每一级指标有其对应的下级指标,且一一对应、密切相关,比如将幸福河创建指标分解为"防洪保安全""优质水资源""健康水生态""宜居水环境""先进水文化""绿色水产业""文明水管护"等维度,"防洪保安全"维度下又有如"防洪标准达标率""河流纵向连通性"这样的具体指标,最终构成不仅能够切实反映幸福河的平安、健康、宜居、文化、富民、和谐性,而且不同层级间的指标还可以形成一个完整的指标体系。

3.1.2 构建步骤

为保证幸福河的指标体系的科学性和合理性,在遵循上述指标体系构建原则的基础上,具体步骤如下:

1. 初步选取指标

在梳理幸福河内涵内容的基础上,对幸福河目标进行分解,把幸福河目标分解为"防洪保安全""优质水资源""健康水生态""宜居水环境""先进水文化""绿色水产业""文明水管护"七个方面,并统计相关文献中涉及的出现频率较高指标,得到初选指标。

2. 针对性地筛选指标

初筛的指标由于数量多,且指标间相关性较高,指标的独立性和代表性仍需进一步研究,因此需要进一步筛选优化。为了再次系统化地筛选指标,本书采用专家咨询法、累计信息贡献率法、信息可替代性指标筛选法共三种方法,结合主观筛选法和客观筛选法的优点,主观性、客观性相结合,同时为了避免客观筛选法受数据影响而筛掉重要指标的局限性,采用专家咨询法充分收集专家意见后,直接保留各维度重要性排名第一的指标,使得筛选结果更加科学,针对性地筛选指标,最终得到幸福河综合创建指标。

指标体系构建的基本步骤如图 3.1 所示。

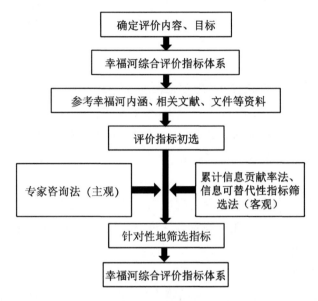

图 3.1 指标体系构建的基本步骤

3.2 幸福河创建指标的构建

3.2.1 指标体系总体框架

本书构建指标体系参考的文件有《河湖健康评估技术导则》《河湖健康评价指南(试行)》《美丽中国建设评估指标体系及实施方案》《城镇污水处理厂污染物排放标准》《地表水环境质量标准》《防洪标准》《种养结合循环农业示范工程建设规划(2017—2020 年)》《湖南省湘江保护和治理第二个"三年行动计划"(2016—2018 年)实施方案》。文献有幸福河课题研究小组、左其亭、刘蒨、王弯弯、韩宇平等专家的研究成果。本书基于幸福河内涵,结合江苏、湘潭幸福河指标,常州河湖健康评价指标,以及广西生态评价指标等,考虑指标的易得性,取这些指标的交集,最终形成以幸福河创建指标为目标层,"防洪保安全""优质水资源""健康水生态""宜居水环境""先进水文化""绿色水产业""文明水管护"共七个方面为准则层的幸福河创建指标,总体框架如图 3.2所示。

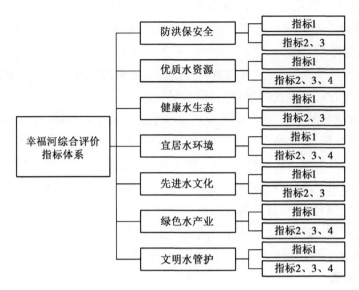

图 3.2　指标体系总体框架

3.2.2　评价指标初选

根据幸福河影响因素的分析,将幸福河评价指标分解为"防洪保安全""优质水资源""健康水生态""宜居水环境""先进水文化""绿色水产业""文明水管护"等维度,结合实际情况,对各维度的具体指标进行初选分析。

1. 防洪保安全

防洪是河湖治理的首要任务。湖南省涟水河的建中堤、姜畲堤、沿河堤尚不能满足规划防洪标准,不达标堤防长 24.83 km(沿河堤、姜畲堤堤段等需进行达标加固),堤防达标率仅为 79.3%。湘乡市的城东新工业园堤防、涟水防洪堤新田段、洋潭水库下游左岸堤防、山枣防洪保护圈堤防、洪塘防洪堤防都没有达标,防洪工作有待进一步开展深化,防洪标准达标率需要提高。从自然条件来说,湖南省整体降雨较多,也会影响防洪工作进一步开展。涟水河、浏阳河、蒸水等周边普遍存在多处阻碍行洪的建筑,有些住宅甚至占用河道滩地,影响河道的畅通性,若洪水来临,这也是一定的安全隐患,可以说是建设幸福河湖的阻力。

故初选指标有:防洪标准达标率、河流纵向连通性、洪水预警能力。

2. 优质水资源

湖南省涟水河流域内普遍存在农村分布范围较广,居住人口多而不集中,难以实行集中供水等方面的管理问题。大部分区域的可利用水资源有限,而且近年来由于工业发展迅速,用水量大大增加,使水资源进一步短缺,同时水质也受到了一定的影响。2016—2019 年,湖南省湘潭全市地表水共监测 14 个断面,各断面总体可达到或优于Ⅲ类水质标准,表明湘潭市水环境质量总体良好,但部分监测月份仍存在Ⅳ类和Ⅴ类水,水质整治工作仍然十分艰巨,而优的水质才能让水资源更持续地为人类所利用,居民才能追求更高精神层面的幸福感。因此,优质的水域资源也显得尤为重要。

故初选指标有:自来水普及率、水资源开发利用率、水质达标率、水功能区达标率。

3. 健康水生态

近年来,由于受降雨径流、土壤地质、地形坡度、植被状况等因子及不合理的种植结构和农林开发、耕作方式等因素的影响,湖南省涟水河雨湖区段的水土流失现象较为严重,生态整体呈较为脆弱的状态,而幸福河应具备健康的水域生态环境,有丰富多样的河湖水生生物。据统计分析,着生藻类对污染物的反应较为灵敏,且像鱼类个体大、生命周期长、鉴别较容易,因此鱼类等生物的群落结构、种类组成等都可以反映出外界干扰对水体的长期作用,间接反映出河流的健康程度。沿岸需具备一定的绿化种植和覆盖,才能进一步提高人类的亲水程度和参与程度。流域内的水满足居民基本生存需求的同时,还能用来生态种植、节水建设,保障可持续发展,提升沿域人民的幸福感。

故初选指标有:河岸植被覆盖率、生态用水量、鱼类等水生生物多样性指数。

4. 宜居水环境

根据《湘潭市水资源开发利用及保护规划》,涟水河湘潭市段存在生活、农业污水直排或通过支流排放的现象,因此为保证水环境的宜居,应更关注垃圾处理率的提高。建设美丽幸福河湖任重道远。通过建设美丽乡村,有针对性地对建设工作中出现的问题深入剖析,同时结合水资源开发利用保护规划及乡村振兴战略部署,探求可行性方法,从而全面推动区域的政治、经济、生态、文化、建设等工作的整体提升,改善区域人民的生活水平,使流域内人民获得更好的生活体验。同时,认真落实幸福河建设工作,各部门也应联合巡河检查,确保水域清洁,保持河面、河岸面貌整洁,增加绿化建设,保证河流自净能力有效发挥,打造区域幸福河流。

故初选指标有:美丽乡村建设完成率、河道整洁程度、水体自净能力、垃圾处理率。

5. 先进水文化

人类对认识水、爱护水、欣赏水的一系列物质和精神活动的综合,是人类对河湖的精神财富和对美好生活的追求。湖南省的历史文化、红色文化底蕴丰富,以韶山灌区为学习模板,重点突出和发扬韶山灌区精神,发展相关旅游业,带动周边经济发展。挖掘本地文化,保护文化遗产,因地制宜结合当地特色,提升沿域人民精神的幸福度。

故初选指标有:文化古迹保护率、水文化挖掘开发程度、水域文化公众满意度。

6. 绿色水产业

建设幸福河,需大力发展生态循环农业等绿色经济,实现农业企业内部各生产环节及企业与农户之间的横向及纵向生产、加工和销售一体化的产业链条。通过合理布局农场及配套设施,对养殖业废弃物循环利用,提升农牧产品的质量及产量,有效控制区域内空气及水环境污染问题,高效处理工业、生活污水、淤泥等废弃物,进一步改善周边的生态环境,回收废弃物等,获得经济效益。其中,经济效益是沿域人民获得幸福感的直接来源。

故初选指标有:绿色水产品生产率、淤泥资源化利用率、生活污水利用率、废弃物综合利用率。

7. 文明水管护

河湖岸线不仅可以输水输沙,给予水生生物赖以生存的栖息场所,还兼具经济社会功能,能够保障流域人民的生产生活需求。当下,随着水利项目的增多,岸线无序、过度开发的问题愈演愈烈,围垦河湖、侵占流域岸线的行为较多,这些都对水域岸线的管理造成了很大的困扰,因此推进河湖文明管护,严格流域管理,在有序开发中兼顾保护具有重要意义。河湖在社会、公众等各类群体的关心下得到严格有效的管护,这使得人与河湖之间存在一定的社交性,有一定的社会联系。实行严格的水资源、岸线管理制度,结合信息化手段,建立完善的监控系统,实现动态监测,严厉打击一系列违法行为,使得各项管护问题落实解决。严格落实河长监督制度,规范乱占、乱建、乱采、乱堆行为,必要时可建立信息化平台来提高工作效率,严格落实管护问题的解决率。

故初选指标有:"四乱"整治完成率、河湖信息数字化水平、岸线利用管理指数、管护满意度。

幸福河评价初选指标体系具体如表3.1所示。

表 3.1 幸福河评价初选指标体系

目标层	准则层	指标层
幸福河创建指标	防洪保安全	防洪标准达标率、河流纵向连通性、洪水预警能力
	优质水资源	自来水普及率、水资源开发利用率、水质达标率、水功能区达标率
	健康水生态	河岸植被覆盖率、生态用水量、鱼类等水生生物多样性指数
	宜居水环境	美丽乡村建设完成率、河道整洁程度、水体自净能力、垃圾处理率
	先进水文化	文化古迹保护率、水文化挖掘开发程度、水域文化公众满意度
	绿色水产业	绿色水产品生产率、淤泥资源化利用率、生活污水利用率、废弃物综合利用率
	文明水管护	"四乱"整治完成率、河湖信息数字化水平、岸线利用管理指数、管护满意度

3.2.3 评价指标筛选

幸福河初选创建指标由于存在涉及面广、数量众多,且部分指标有重叠或相关性较高的问题,所以对于初选的指标体系还需进一步筛选,因此亟须一套科学有效的指标体系筛选方法。本书参考大量学者的相关文献,选用主观的专家咨询法、客观的累计信息贡献率法、信息可替代性指标筛选法共三种指标筛选方法,对指标做进一步的筛选,从而得到筛选后的精选指标。该指标筛选方法既能发挥专家作用,给予专业性的针对性意见,又能基于客观数据,选用信息贡献含量高的指标,主观性和客观性结合。

1. 专家咨询法

专家咨询法又名德尔菲法,简单来说即通过征求专家意见,对各指标的重要性进行打分排序,根据各个指标得分的算数平均值来反映专家的集中意见。因为它的操作流程是先对所要预测的问题征得专家的意见之后,再进行整理、归纳、统计,再匿名反馈给各专家,再次征求意见,再集中,再反馈,直至得到稳定的意见,具备一定的匿名性和反馈性。因此该方法可充分发挥各位专家作用,集思广益,具备更高的准确性;可以表达不同专家意见分歧点,取长避短,具备相对公正性。

本次咨询选取 20 位水利专业相关的教授及高工,发放了 20 份咨询表,实际回收了 20 份,按照专家咨询结果排序选取各维度层级的指标。"防洪保安全"维度前两位指标为:防洪标准达标率、洪水预警能力。"优质水资源"维度前两位指标为:水功能区达标率、水资源开发利用率。"健康水生态"维度前两位指标为:生态用水量、鱼类等水生生物多样性指数。"宜居水环境"维度前两位指标为:美丽乡村建设完成率、河道整洁程度。"先进水文化"维度前两位指标为:文化古迹保护率、水文化挖掘开发程度。"绿色水产业"维度前两位指标为:生活污水利用率、绿色水产品生产率。"文明水管护"维度前两位指标为:岸线利用管理指数、管护满意度。

2. 累计信息贡献率法

累计信息贡献率法是以主成分分析方法为基础,通过计算指标的相对离散系数来反映指标的信息含量,并根据信息含量的大小将各个指标排序,留下信息含量较大的指标作为进一步筛选后的指标的一种指标筛选方法。该方法根据累计信息贡献率确定指标体系,以实际数据说话,克服单独使用相对离散系数无法删除指标的不足,且公式简单,操作性强,具备简便性和直观性的优点。累计信息贡献率法的具体计算步骤如下:

步骤 1:计算指标 X_i 的信息含量 C_i

$$C_i = \sqrt{\frac{1}{m-1}\sum_{k=1}^{m}\left(x_{ki} - \frac{1}{m}\sum_{k=1}^{m}x_{ki}\right)^2} \bigg/ \left(\frac{1}{m}\sum_{k=1}^{m}x_{ki}\right)$$

式中:m ——评价对象个数。

步骤 2:指标按照信息含量大小排序

将全部指标 X_1,X_2,…,X_n 按照信息含量的大小由大到小进行排序,得到新的顺序为 X_{n1},X_{n2},…,X_{nn}。

步骤 3:计算指标累计信息贡献率 r_p

累计信息贡献率是指信息含量较大的前 p 个指标 X_{n1},X_{n2},…,X_{np} 的信息含量占全部信息含量的比重之和。

$$r_p = \sum_{i=1}^{p}C_i^* \bigg/ \sum_{i=1}^{n}C_i$$

式中:C_i^*($i = 1$,2,…,p)——信息含量较大的前 p 个指标 X_{n1},X_{n2},…,X_{np} 的信息含量。

步骤 4:筛选信息含量大的指标

借助主成分分析的思想,保留信息含量较大即累计信息贡献率 r_p 在 96% 以下的指标。累计信息贡献率法指标筛选的计算结果如表 3.2 所示。

表 3.2　累计信息贡献率法指标筛选的计算结果

指标	信息含量C_i	排序后的信息含量C_i^*	排序后的指标	累计信息贡献率r_p(%)	指标保留情况
X_1	0.058 6	0.305 3	X_{18}	9.76	保留 X_{18}
X_2	0.164 5	0.297 2	X_5	19.27	保留 X_5
X_3	0.151 0	0.258 0	X_{16}	27.52	保留 X_{16}
X_4	0.017 2	0.215 3	X_{11}	34.41	保留 X_{11}
X_5	0.297 2	0.197 4	X_{10}	40.72	保留 X_{10}
X_6	0.107 7	0.195 0	X_{12}	46.95	保留 X_{12}
X_7	0.031 6	0.179 1	X_8	52.68	保留 X_8
X_8	0.179 1	0.164 5	X_2	57.94	保留 X_2
X_9	0.068 5	0.160 5	X_{24}	63.07	保留 X_{24}
X_{10}	0.197 4	0.154 8	X_{15}	68.03	保留 X_{15}
X_{11}	0.215 3	0.151 0	X_3	72.85	保留 X_3
X_{12}	0.195 0	0.135 4	X_{17}	77.18	保留 X_{17}
X_{13}	0.120 5	0.120 5	X_{13}	81.04	保留 X_{13}
X_{14}	0.033 6	0.107 7	X_6	84.48	保留 X_6
X_{15}	0.154 8	0.106 3	X_{25}	87.88	保留 X_{25}
X_{16}	0.258 0	0.105 7	X_{19}	91.26	保留 X_{19}
X_{17}	0.135 4	0.068 5	X_9	93.45	保留 X_9
X_{18}	0.305 3	0.058 6	X_1	95.33	保留 X_1
X_{19}	0.105 7	0.033 6	X_{14}	96.40	删除 X_{14}
X_{20}	0.020 0	0.031 6	X_7	97.41	删除 X_7
X_{21}	0.014 7	0.022 5	X_{23}	98.13	删除 X_{23}
X_{22}	0.006 5	0.020 0	X_{20}	98.77	删除 X_{20}
X_{23}	0.022 5	0.017 2	X_4	99.32	删除 X_4
X_{24}	0.160 5	0.014 7	X_{21}	99.80	删除 X_{21}
X_{25}	0.106 3	0.006 5	X_{22}	100.00	删除 X_{22}

3. 信息可替代性指标筛选法

信息可替代性指标筛选法是通过借鉴聚类分析两指标集间相似性的类平均法思想，并在其基础上进一步深化，通过计算指标与其余所有指标的相关性，剔除信息可替代性大于平均信息可替代性指标的指标筛选方法。该方法克服了只能计算两个指标间相关性的局限,筛选出重叠度高的指标,降低指标体系维度,精减指标力度更大的同时,也使筛选结果更具客观性。

步骤 1:计算指标 X_i 与 X_j 的相关系数 r_{ij}

$$r_{ij} = \frac{\sum_{k=1}^{m} (x_{ki} - \overline{x}_i)(x_{kj} - \overline{x}_j)}{\sqrt{\sum_{k=1}^{m} (x_{ki} - \overline{x}_i)^2 (x_{kj} - \overline{x}_j)^2}}$$

r_{ij} 代表指标 X_i 与 X_j 的信息重叠程度,计算 n 个指标之间的相关系数 r_{ij} 构成矩阵 $\boldsymbol{R} = (r_{ij})_{n \times n}$。

式中: x_{ki} ——指标 X_i 对应于第 k 个评价对象的值;

$\overline{x}_i$ ——指标 X_i 均值;

m ——评价对象个数。

步骤 2:计算指标 X_i 的信息可替代性 R_i

$$R_i = \frac{1}{n-1} \sum_{x_j \in D_{i,(n-1)}} r_{ij}^2$$

借鉴聚类分析思想, R_i 是反映指标 X_i 的信息被其余 $n-1$ 个指标可替代的程度, R_i 越大,说明指标 X_i 的信息可替代性越强;反之, R_i 越小,说明指标 X_i 的信息可替代性越弱,指标 X_i 越重要。

步骤 3:计算平均信息可替代性 $\overline{R}$

$$\overline{R} = \frac{1}{n} \sum_{i=1}^{n} R_i$$

步骤 4:比较指标 X_i 信息可替代性 R_i 与平均信息可替代性 $\overline{R}$ 大小

若 $R_i > \overline{R}$,则删除指标 X_i;若 $R_i < \overline{R}$,则保留指标 X_i。信息可替代性法指标筛选的计算结果如表 3.3 所示。

表 3.3　信息可替代性法指标筛选的计算结果

指标	信息可替代性 R_i	平均信息可替代性 $\overline{R}$	指标保留情况
X_1	3.527 9		删除 X_1
X_2	2.854 1		保留 X_2
X_3	3.307 2		删除 X_3
X_4	0.248 5	3.300 0	保留 X_4
X_5	4.098 8		删除 X_5
X_6	2.175 2		保留 X_6

（续表）

指标	信息可替代性 R_i	平均信息可替代性 $\overline{R}$	指标保留情况
X_7	3.841 7		删除 X_7
X_8	2.930 5		保留 X_8
X_9	3.814 4		删除 X_9
X_{10}	2.941 0		保留 X_{10}
X_{11}	3.707 6		删除 X_{11}
X_{12}	3.808 0		删除 X_{12}
X_{13}	3.088 1		保留 X_{13}
X_{14}	3.999 9		删除 X_{14}
X_{15}	3.699 0		删除 X_{15}
X_{16}	3.519 9	3.300 0	删除 X_{16}
X_{17}	2.994 4		保留 X_{17}
X_{18}	2.991 3		保留 X_{18}
X_{19}	2.406 7		保留 X_{19}
X_{20}	3.683 3		删除 X_{20}
X_{21}	3.973 4		删除 X_{21}
X_{22}	4.177 3		删除 X_{22}
X_{23}	4.056 1		删除 X_{23}
X_{24}	3.637 2		删除 X_{24}
X_{25}	3.032 2		保留 X_{25}

3.2.4　指标体系建立

本书通过查阅相关文献,结合幸福河内涵特点及河湖实际情况,得到初选指标体系。为进一步优化指标体系,剔除相关程度较高的指标,选用专家咨询法、累计信息贡献率法、信息可替代性指标筛选法三种方法结合的指标筛选法。为了避免客观筛选法受数据影响而筛掉重要指标的局限性,采用专家咨询法充分收集专家意见后,直接保留各维度重要性排名第一的指标,其余取舍按照少数服从多数原则,最终得到7个准则层20个指标的幸福河综合创建指标体系。指标筛选保留过程如表3.4所示,幸福河综合评价最终指标体系如表3.5所示。

表 3.4 指标筛选保留过程

目标层	准则层	指标层	专家咨询法	累计信息贡献率法	信息可替代性指标筛选法	最终保留情况
幸福河创建指标	防洪保安全	防洪标准达标率	√	√	×	√
		河流纵向连通性	×	√	√	√
		洪水预警能力	√	√	×	√
	优质水资源	自来水普及率	×	×	√	×
		水资源开发利用率	√	√	×	√
		水质达标率	×	√	√	√
		水功能区达标率	√	×	×	√
	健康水生态	河岸植被覆盖率	×	√	√	√
		生态用水量	√	√	×	√
		鱼类等水生生物多样性指数	√	√	√	√
	宜居水环境	美丽乡村建设完成率	√	√	×	√
		河道整洁程度	√	√	√	√
		水体自净能力	×	√	√	√
		垃圾处理率	×	×	×	×
	先进水文化	文化古迹保护率	√	√	×	√
		水文化挖掘开发程度	√	√	×	√
		水域文化公众满意度	×	√	√	√
	绿色水产业	绿色水产品生产率	√	√	√	√
		淤泥资源化利用率	×	√	√	√
		生活污水利用率	√	×	×	√
		废弃物综合利用率	×	×	×	×
	文明水管护	"四乱"整治完成率	×	×	×	×
		河湖信息数字化水平	×	×	×	×
		岸线利用管理指数	√	√	×	√
		管护满意度	√	√	√	√

表 3.5 幸福河综合评价最终指标体系

目标层	准则层	二级指标	单位	指向
幸福河创建指标	防洪保安全	① 防洪标准达标率	%	正向
		② 河流纵向连通性	分	正向
		③ 洪水预警能力	分	正向
	优质水资源	④ 水资源开发利用率	%	逆向
		⑤ 水质达标率	%	正向
		⑥ 水功能区达标率	%	正向

（续表）

目标层	准则层	二级指标	单位	指向
幸福河创建指标	健康水生态	⑦ 河岸植被覆盖率	%	正向
		⑧ 生态用水量	亿 m³	正向
		⑨ 鱼类等水生生物多样性指数	分	正向
	宜居水环境	⑩ 美丽乡村建设完成率	%	正向
		⑪ 河道整洁程度	分	正向
		⑫ 水体自净能力	分	正向
	先进水文化	⑬ 文化古迹保护率	%	正向
		⑭ 水文化挖掘开发程度	分	正向
		⑮ 水域文化公众满意度	分	正向
	绿色水产业	⑯ 绿色水产品生产率	%	正向
		⑰ 淤泥资源化利用率	%	正向
		⑱ 生活污水利用率	%	正向
	文明水管护	⑲ 岸线利用管理指数	分	正向
		⑳ 管护满意度	分	正向

3.3 指标含义及分级

3.3.1 防洪保安全维度指标

1. 防洪标准达标率

防洪标准达标率是通过区域堤防达到防洪标准的长度与堤防总长度的比值,来反映防洪达到标准的程度。该指标具体数值来源于《"一河一策"实施方案》及水利局、生态环境局、农业农村局、水产研究所等相关单位相关规划报告、资料报告等信息,具体的分级标准如表 3.6 所示。

$$防洪标准达标率 = \frac{河道达到防洪标准的长度(m)}{河道总长度(m)} \times 100\%$$

表 3.6 防洪标准达标率等级划分

防洪标准达标率(%)	[90, 100]	[80, 90)	[60, 80)	[50, 60)	[0, 50)
等级	优秀	良好	中等	较差	差

2. 河流纵向连通性

用河流纵向连通性来反映河道行洪和排水的畅通程度。主要根据单位河长内影响河流连通性的建筑物或设施数量进行评价,具体的分级标准如表3.7所示。

表3.7 河流纵向连通性等级划分

影响河流连通性的建筑物或设施数量（单位：个/100 km）	≥1.2	[0.5, 1.2)	[0.25, 0.5)	[0.2, 0.25)	[0, 0.2)
赋分标准	[0, 20)	[20, 30)	[30, 60)	[60, 80)	[80, 100]
等级	差	较差	中等	良好	优秀

3. 洪水预警能力

衡量洪水预警能力主要通过评估相关管理部门是否设置了洪水监测预报预警制度、预报预警系统是否完善、监测预报准确率高低来划分洪水预警能力等级,并给予赋分,具体的分级标准如表3.8所示。

表3.8 洪水预警能力等级划分

指标描述	赋分标准	等级
管理部门设置了洪水监测预报预警制度、监测预报准确率高、预报预警系统完善	[85, 100]	优秀
管理部门设置了洪水监测预报预警制度、监测预报准确率较高、预报预警系统较完善	[70, 85)	良好
管理部门设置了洪水监测预报预警制度、监测预报准确率一般、预报预警系统完善程度一般	[50, 70)	中等
管理部门设置了洪水监测预报预警制度、监测预报准确率较差、预报预警系统完善程度较差	[30, 50)	较差
管理部门没设置洪水监测预报预警制度	[0, 30)	差

3.3.2 优质水资源维度指标

1. 水资源开发利用率

该指标反映水资源开发利用程度,具体分级标准如表3.9所示。

$$水资源开发利用率 = \frac{已被开发利用的水资源量（m^3）}{水资源总量（m^3）} \times 100\%$$

表3.9 水资源开发利用率等级划分

水资源开发利用率（%）	[0, 20]	(20, 30]	(30, 40]	(40, 60]	(60, 100]
等级	优秀	良好	中等	较差	差

2. 水质达标率

该指标反映流域内水质的优良程度。一般来说,该指标越大,水质越好,水域环境的宜居性越大,具体分级标准如表3.10所示。

$$水质达标率 = \frac{达标考核断面(频次)}{总考核断面(频次)} \times 100\%$$

表3.10 水质达标率等级划分

水质达标率(%)	[95, 100]	[80, 95)	[70, 80)	[50, 70)	[0, 50)
等级	优秀	良好	中等	较差	差

3. 水功能区达标率

水功能区达标率是评估达标水功能区个数占评估水功能区个数的比例。一般来说,该指标越大,水质越好,水域环境的宜居性越好,具体分级标准如表3.11所示。

$$水功能区达标率 = \frac{达标水功能区数量(个)}{评估水功能区数量(个)} \times 100\%$$

表3.11 水功能区达标率等级划分

水功能区达标率(%)	[90, 100]	[80, 90)	[70, 80)	[50, 70)	[0, 50)
等级	优秀	良好	中等	较差	差

3.3.3 健康水生态维度指标

1. 河岸植被覆盖率

该指标反映河岸周边植被的覆盖程度,一般来说,该指标越大,河岸周边绿化效果越好,水域环境越健康,该指标来源于《"一河一策"实施方案》及生态环境部门相关数据,具体分级标准见表3.12。

表3.12 河岸植被覆盖率等级划分

河岸植被覆盖率(%)	[90, 100]	[80, 90)	[65, 80)	[40, 65)	[0, 40)
等级	优秀	良好	中等	较差	差

2. 生态用水量

该指标反映区域周边生态建设的程度,一般来说,该指标越大,河岸周边生态建设效果越好,具体分级标准见表3.13。

表3.13 生态用水量等级划分

生态用水量(亿 m³)	[2, 5]	[1, 2)	[0.1, 1)	[0.05, 0.1)	[0, 0.05)
等级	优秀	良好	中等	较差	差

3. 鱼类等水生生物多样性指数

通过衡量水生植物、鱼类等水生动物的种类和数量及配备合理性来反映水域内水生生物的多样性。指标数据来源于水产研究所、农业农村局的资料。一般来说，水生生物种类越丰富，越有利于生态健康，具体分级标准见表3.14。

表3.14 鱼类等水生生物多样性指数分级标准

水生生物多样性状况	指标描述	标准（分）
优秀	鱼类等水生动物、水生植物的种类和数量多，配置合理	[90, 100]
良好	鱼类等水生动物、水生植物的种类和数量较多，配置较合理	[80, 90)
中等	鱼类等水生动物、水生植物的种类和数量一般，配置一般	[70, 80)
较差	鱼类等水生动物、水生植物的种类和数量较少，配置不太合理	[50, 70)
差	鱼类等水生动物、水生植物的种类和数量很少，配置不合理	[0, 50)

3.3.4 宜居水环境维度指标

1. 美丽乡村建设完成率

该指标通过计算区域内建成的美丽乡村数量与乡村数量的比值，反映美丽乡村的建设进度，体现沿域乡村居民的满足感和幸福感。一般来说，该指标越大，沿域乡村居民的满足感和幸福感越强，具体分级标准见表3.15。

$$美丽乡村建设完成率 = \frac{已建成美丽乡村数（个）}{流域规划范围内美丽乡村总数（个）} \times 100\%$$

表3.15 美丽乡村建设完成率等级划分

美丽乡村建设完成率（%）	[80, 100]	[70, 80)	[50, 70)	[30, 50)	[0, 30)
等级	优秀	良好	中等	较差	差

2. 河道整洁程度

通过河道的整洁程度来反映水域环境的宜居性，河道的整洁程度考虑河面是否有垃圾、有异味、有较多漂浮物。一般来说，该指标越大，水域环境的宜居性越好，具体分级标准见表3.16。

表3.16 河道整洁程度等级划分

河道整洁程度	指标描述	标准（分）
优秀	无异味、无垃圾、无漂浮物	[80, 100]
良好	无异味、无垃圾、少量漂浮物	[70, 80)
中等	无异味、少量垃圾、少量漂浮物	[50, 70)
较差	有异味、少量垃圾、大量漂浮物	[30, 50)
差	有异味、大量垃圾、大量漂浮物	[0, 30)

3. 水体自净能力

该指标通过衡量水中溶解氧浓度,反映水体的自身修复能力,指标数据来源于《河流重点断面水质自动监测周报》。一般来说,该指标越大,水体的自净能力越强,水域环境宜居程度越高,具体等级划分见表3.17。

表3.17　水体自净能力等级划分

溶解氧浓度(mg/L)	≥ 7.5	[6, 7.5)	[3, 6)	[2, 3)	[0, 2)
赋分标准(分)	[80, 100]	[50, 80)	[30, 50)	[10, 30)	[0, 10)
等级	优秀	良好	中等	较差	差

3.3.5　先进水文化维度指标

1. 文化古迹保护率

该指标通过计算受保护的文化古迹数与文化古迹总数的比值,反映区域内文化历史古迹受重视、受保护的程度。一般来说,该指标越大,水域文化受重视、受保护的程度越高,具体分级标准见表3.18。

$$文化古迹保护率 = \frac{受保护的文化古迹数(个)}{文化古迹总数(个)} \times 100\%$$

表3.18　文化古迹保护率等级划分

文化古迹保护率(%)	[80, 100]	[70, 80)	[60, 70)	[40, 60)	[0, 40)
等级	优秀	良好	中等	较差	差

2. 水文化挖掘开发程度

该指标通过计算区域内已挖掘的水域文化数量与水域文化总量的比值,反映当前区域内文化挖掘开发的程度。一般来说,该指标越大,水文化挖掘开发程度越高,具体等级划分见表3.19。

表3.19　水文化挖掘开发程度分级

水文化挖掘开发程度	指标描述	标准(分)
优秀	水文化挖掘数量很多,内涵丰富	[80, 100]
良好	水文化挖掘数量多,内涵丰富	[70, 80)
中等	水文化挖掘数量较多,内涵较丰富	[60, 70)
较差	水文化挖掘数量少,内涵较不丰富	[30, 60)
差	水文化挖掘数量很少,内涵不丰富	[0, 30)

3. 水域文化公众满意度

该指标通过发放问卷的方式,统计区域内群众对水域文化遗迹保护、宣传、挖掘程度等的满意程度。满意度设置为满意、比较满意、一般、不太满意、不满意五个选项。统计"比较满意"和"满意"问卷数占总问卷数比例,得到水域文化公众满意度,具体分级标准见表 3.20。

表 3.20　水域文化公众满意度等级划分

水域文化公众满意度(分)	[90, 100]	[80, 90)	[70, 80)	[50, 70)	[0, 50)
等级	满意(优秀)	比较满意(良好)	一般(中等)	不太满意(较差)	不满意(差)

3.3.6　绿色水产业维度指标

1. 绿色水产品生产率

该指标通过计算绿色水产品生产量与水产品总生产量的比值,来反映区域内绿色经济的发展程度。一般来说,该指标越大,绿色经济发展越好,具体分级标准见表 3.21。

$$绿色水产品生产率 = \frac{绿色水产品产量(t)}{水产品总生产量(t)} \times 100\%$$

表 3.21　绿色水产品生产率分级

绿色水产品生产率(%)	[0, 10]	(10, 20]	(20, 50]	(50, 80]	(80, 90]
赋分标准(分)	[0, 10]	(10, 20]	(20, 50]	(50, 80]	(80, 100]
等级	差	较差	中等	良好	优秀

2. 淤泥资源化利用率

该指标主要反映对水体中淤泥循环利用的能力。一般来说,该指标越大,循环经济、绿色生态发展能力越强,具体分级标准见表 3.22。

$$淤泥资源化利用率 = \frac{利用的淤泥量(t)}{淤泥总量(t)} \times 100\%$$

表 3.22　淤泥资源化利用率等级划分

淤泥资源化利用率(%)	[95, 100]	[80, 95)	[65, 80)	[50, 65)	[0, 50)
等级	优秀	良好	中等	较差	差

3. 生活污水利用率

该指标通过计算污水处理量与污水排放总量的比值,来反映区域的治污能力。一般来说,该指标越大,区域的治污能力越强,水域环境宜居性越好,该指标具体数值来源于2014—2022 年的《广西统计年鉴》,具体分级标准见表 3.23。

$$生活污水利用率 = \frac{污水处理量(m^3)}{污水排放总量(m^3)} \times 100\%$$

表 3.23 生活污水利用率等级划分

生活污水利用率(%)	[95, 100]	[80, 95)	[75, 80)	[50, 75)	[0, 50)
等级	优秀	良好	中等	较差	差

3.3.7 文明水管护维度指标

1. 岸线利用管理指数

岸线利用管理指数是指河流岸线保护完好的程度,一般来说,该指标越大,岸线利用管理效果越好,该指标数据来源于湖南省湘潭市官方数据,具体等级划分见表 3.24。

表 3.24 岸线利用管理指数等级划分

岸线利用管理指数	[80, 100]	[70, 80)	[60, 70)	[50, 60)	[0, 50)
等级	优秀	良好	中等	较差	差

2. 管护满意度

该指标通过发放问卷的方式,统计区域内群众对水域管理保护、开发、河流文明生态发展等的满意程度。满意度设置为满意、比较满意、一般、不太满意、不满意五个选项。统计"比较满意"和"满意"问卷数占总问卷数的比例,得到管护满意度,具体分级标准见表 3.25。

表 3.25 管护满意度等级划分

管护满意度	[95, 100]	[80, 95)	[70, 80)	[50, 70)	[0, 50)
等级	满意(优秀)	比较满意(良好)	一般(中等)	不太满意(较差)	不满意(差)

3.4 本章小结

根据指标体系构建原则和步骤,选用专家咨询法、累计信息贡献率法、信息可替代性指标筛选法来筛选指标,最终形成包含"防洪保安全""优质水资源""健康水生态""宜居水环境""先进水文化""绿色水产业""文明水管护"7 个维度,"防洪标准达标率""绿色水产品生产率"等 20 个指标的幸福河的创建指标体系。

根据构建的指标体系,从"防洪保安全""优质水资源""健康水生态""宜居水环境""先进水文化""绿色水产业""文明水管护"7 个维度出发,对所包含的"防洪标准达标率""绿色水产品生产率"等 20 个指标的具体含义及分级标准进行详细说明。

4 幸福河评价模型

本章在第2章及第3章构建的幸福河创建指标及各指标等级划分标准的基础上,选择博弈论组合赋权法,结合主观赋权法——序关系法(G1)和客观赋权法——熵权法(EWM)对各项指标合理地赋予其权重,将重要性程度不同的指标区别开来。对于定量指标,在模糊综合评价模型隶属度算法的基础上,确定隶属不同区间的赋分模型;对于定性指标,其赋分结合实地考察及相关资料报告、公开报道等得出结果。

4.1 权重模型

4.1.1 主观赋权法——序关系法(G1)

序关系法(G1)隶属于主观确定权重的范畴,它是根据各个指标的相对重要性程度来确定权重大小,也称为基于功能驱动原理的赋权方法。该方法相对于层次分析法计算方法更为简便,计算量大大减小,克服了层次分析法的不足,不需进行矩阵一致性检验,且不受同一层次元素个数的约束,应用起来更为灵活,因此选用该方法确定指标体系的主观权重,其主要计算步骤如下:

1. 各指标相对重要性程度排序

将 m 项指标 x_1, x_2, $\cdots$, x_m 进行重要性排序,可得到序关系式 $x_1 > x_2 > \cdots > x_m$。

2. 确定评价指标权重

根据序关系式 $x_1 > x_2 > \cdots > x_{k-1} > x_k (k = 2, \cdots, m)$,定义指标 x_{k-1} 与 x_k 的相对重要性程度之比 $\dfrac{\omega_{k-1}}{\omega_k} = r_k (k = 2, 3, \cdots, m)$;$r_k$ 的取值如表4.1所示。可求得 ω_m 为:

$$\omega_m = \left(1 + \sum_{k=2}^{m} \prod_{i=k}^{m} r_i \right)^{-1}$$

$$\omega_{k-1} = r_k \omega_k (k = m, m - 1, \cdots, 2)$$

求得的主观权重系数 $\omega_k (k = 1, 2, \cdots, m)$ 记为 $u_{11}, u_{12}, \cdots, u_{1m}$。

表 4.1 r_k 取值参考

r_k	取值说明
1.0	指标 x_{k-1} 与 x_k 同等重要
1.2	指标 x_{k-1} 比 x_k 稍微重要
1.4	指标 x_{k-1} 比 x_k 明显重要
1.6	指标 x_{k-1} 比 x_k 强烈重要
1.8	指标 x_{k-1} 比 x_k 极端重要

4.1.2 客观赋权法——熵权法(EWM)

客观权重的确定应选用熵权法,该方法是应用最为广泛的客观权重的计算方法,故具有一定的普适性。其主要通过计算客观数据的熵值大小来判断指标信息的价值系数,熵值越小,对应的熵权越大,指标的重要性就越高,对结果的贡献程度越大,最终得到较大的客观权重系数。熵权法(EWM)的具体操作步骤如下:

1. 实际数据标准化

定义 $x_{ij}(i=1, 2, \cdots, n; j=1, 2, \cdots, m)$ 为第 i 个评价对象的第 j 项指标。其中效益性指标和成本性指标 r_{ij} 分别按下面两个公式进行标准化计算。

$$r_{ij} = \frac{x_{ij} - \min(x_{ij})}{\max(x_{ij}) - \min(x_{ij})} \quad (i=1, 2, \cdots, n)$$

$$r_{ij} = \frac{\max(x_{ij}) - x_{ij}}{\max(x_{ij}) - \min(x_{ij})} \quad (i=1, 2, \cdots, n)$$

2. 确定熵值 E_j 和信息效用值 d_j

$$f_{ij} = \frac{r_{ij}}{\sum\limits_{i=1}^{n} r_{ij}}$$

$$E_j = -\frac{1}{\ln n} \sum_{i=1}^{n} (f_{ij} \ln f_{ij})$$

$$d_j = 1 - E_j$$

3. 确定指标熵权即权重 $\omega_k(k=1, 2, \cdots, m)$

$$\omega_k = \frac{d_j}{\sum\limits_{j=1}^{m} d_j} (k=1, 2, \cdots, m)$$

求得的客观权重系数 $\omega_k(k=1, 2, \cdots, m)$ 记为 $u_{21}, u_{22}, \cdots, u_{2m}$。

4.1.3 组合赋权法——博弈论组合赋权法

引进博弈论理论求得组合权重,该方法以寻求最合理的指标权重为目标,协调冲突,寻找一致,避免单一主、客观权重算法的局限性,提高决策的准确性。博弈论理论已广泛应用于水质、用水效率、健康河湖评价、工程结构等安全风险评估中,而幸福河评价涉及水质、用水效率、健康河湖等多个因素,因此博弈论理论对于幸福河的评价也应具有一定的适用性。该理论确定组合权重的步骤如下:

假设有 L 种对指标赋权的方法,即权重集 $u_k = [u_{k1}, u_{k2}, \cdots, u_{kn}]$ $(k = 1, 2, \cdots, L)$,随后得组合权重 u:

$$u = \sum_{k=1}^{L} \alpha_k u_k^T$$

式中:α_k ——线性组合系数。

α_k 的求解利用优化对策模型,并对其进行求导,得到相应的线性方程组,将得到的 α_k 归一化处理为 α_k',代入下面的公式,求得最终结合博弈论理论的组合权重 u'。

$$\begin{bmatrix} u_1 \cdot u_1^T & u_1 \cdot u_2^T & \cdots & u_1 \cdot u_L^T \\ u_2 \cdot u_1^T & u_2 \cdot u_2^T & \cdots & u_2 \cdot u_L^T \\ \cdots & \cdots & \cdots & \cdots \\ u_L \cdot u_1^T & u_L \cdot u_2^T & \cdots & u_L \cdot u_L^T \end{bmatrix} \begin{bmatrix} \alpha_1 \\ \alpha_2 \\ \cdots \\ \alpha_L \end{bmatrix} = \begin{bmatrix} u_1 \cdot u_1^T \\ u_2 \cdot u_2^T \\ \cdots \\ u_L \cdot u_L^T \end{bmatrix}$$

$$u' = \sum_{k=1}^{L} \alpha_k' u_k^T$$

4.2 赋分模型

4.2.1 基本模糊综合评价法

模糊综合评价模型能够通过数字手段,对蕴藏信息内在的模糊性进行科学、合理、贴近实际的量化评价,在处理模糊不确定性问题上具有一定的优势。而幸福河的评价涉及多指标、多层次、多准则,具备模糊性特点,且幸福河的评价结果与区域的差异性以及当地经济发展影响有关,同时具备模糊性和不确定性,所以选用该模型对其评价具有一定的适用性。同时,对该模型进行一定程度的优化,改进传统模糊综合评判的最大隶属度原则,即选用改进的模糊综合评价模型对区域幸福河建设效果进行评价。

模糊综合评价法隶属于模糊数学综合评价范畴,通过模糊关系合成原理,以及指标层与评价集之间的模糊关系矩阵,求解目标层对于评价集的隶属度向量,从而把一些边界不清晰、不易定量的因素定量化,从而得到目标层的综合评价结果。

根据幸福河的评价指标 $a_i = (1, 2, \Lambda, n)$，确定幸福河的评价指标集 $A = \{a_1, a_2, \Lambda, a_n\}$，并根据幸福河的评价等级确定幸福河的评价集 $B = \{b_1, b_2, \Lambda, b_m\}$，从而确定各级指标对各等级的隶属度。

（1）效益性指标：当第 i 项指标 x_i 大于第 1 级指标标准值时，该指标对 1 等级隶属度为 1，对其他等级隶属度为 0，即 $r_{i1} = 1$，$r_{i2} = r_{i3} = r_{i4} = r_{i5} = 0$；当第 i 项指标 x_i 介于第 j 级标准值 $M_{i,j}$ 和第 $j+1$ 级标准值 $M_{i,j+1}$ 时，其对第 j 级和第 $j+1$ 级的隶属度：

$$\begin{cases} r_{i(j+1)} = \dfrac{M_{i,j} - x_i}{M_{i,j} - M_{i,j+1}} \\ r_{ij} = 1 - r_{i(j+1)} \end{cases}$$

（2）成本性指标：当第 i 项指标 x_i 小于第 1 级指标标准值时，该指标对 1 等级隶属度为 1，对其他等级隶属度为 0，即 $r_{i1} = 1$，$r_{i2} = r_{i3} = r_{i4} = r_{i5} = 0$；当第 i 项指标 x_i 介于第 j 级标准值 $M_{i,j}$ 和第 $j+1$ 级标准值 $M_{i,j+1}$ 时，其对第 j 级和第 $j+1$ 级的隶属度：

$$\begin{cases} r_{i(j+1)} = \dfrac{x_i - M_{i,j}}{M_{i,j+1} - M_{i,j}} \\ r_{ij} = 1 - r_{i(j+1)} \end{cases}$$

最终形成整体隶属函数矩阵 $\boldsymbol{R}(r_{ij})_{n \times m} = \begin{bmatrix} r_{11} & r_{12} & \cdots & r_{1n} \\ r_{21} & r_{22} & \cdots & r_{2n} \\ \cdots & \cdots & \cdots & \cdots \\ r_{m1} & r_{m2} & \cdots & r_{mn} \end{bmatrix}$

式中：r_{ij} ——第 i 种评价指标隶属等级 j 的隶属度。

根据前面所计算的组合权重 u' 及隶属函数矩阵 $\boldsymbol{R}$，计算综合评价向量 C：

$$C = u' \times \boldsymbol{R} = (c_1, c_2, \cdots, c_m)$$

并根据最大隶属度原则计算幸福河的最终评价等级。

以湖南省涟水河 2014 年"防洪标准达标率"指标为例，该指标隶属于效益性指标范畴，因此将该数据代入公式得 $\begin{cases} r_{14} = \dfrac{70 - 69.8}{70 - 55} = 0.013\,3 \\ r_{13} = 1 - 0.013\,3 = 0.986\,7 \end{cases}$，即"防洪标准达标率"对各隶属等级为 $r_1 = [0, 0, 0.986\,7, 0.013\,3, 0]$。

4.2.2 改进的模糊综合评价法

对于一般的模糊综合评价法，大多利用最大隶属度原则来确定幸福河的最终隶属等级，这一般更适合应用于各个隶属度差异比较大的情况。因此，当某区域幸福河的最终综合评价矩阵中的隶属度较为接近时，依然使用最大隶属度原则，容易导致结果的不准确，使得最终的评价结果并不能真实反映现实情况。因此，为了更好地反映真实的评价等级，对该模型进行一定程度的优化,改进传统模糊综合评判的最大隶属度原则,这样得出的结果能更大程度上利用数据信息,即选用改进的模糊综合评价模型作为幸福河评价的赋分模型,并引进幸福河各指标等级分数 RHI_i。

将模糊综合评判法进行改善,定义各指标等级Ⅰ(优秀)为$[90, 100]$分,等级Ⅱ(良好)为$[80, 90)$分,等级Ⅲ(中等)为$[70, 80)$分,等级Ⅳ(较差)为$[60, 70)$分,等级Ⅴ(差)为$[0, 60)$分。根据下面公式求得最终幸福河各指标等级分数 RHI_i。

$$RHI_i = 100r_{i1} + 90r_{i2} + 80r_{i3} + 70r_{i4} + 60r_{i5}$$

式中:RHI_i——幸福河各指标等级分数;

r_{i1}——指标 i 隶属等级Ⅰ(优秀)的隶属度;

r_{i2}——指标 i 隶属等级Ⅱ(良好)的隶属度;

r_{i3}——指标 i 隶属等级Ⅲ(中等)的隶属度;

r_{i4}——指标 i 隶属等级Ⅳ(较差)的隶属度;

r_{i5}——指标 i 隶属等级Ⅴ(差)的隶属度。

4.3 具体赋分公式

根据模糊综合评价模型隶属度的算法基础,结合公式(4.15)及各个指标等级区间的具体数值,确定"防洪保安全""优质水资源""健康水生态""宜居水环境""先进水文化""绿色水产业""文明水管护"七个维度层下指标的具体赋分公式,如表4.2至表4.21所示。

4.3.1 防洪保安全维度指标

防洪标准达标率赋分公式如表4.2所示。

表 4.2 防洪标准达标率赋分公式

防洪标准达标率(%)	赋分公式
>95	100
$[85, 95]$	$90 \times \dfrac{95 - x}{95 - 85} + 100 \times \left(1 - \dfrac{95 - x}{95 - 85}\right)$
$[70, 85)$	$80 \times \dfrac{85 - x}{85 - 70} + 90 \times \left(1 - \dfrac{85 - x}{85 - 70}\right)$
$[55, 70)$	$70 \times \dfrac{70 - x}{70 - 55} + 80 \times \left(1 - \dfrac{70 - x}{70 - 55}\right)$
$[40, 55)$	$60 \times \dfrac{55 - x}{55 - 40} + 70 \times \left(1 - \dfrac{55 - x}{55 - 40}\right)$
<40	0

河流纵向连通性赋分标准如表4.3所示。

表4.3　河流纵向连通性赋分标准

影响河流连通性的建筑物或设施数量（单位：个/100 km）	≥1.2	[0.5, 1.2)	[0.25, 0.5)	[0.2, 0.25)	[0, 0.2)
赋分	[0, 20)	[20, 30)	[30, 60)	[60, 80)	[80, 100]

洪水预警能力赋分标准如表4.4所示。

表4.4　洪水预警能力赋分标准

指标描述	赋分标准
管理部门设置了洪水监测预报预警制度、监测预报准确率高、预报预警系统完善	[85, 100]
管理部门设置了洪水监测预报预警制度、监测预报准确率较高、预报预警系统较完善	[70, 85)
管理部门设置了洪水监测预报预警制度、监测预报准确率一般、预报预警系统完善程度一般	[50, 70)
管理部门设置了洪水监测预报预警制度、监测预报准确率较差、预报预警系统完善程度较差	[30, 50)
管理部门没设置洪水监测预报预警制度	[0, 30)

4.3.2　优质水资源维度指标

水资源开发利用率赋分公式如表4.5所示。

表4.5　水资源开发利用率赋分公式

水资源开发利用率（%）	赋分公式
<10	100
[10, 25]	$90 \times \left(1 - \dfrac{25 - x}{25 - 10}\right) + 100 \times \dfrac{25 - x}{25 - 10}$
(25, 35]	$80 \times \left(1 - \dfrac{35 - x}{35 - 25}\right) + 90 \times \dfrac{35 - x}{35 - 25}$
(35, 50]	$70 \times \left(1 - \dfrac{50 - x}{50 - 35}\right) + 80 \times \dfrac{50 - x}{50 - 35}$
(50, 80]	$60 \times \left(1 - \dfrac{80 - x}{80 - 50}\right) + 70 \times \dfrac{80 - x}{80 - 50}$
>80	0

水质达标率赋分公式如表4.6所示。

表 4.6　水质达标率赋分公式

水质达标率（%）	赋分公式
>97.5	100
[87.5, 97.5]	$90 \times \dfrac{97.5 - x}{97.5 - 87.5} + 100 \times \left(1 - \dfrac{97.5 - x}{97.5 - 87.5}\right)$
[75, 87.5)	$80 \times \dfrac{87.5 - x}{87.5 - 75} + 90 \times \left(1 - \dfrac{87.5 - x}{87.5 - 75}\right)$
[60, 75)	$70 \times \dfrac{75 - x}{75 - 60} + 80 \times \left(1 - \dfrac{75 - x}{75 - 60}\right)$
[25, 60)	$60 \times \dfrac{60 - x}{60 - 25} + 70 \times \left(1 - \dfrac{60 - x}{60 - 25}\right)$
<25	0

水功能区达标率赋分公式如表 4.7 所示。

表 4.7　水功能区达标率赋分公式

水功能区达标率（%）	赋分公式
>95	100
[85, 95]	$90 \times \dfrac{95 - x}{95 - 85} + 100 \times \left(1 - \dfrac{95 - x}{95 - 85}\right)$
[75, 85)	$80 \times \dfrac{85 - x}{85 - 75} + 90 \times \left(1 - \dfrac{85 - x}{85 - 75}\right)$
[60, 75)	$70 \times \dfrac{75 - x}{75 - 60} + 80 \times \left(1 - \dfrac{75 - x}{75 - 60}\right)$
[25, 60)	$60 \times \dfrac{60 - x}{60 - 25} + 70 \times \left(1 - \dfrac{60 - x}{60 - 25}\right)$
<25	0

4.3.3　健康水生态维度指标

河岸植被覆盖率赋分公式如表 4.8 所示。

表 4.8　河岸植被覆盖率赋分公式

河岸植被覆盖率（%）	赋分公式
>95	100
[85, 95]	$90 \times \dfrac{95 - x}{95 - 85} + 100 \times \left(1 - \dfrac{95 - x}{95 - 85}\right)$

河岸植被覆盖率（%）	赋分公式
[72.5，85)	$80 \times \dfrac{85 - x}{85 - 72.5} + 90 \times \left(1 - \dfrac{85 - x}{85 - 72.5}\right)$
[52.5，72.5)	$70 \times \dfrac{72.5 - x}{72.5 - 52.5} + 80 \times \left(1 - \dfrac{72.5 - x}{72.5 - 52.5}\right)$
[20，52.5)	$60 \times \dfrac{52.5 - x}{52.5 - 20} + 70 \times \left(1 - \dfrac{52.5 - x}{52.5 - 20}\right)$
<20	0

生态用水量赋分公式如表4.9所示。

表4.9　生态用水量赋分公式

生态用水量（%）	赋分公式
>2.5	100
[1.5，2.5]	$90 \times \dfrac{2.5 - x}{2.5 - 1.5} + 100 \times \left(1 - \dfrac{2.5 - x}{2.5 - 1.5}\right)$
[0.55，1.5)	$80 \times \dfrac{1.5 - x}{1.5 - 0.55} + 90 \times \left(1 - \dfrac{1.5 - x}{1.5 - 0.55}\right)$
[0.075，0.55)	$70 \times \dfrac{0.55 - x}{0.55 - 0.075} + 80 \times \left(1 - \dfrac{0.55 - x}{0.55 - 0.075}\right)$
[0.025，0.075)	$60 \times \dfrac{0.075 - x}{0.075 - 0.025} + 70 \times \left(1 - \dfrac{0.075 - x}{0.075 - 0.025}\right)$
<0.025	0

鱼类等水生生物多样性指数赋分标准如表4.10所示。

表4.10　鱼类等水生生物多样性指数赋分标准

指标描述	赋分标准
鱼类等水生动物、水生植物的种类和数量多,配置合理	[90，100]
鱼类等水生动物、水生植物的种类和数量较多,配置较合理	[80，90)
鱼类等水生动物、水生植物的种类和数量一般,配置一般	[70，80)
鱼类等水生动物、水生植物的种类和数量较少,配置不太合理	[50，70)
鱼类等水生动物、水生植物的种类和数量很少,配置不合理	[0，50)

4.3.4　宜居水环境维度指标

美丽乡村建设完成率赋分公式如表4.11所示。

表 4.11 美丽乡村建设完成率赋分公式

美丽乡村建设完成率(%)	赋分公式
>90	100
[75, 90]	$90 \times \dfrac{90-x}{90-75} + 100 \times \left(1 - \dfrac{90-x}{90-75}\right)$
[60, 75)	$80 \times \dfrac{75-x}{75-60} + 90 \times \left(1 - \dfrac{75-x}{75-60}\right)$
[40, 60)	$70 \times \dfrac{60-x}{60-40} + 80 \times \left(1 - \dfrac{60-x}{60-40}\right)$
[15, 40)	$60 \times \dfrac{40-x}{40-15} + 70 \times \left(1 - \dfrac{40-x}{40-15}\right)$
<15	0

河道整洁程度赋分标准如表 4.12 所示。

表 4.12 河道整洁程度赋分标准

指标描述	赋分标准
无异味、无垃圾、无漂浮物	[80, 100]
无异味、无垃圾、少量漂浮物	[70, 80)
无异味、少量垃圾、少量漂浮物	[50, 70)
有异味、少量垃圾、大量漂浮物	[30, 50)
有异味、大量垃圾、大量漂浮物	[0, 30)

水体自净能力赋分标准如表 4.13 所示。

表 4.13 水体自净能力赋分标准

溶解氧浓度(mg/L)	≥ 7.5	[6, 7.5)	[3, 6)	[2, 3)	[0, 2)
赋分标准	[80, 100]	[50, 80)	[30, 50)	[10, 30)	[0, 10)

4.3.5 先进水文化维度指标

文化古迹保护率赋分公式如表 4.14 所示。

表 4.14 文化古迹保护率赋分公式

文化古迹保护率(%)	赋分公式
>90	100
[75, 90]	$90 \times \dfrac{90-x}{90-75} + 100 \times \left(1 - \dfrac{90-x}{90-75}\right)$

（续表）

文化古迹保护率（%）	赋分公式
$[60, 75)$	$80 \times \dfrac{75 - x}{75 - 60} + 90 \times \left(1 - \dfrac{75 - x}{75 - 60}\right)$
$[50, 60)$	$70 \times \dfrac{60 - x}{60 - 50} + 80 \times \left(1 - \dfrac{60 - x}{60 - 50}\right)$
$[20, 50)$	$60 \times \dfrac{50 - x}{50 - 20} + 70 \times \left(1 - \dfrac{50 - x}{50 - 20}\right)$
<20	0

水文化挖掘开发程度赋分标准如表 4.15 所示。

表 4.15　水文化挖掘开发程度赋分标准

指标描述	赋分标准
水文化挖掘数量很多，内涵丰富	$[80, 100]$
水文化挖掘数量多，内涵丰富	$[70, 80)$
水文化挖掘数量较多，内涵较丰富	$[60, 70)$
水文化挖掘数量少，内涵较不丰富	$[30, 60)$
水文化挖掘数量很少，内涵不丰富	$[0, 30)$

水域文化公众满意度赋分公式如表 4.16 所示。

表 4.16　水域文化公众满意度赋分公式

水域文化公众满意度	赋分公式
>95	100
$[85, 95]$	$90 \times \dfrac{95 - x}{95 - 85} + 100 \times \left(1 - \dfrac{95 - x}{95 - 85}\right)$
$[75, 85)$	$80 \times \dfrac{85 - x}{85 - 75} + 90 \times \left(1 - \dfrac{85 - x}{85 - 75}\right)$
$[60, 75)$	$70 \times \dfrac{75 - x}{75 - 60} + 80 \times \left(1 - \dfrac{75 - x}{75 - 60}\right)$
$[25, 60)$	$60 \times \dfrac{60 - x}{60 - 25} + 70 \times \left(1 - \dfrac{60 - x}{60 - 25}\right)$
<25	0

4.3.6　绿色水产业维度指标

绿色水产品生产率赋分公式如表 4.17 所示。

表 4.17　绿色水产品生产率赋分公式

绿色水产品生产率(%)	赋分公式
>85	100
[65, 85]	$90 \times \dfrac{85 - x}{85 - 65} + 100 \times \left(1 - \dfrac{85 - x}{85 - 65}\right)$
[35, 65)	$80 \times \dfrac{65 - x}{65 - 35} + 90 \times \left(1 - \dfrac{65 - x}{65 - 35}\right)$
[15, 35)	$70 \times \dfrac{35 - x}{35 - 15} + 80 \times \left(1 - \dfrac{35 - x}{35 - 15}\right)$
[5, 15)	$60 \times \dfrac{15 - x}{15 - 5} + 70 \times \left(1 - \dfrac{15 - x}{15 - 5}\right)$
<5	0

淤泥资源化利用率赋分公式如表 4.18 所示。

表 4.18　淤泥资源化利用率赋分公式

淤泥资源化利用率(%)	赋分公式
>97.5	100
[87.5, 97.5]	$90 \times \dfrac{97.5 - x}{97.5 - 87.5} + 100 \times \left(1 - \dfrac{97.5 - x}{97.5 - 87.5}\right)$
[72.5, 87.5)	$80 \times \dfrac{87.5 - x}{87.5 - 72.5} + 90 \times \left(1 - \dfrac{87.5 - x}{87.5 - 72.5}\right)$
[57.5, 72.5)	$70 \times \dfrac{72.5 - x}{72.5 - 57.5} + 80 \times \left(1 - \dfrac{72.5 - x}{72.5 - 57.5}\right)$
[25, 57.5)	$60 \times \dfrac{57.5 - x}{57.5 - 25} + 70 \times \left(1 - \dfrac{57.5 - x}{57.5 - 25}\right)$
<25	0

生活污水利用率赋分公式如表 4.19 所示。

表 4.19　生活污水利用率赋分公式

生活污水利用率(%)	赋分公式
>97.5	100
[87.5, 97.5]	$90 \times \dfrac{97.5 - x}{97.5 - 87.5} + 100 \times \left(1 - \dfrac{97.5 - x}{97.5 - 87.5}\right)$
[72.5, 87.5)	$80 \times \dfrac{87.5 - x}{87.5 - 72.5} + 90 \times \left(1 - \dfrac{87.5 - x}{87.5 - 72.5}\right)$
[57.5, 72.5)	$70 \times \dfrac{72.5 - x}{72.5 - 57.5} + 80 \times \left(1 - \dfrac{72.5 - x}{72.5 - 57.5}\right)$
[25, 57.5)	$60 \times \dfrac{57.5 - x}{57.5 - 25} + 70 \times \left(1 - \dfrac{57.5 - x}{57.5 - 25}\right)$
<25	0

4.3.7　文明水管护维度指标

岸线利用管理指数赋分公式如表 4.20 所示。

表 4.20　岸线利用管理指数赋分公式

岸线利用管理指数	赋分公式
>90	100
[75, 90]	$90 \times \dfrac{90 - x}{90 - 75} + 100 \times \left(1 - \dfrac{90 - x}{90 - 75}\right)$
[65, 75)	$80 \times \dfrac{75 - x}{75 - 65} + 90 \times \left(1 - \dfrac{75 - x}{75 - 65}\right)$
[55, 65)	$70 \times \dfrac{65 - x}{65 - 55} + 80 \times \left(1 - \dfrac{65 - x}{65 - 55}\right)$
[25, 55)	$60 \times \dfrac{55 - x}{55 - 25} + 70 \times \left(1 - \dfrac{55 - x}{55 - 25}\right)$
<25	0

管护满意度赋分公式如表 4.21 所示。

表 4.21　管护满意度赋分公式

管护满意度	赋分公式
>97.5	100
[87.5, 97.5]	$90 \times \dfrac{97.5 - x}{97.5 - 87.5} + 100 \times \left(1 - \dfrac{97.5 - x}{97.5 - 87.5}\right)$
[75, 87.5)	$80 \times \dfrac{87.5 - x}{87.5 - 75} + 90 \times \left(1 - \dfrac{87.5 - x}{87.5 - 75}\right)$
[60, 75)	$70 \times \dfrac{75 - x}{75 - 60} + 80 \times \left(1 - \dfrac{75 - x}{75 - 60}\right)$
[25, 60)	$60 \times \dfrac{60 - x}{60 - 25} + 70 \times \left(1 - \dfrac{60 - x}{60 - 25}\right)$
<25	0

4.4　本章小结

本章以序关系法(G1)确定主观权重,以熵权法(EWM)确定客观权重,引进博弈论理论求得组合权重,将重要性程度不同的指标区别开来,接着在模糊综合评价模型隶属度算法的基础上,将各指标等级分数化,确定赋分模型。根据指标各区间具体数值,结合幸福河指标等级分数公式,确定各个指标的具体赋分公式(标准)。

实 践 篇

　　2021年4月中共中央总书记习近平在桂林考察漓江,关注漓江流域综合治理、生态保护。《桂林漓江流域山水林田湖草沙一体化保护和修复工程实施方案》将漓江流域划分为上、中、下游3大分区14个生态保护修复单元,设置8大类83个子项目,总投资54.91亿元,实施期限为2022—2024年。桂林市临桂区桃花江黄塘村至龙头村段(塔山段)生态修复工程属于"漓江上游水源涵养与生物多样性保护修复区·桃花江水生态和矿山生态修复单元·水生态保护修复"中的一个子项目。

　　治理前,桃花江河道经过多年的雨水、河水的冲刷,损坏较严重。河道泥土裸露、部分河岸塌陷,存在着滑坡、崩塌、泥石流及其他地质灾害危险,加之不合理的拦河设障、向河道倾倒垃圾、违章建筑等侵占河道,致使河道萎缩严重,行洪能力逐步降低,对沿河城乡的防洪安全构成了严重威胁。同时,随着人口向城镇聚集和城乡建设不断发展,沿河两岸聚集了大量村庄及工业厂房,各种污水不断向河流中排放,水质及生态环境日益恶化。桃花江水生态保护修复分为岸线生态修复工程和农村污水处理工程。

　　通过实施生态护岸措施、建设植物缓冲带改善了区域内河道综合环境,恢复了河道生态,提高了区域水资源调洪能力,优化了区域水资源配置,对安定人民生活,维护正常的生产和社会秩序,创造良好的投资、建设环境有着重要的作用。进行施工迹地植被恢复,改变过去垃圾乱堆、污水满地流的局面;临江道路的建设,使沿河两岸的堤、路、园等基础配套设施得到进一步完善,大大改善了该区环境面貌,促进了当地经济稳定地、可持续地发展。桃花江水生态保护修复已成为广西 2023 年国土空间生态修复典型案例,是广西推广"两山"转化成功路径的典型案例,桂林市临桂区桃花江开展近自然生态修复,重现十里桃花盛况;项目本着"不推山,不填湖,保留现状植被"等低影响开发的设计理念,实施近自然生态修复,坚持"自然恢复为主,人工修复为辅",针对桃花江的特色定制近自然生态修复,打造形成了独具特色的十里桃花盛况。其典型做法和实践模式可复制、能推广,具有较强的示范引领效应。

本篇系统梳理山区幸福河创建的做法、经验及实践效果,响应习近平同志关于生态文明建设的要求,以"山水林田湖草沙生命共同体"理念为重要指引,防治洪水灾害,保障河流健康,控制水土流失,推进乡村振兴;恢复桃花江生态系统完整性,保障水体流动性,提升两岸的生态环境质量,实现河畅水清、江河安澜、人水和谐,促进水资源可持续利用,为保障经济社会高质量发展提供有效支撑。

5 综合说明

5.1 概述

桂林市临桂区桃花江黄塘村至龙头村段(塔山段)生态修复工程位于桂林市临桂区临桂镇。

临桂区位于广西壮族自治区东北部,位于桂林市老城区西面,西南邻永福县,东接桂林市秀峰区,东南靠桂林市雁山区,距桂林市老城区 6 km。临桂区距桂林市中心仅有 5 km,两江国际机场距区境 10 km,桂(桂林)海(北海)高速公路、桂(林)梧(州)高速公路、国道 321 线、省道 306 线、湘桂铁路交会于县城,桂林至三江高速公路、贵广铁路贯穿县境。临桂境地处南岭南缘,东西窄,南北长,呈火炬状。北部群山巍峨高耸,南端峻岭连绵。东部略低于西部,由西北向东南倾斜,形成东西向分水岭。全区人口 55.51 万人(城镇人口 31.88 万人,乡村人口 23.63 万人),其中少数民族 69 933 人。辖 11 个乡镇,有 176 个村(居)委会。全区总面积 2 247.11 km²,其中陆地面积 2 160.65 km²,耕地面积 35 441 hm²,水田面积 28 494 hm²、旱地面积 6 947 hm²,森林面积 34 307 hm²。

项目所在的临桂镇为临桂区人民政府驻地,东邻桂林市秀峰区甲山街道,西连五通镇、两江镇,南界四塘镇,北靠灵川县定江镇,行政面积 213.43 km²。临桂镇下辖 12 个社区、16 个村委会,共 146 个自然村,镇政府驻庙头街。

《桂林漓江流域山水林田湖草沙一体化保护和修复工程实施方案》将漓江流域划分为上、中、下游 3 大分区 14 个生态保护修复单元,设置 8 大类 83 个子项目,总投资 54.91 亿元,实施期限为 2022—2024 年。桂林市临桂区桃花江黄塘村至龙头村段(塔山段)生态修复工程属于"漓江上游水源涵养与生物多样性保护修复区·桃花江水生态和矿山生态修复单元·水生态保护修复"中的一个子项目。

修复前,项目区部分河段杂草丛生,所涉及河岸为天然岸坡,经过多年的雨水、河水的冲刷,损坏较严重。河道泥土裸露、部分河岸塌陷,存在着滑坡、崩塌、泥石流及其他等地质灾害危险,加之不合理的拦河设障、向河道倾倒垃圾、违章建筑等侵占河道的现象日渐增多,致使河道萎缩严重,行洪能力逐步降低,对沿河城乡的防洪安全构成了严重威胁。随着人口向城镇聚集和城乡建设不断发展,沿河两岸聚集了大量村庄及工业厂房,各种污水不断向河流中排放,水质及生态环境日益恶化。

5.2 水文

5.2.1 流域概况

桃花江属山溪性河流,全流域集水面积 298 km²,干流长 61.3 km,主河道平均坡降 1.2‰,其中流经临桂区 32.3 km、灵川县 12.6 km、桂林市 16.5 km,桂林市区河段河道平缓,弯曲度大,桥梁堰坝较多,严重阻碍水流,对桂林市的防洪排涝极为不利。

桃花江支流金龟河发源于灵川县大岭头,源地高程 520 m,经金陵水库进入临桂区临桂镇,流经田边、青美山、金桂山、上桥、下桥等地,在临桂镇道光村旁汇入桃花江,流域集水面积 45.5 km²,河长 24.1 km。

桃花江支流法源河发源于灵川县金灵山,源地高程 572.3 m,流经老寨、东边、道光、龙口等地,在灵川县定江镇与桂林市甲山街道办交界处甲山街道办洋江头村旁汇入桃花江,流域集水面积 40.2 km²,河长 11.6 km。

桃花江支流道光河与社塘河均发源于灵川县八里街新区北边的长蛇岭,河流由北向南流,分别在桃花江左岸燕子岩村及定江中学附近汇入桃花江。道光河集水面积 25.8 km²,河长 18.3 km;社塘河集水面积 9.5 km²,河长 8.5 km。

桃花江支流麻枫河发源于临桂区临桂镇水口村委农场附近,上游建有木叶寨水库,流经山口、五拱桥等地,在乐和村委门家村附近汇入桃花江,流域集水面积 11.8 km²,河长 7.2 km。

桃花江支流乌金河发源于南洲村西侧近漓江处,河流自东北向西南流,经塘边村、乌石街,穿过桂黄公路,后流经桂林火车始发站,续向西流经市福利院、矮山塘村,于白塘村附近流入桃花江。乌金河集水面积 7.4 km²,干流长度约 6.2 km,河道平均坡降 1.37‰,是桂林市的一条城市内河。

本次设计河段为黄塘村至龙头村河段,控制断面位于五仙闸,对中高水有一定控制作用,河床宽约 44 m,为砂淤积及粉质黏土河床,两岸在高水时大面积漫滩,河岸不稳定。

5.2.2 气象

桃花江流域跨临桂区、灵川县、秀峰区三个县级行政区,流域地处我国南方低纬度区,属中亚热带季风气候区,气候湿润,雨量充沛,日照充足,四季分明,夏长冬短。常受北方冷空气南下的影响,雨季出现较早,一般始于 3 月中旬,结束于 8 月下旬。造成暴雨或大暴雨的主要天气系统为静止锋、低涡、切变线等。漓江流域的六洞河、川江、小溶江、甘棠江以及义江流域的宛田一带为桂北暴雨中心。

桃花江流域内气候温和,多年平均气温在 17.8 ℃～19.2 ℃之间。最高气温主要发生在 7～9 月,极端最高气温为 39.4 ℃;1 月份气温最低,极端最低气温为 -4.8 ℃。

桃花江流域及附近雨量充沛,多年平均年降雨量在 1 800～2 600 mm,其中本流域东北方向的华江一带为暴雨中心,其代表雨量站华江、砚田站多年平均降雨量分别为2 530.3 mm、2 663.3 mm,最大年降雨量(1968 年)分别为 3 493.1 mm、3 605.9 mm。流域多年平均降雨量为 1 997.8 mm,降雨年内分配不均,3—8 月份降雨量约占全年雨量的 80%。

流域内及附近多年平均蒸发量在 1 442.8~1 798.1 mm,年内蒸发量以 7—9 月最大,1—2 月最小。

5.2.3　水文基本资料

1. 水文测站与观测情况

桃花江流域内无水文观测站,无降雨资料,无场次洪水观测资料。桃花江流域内有庙头雨量站,上游靠近桃花江流域有义江流域内五通雨量站,各观测站情况说明如下:

(1)庙头雨量站

该站位于临桂区临桂镇,于 1975 年 3 月设立,是国家基本雨量站,资料整编规范,精度较好。

(2)五通雨量站

该站位于临桂区五通镇,于 1954 年设立,是国家基本雨量站,资料整编规范,精度较好。

2. 水文资料收集情况

本次设计收集到庙头雨量站暴雨系列(年最大 24 h、6 h、1 h:1975—2021 年系列)、五通雨量站暴雨系列(年最大 24 h、6 h、1 h:1965—2021 年系列)。

5.2.4　设计洪水

由于设计流域无水文观测资料,没有实测时段流量资料,设计流域集水面积与周边各水文站流域集水面积相差较大,不宜采用,因此只有采用降雨资料推求设计洪水。设计洪水采用瞬时单位线法和推理公式法推算,分析选用。

本次设计两种计算方法所得成果比较:同频率两种方法计算的洪峰流量相差不大,推理公式法计算成果相差稍大。基于安全考虑,本次设计采用推理公式法计算成果。

各设计流域设计洪水计算成果比较如表 5.1 所示。

表 5.1　各设计流域设计洪水计算成果比较　　　　　　　　　　单位:m^3/s

设计流域	控制流域面积(km²)	$P=1\%$	$P=2\%$	$P=3.33\%$	$P=5\%$	$P=10\%$	$P=20\%$
麻枫河汇入口控制断面	88.6	194.7	170.2	141.3	117.9	92.1	42.3
沧头村桥断面	111.7	826.6	732.2	662.7	606	490.8	368.6
金龟河汇入口控制断面	112.8	832	737	667	610	494	371
五仙闸控制断面	176.8	1 227	1 087	982	897	723	538

5.2.5 施工洪水

1. 导流标准

根据《堤防工程施工规范》(SL 260—2014)的规定,相应建筑物的级别为 5 级。根据《水利水电工程等级划分及洪水标准》(SL 252—2017)及《水利水电工程施工组织设计规范》(SL 303—2017)的规定,本工程的施工洪水标准按枯水期 3 年一遇洪水设计。

2. 导流时段

本流域常受北方冷空气南下的影响,雨季出现得较早,3 月中旬—8 月下旬降雨较为集中。桃花江流域为山区河流,洪水暴涨暴落,洪枯水位变幅大,因此本工程围堰挡水导流时段只能限制在枯水期。参考工程规模,结合工程施工进度安排,施工时段取当年 10 月—次年 3 月。

3. 施工洪峰流量计算

桃花江流域内没有水文站,因此没有实测流量资料。流域中心附近有庙头雨量站,有较长系列的雨量观测资料;流域附近有黄梅水文站,与桃花江同属于一个气候区,下垫面条件基本一致,气候气象特征相同。黄梅水文站控制流域面积 125 km²,与本次各设计流域控制流域面积相差不大,以黄梅水文站作为设计依据站,采用水文比拟法把黄梅水文站实测流量资料移用到设计流域。

计算成果见表 5.2。

表 5.2　桃花江各控制断面施工洪水计算成果　　　　　　　单位:m³/s

站点(控制断面)	导流时段及频率:当年 10 月—次年 3 月		
	P=20%	*P*=33.3%	*P*=50%
黄梅水文站	46.4	26.5	19.5
桃花江干流麻枫河出口以上	12.27	7.57	6.11
桃花江干流金龟河出口以上	43.3	24.8	18.2
桃花江干流五仙闸以上	58.4	33.4	24.5

5.2.6 水位流量关系

本次设计河段末端下游 2.7 km 处有五仙闸,为小(1)型水闸,是一座以灌溉、供水、环保等综合利用为主的水利工程,于 1964 年动工兴建。

闸坝总长 60 m,其中闸室段 50 m,左岸连接段长 5 m,右岸连接段长 5 m。闸室段由 12 孔泄洪闸组成,泄洪闸孔口宽 3.4 m,堰后为护坦段,连接下游河道。两条引水渠位于右岸,一条用于农田灌溉,另一条用于芦笛岩景区芳莲池及连通水道供水。闸坝堰型为折线形堰,堰顶高程为 149.50 m,堰顶设混凝土挡水闸门,高 3.20 m。

另外,设计河段约 13.61 km 内共有 3 个堰坝,分别为兰田坝、养老院坝和大宅堰坝,3 处堰坝均为带闸门控制的实用堰,汛期开闸泄洪,枯水期关闭闸门蓄水。

考虑到漫水桥及堰坝对洪水的影响,本次设计分别以五仙闸、兰田坝、养老院坝及大宅堰坝为起算断面,分段计算各工况水面线并计算断面水位流量关系。

各控制断面水位流量关系见表5.3至表5.6。

表5.3 五仙闸水位流量关系曲线表

水位(85高程,m)	149.5	150.0	150.5	151.0	151.5	152.0
流量(m³/s)	0	28.77	82.57	152.86	236.45	331.5
水位(85高程,m)	152.5	153.0	153.5	154.0	154.5	155.0
流量(m³/s)	436.78	551.36	674.55	805.79	944.6	1 090.6

表5.4 兰田坝水位流量关系曲线表

水位(85高程,m)	155.97	156.47	156.97	157.47
流量(m³/s)	0.00	9.39	24.56	48.80
水位(85高程,m)	157.97	158.47	158.97	160.00
流量(m³/s)	115.67	232.18	407.44	954.88

表5.5 养老院坝水位流量关系曲线表

水位(85高程,m)	154.60	155.91	156.41	156.91	157.41
流量(m³/s)	0.00	5.08	32.47	84.66	153.00
水位(85高程,m)	157.91	158.41	158.91	159.41	
流量(m³/s)	246.71	351.06	465.69	584.15	

表5.6 大宅堰坝水位流量关系曲线表

水位(85高程,m)	155.14	155.34	155.54	155.74	155.94	156.14
流量(m³/s)	0.00	6.46	24.74	58.32	110.02	182.27
水位(85高程,m)	156.34	156.54	156.74	156.94	157.14	157.34
流量(m³/s)	277.25	396.93	543.16	717.65	922.00	1 157.77

5.3 地质

5.3.1 地形地貌

区域地势平坦,地形坡度0~15°,地貌类型为冲洪积阶地、残(坡)积山麓、剥蚀平原、岩溶峰林地貌。

5.3.2 地层岩性

区域出露地层为泥盆系、石炭系及第四系,地层由老到新描述如下:

1. 泥盆系

中统郁江阶(D_2y):砂岩、粉砂岩夹页岩;

中统东岗岭阶(D_2d):灰岩,有时夹白云质灰岩及燧石结核和条带;

上统榴江组(D_3l):灰岩,夹白云岩及页岩。

2. 石炭系

下统岩关阶(C_1y):页岩夹砂岩、灰岩、硅质岩、泥质灰岩、炭质灰岩,上部局部有泥页岩,为工程区主要下伏地层。

3. 第四系(Q_4)

残积层(Q_4^{el}):黏土,黄色、黄褐色,可塑至硬塑,主要分布于山脚及河流阶地的过渡地带;

冲洪积层(Q_4^{alp}):粉质黏土、圆砾,分布于河床中及两岸阶地;

耕土(Q_4^{pd}):由黏性土组成,主要分布于河流两岸阶地;

人工填土(Q_4^s):由粉质黏土、碎块石等组成,分布于河岸,堆填时间3~60年。

5.3.3 地质构造与地震

灵川—永福断裂带全长数百公里,走向北东—南西,总体倾向北西,倾角30°~60°,属桂林—柳州区域性、基底性、复活性大断裂。工程区域北侧分布有F_1、F_2两条断裂带,F_1属灵川—永福断裂带,位于该断裂带西北侧约2 km处发育有一与之平行的F_2断裂,为F_1的次级断裂。两条断裂始于加里东期,延续于海西、印支期,激烈于燕山期,终于喜山期。

工程区处于F_1、F_2两条断裂带影响区,其中F_1断裂在潦塘村和兰田村附近穿过工程区向西南延伸。据史料记载,灵川—永福断裂带未发生过5级以上地震,工程区地层结构简单,基岩埋藏浅,工程级别低,因此两条断裂带对工程建设影响不大。

区内无活动性及发震断裂存在,区域稳定性良好。本区地震动峰值加速度为0.05g,地震动反应谱特征周期0.35 s,相应地震基本烈度为Ⅵ度,属于抗震一般地区。

5.3.4 水文地质

1. 地下水类型及评价

根据区域地质条件、地下水的赋存条件及运移特征,区内主要的地下水类型为孔隙水、裂隙水及岩溶水。

2. 岩土层透水性

工程区上覆第四系人工填土、冲洪积淤泥质粉质黏土、冲洪积粉质黏土、冲洪积中砂、圆砾和残积黏土层,下伏石炭系下统(C_1y)页岩、炭质灰岩、灰岩和泥质灰岩。粉质黏土、黏土层中孔隙水连通性及透水性较差,富水性弱。中砂层连通性和透水性中等,富水性中等。圆砾层透水性好,富水性强。裂隙水含水层连通性及透水性不均匀,富水性弱。岩溶水含水层透水性中等,富水性中等至强。

3. 地表水腐蚀性

工程区水文地质条件简单,地表水及地下水对混凝土无侵蚀性;对钢筋混凝土中钢筋无腐蚀性;对钢结构具有弱侵蚀性。

5.3.5 不良地质作用

本次工程勘察发现局部存在岸坡坍塌问题,未发现地面塌陷、滑坡等不良地质现象。

5.3.6 护岸工程地质条件及评价

整治河段岸坡以自然土质岸坡为主,局部为浆砌石挡墙岸坡。岸坡多数为稳定性较差岸坡,少部分为基本稳定岸坡。治理区河段岸基地质结构主要有单层结构(Ⅰ)、双层结构(Ⅱ)和多层结构(Ⅲ),护岸地基工程地质条件较好,工程地质条件分类为 B 类。

5.3.7 天然建筑材料及其他建筑工程

本次工程建设所需的天然建筑材料可到周边县区料场购买,其产量、质量满足要求,距离施工区平均运距约 15 km。

本次工程设计不设置弃渣场,弃渣运输到两江镇凤凰林场的消纳场处理。消纳场经临苏路、西城大道可到达工程区,交通方便,消纳场至河段护岸施工营地的平均运距约30 km。

5.4 工程任务与规模

5.4.1 项目建设的必要性

1. 项目建设是生态文明建设的需要

习近平同志在党的十八大提出要大力推进生态文明建设,并指出"建设生态文明,是关系人民福祉、关乎民族未来的长远大计"。对设计河段进行生态修复,是响应习近平同志关于生态文明建设的要求,是十分必要的。

2. "山水林田湖草沙生命共同体"理念成为指导当前生态保护与修复的重要指引

"山水林田湖草沙生命共同体"从价值基础上重置了人与自然关系的伦理前提,在对自然界的整体认知和人与生态环境关系的处理上为我们提供了重要的理论遵循,是实现绿色发展、建设生态文明的重要方法论指导,蕴含着重要的生态价值,是中国特色生态文明建设的理论内核之一。漓江作为珠江水系的重要水源涵养地,生态区位重要,担负着维系区域生态安全的重要功能。

桃花江作为漓江的经市区中心的一级支流,桃花江的水生态环境直接制约漓江的水生态文明效果。对桃花江开展生态修复,恢复桃花江河道的自然属性,改善桃花江枯水期生态和景观环境,显得尤为重要。

3. 洪水灾害日益严重,防洪治理要求迫切

本工程各河段目前基本上处于天然未设防状态,遇暴雨洪水,容易出现洪涝灾害,尤其是洪灾。随着社会经济发展和人口增加,沿河经济逐渐发展,社会财富日益聚集,农业生产、居民生活对防洪提出越来越高的要求,而频繁发生的洪涝灾害给沿岸人民的生命财产造成了巨大的损失。因此,对桃花江各河段的治理建设显得十分必要和迫切。

4. 水质波动,威胁河流健康

从收集的资料和现场调查情况来看,随着人口的增长和产业的快速发展,桃花江水质呈逐渐恶化的趋势。根据临桂区生态环境局水质监测结果,桃花江水质部分时段为Ⅳ类水,未达到水功能区划要求的Ⅲ类水质标准。主要原因为桃花江边的乐和工业区不断发展与落后的市政污水管网不协调,沿河两岸的垃圾、污水排放问题日渐突出,导致河流生态环境遭受影响,已威胁到了河流的健康。

5. 河岸稳定性差,水土流失严重

桃花江为典型的山区性河流,河岸为天然岸坡,经过多年的雨水、河水的冲刷,损坏较严重。河道泥土裸露、部分河岸塌陷,存在着滑坡、崩塌、泥石流及其他地质灾害危险,加之不合理的拦河设障、向河道倾倒垃圾、违章建筑等侵占河道的现象日渐增多,致使河道萎缩严重,行洪能力逐步降低,对沿河城乡的防洪安全构成了严重威胁。

6. 河道治理是乡村振兴的需要

党的十九大提出实施乡村振兴战略,是以习近平同志为核心的党中央着眼国家事业全局,深刻把握现代化建设规律和城乡关系变化特征,顺应亿万农民对美好生活的向往,对"三农"工作作出的重大决策部署,是全面建设社会主义现代化国家的重大历史任务,是新时代做好"三农"工作的总抓手。对项目区河段进行治理,减少项目区沿河村屯洪灾损失,保障人民的生命财产安全,使人民安居乐业,促进当地经济社会持续稳定健康发展,为响应十九大实施乡村振兴战略打下基础。

基于以上原因,迫切需要对桃花江黄塘村至龙头村段进行河道生态保护,逐步恢复桃花江生态系统完整性、保障水体流动性、提升两岸的生态环境质量,逐步实现河畅水清、江河安澜、人水和谐,促进水资源可持续利用,保障两岸经济社会高质量发展。

5.4.2 建设项目的任务与规模

根据《桂林漓江流域山水林田湖草沙一体化保护和修复工程实施方案》建设内容,本项目属于项目库中"漓江上游水源涵养与生物多样性保护修复区·桃花江水生态和矿山生态修复单元·水生态保护修复"的子项目,主要是针对水生态系统存在的水生物多样性受损、水体污染、水土流失、泥沙淤积等问题,采取自然恢复为主,辅助再生和生态重建为辅的措施方案改善岸线生态环境,维护水生态系统稳定性。根据总实施方案确定的目标,本项目的工程任务为进行河道清淤、建设截污管道、建设生态缓冲带、建设生态护岸等,实施河道水环境综合整治。

根据实施方案和可研报告确定的工程任务,确定本项目工程建设内容为环境治理工程、岸线生态修复措施、渠道及河道的清淤排涝措施、植物缓冲带建设。总治理河长12.439 km,其中桃花江主河道治理河长11.192 km,支流治理河道长1.247 km。岸线布置基本沿原河岸走向布置,护岸总长11.18 km,其中桃花江主河道护岸总长9.54 km,左岸5.43 km,右岸4.11 km;支流护岸总长1.640 km,左岸1.260 km,右岸0.380 km。其中附属建筑物主要有下河码头19座、排水涵管7座、生态堰坝改造2座。建设生态缓冲带13.61 hm²;21个村庄新建农村生活污水收集管网,新建处理站点17个。

工程总投资9 953.03万元,其中建筑工程7 718.93万元,机电设备及安装工程0万元,金属结构设备及安装工程0万元,临时工程494.76万元,独立费用1 052.45万元,基本预备费463.31万元,征地移民补偿92.05万元,水土保持工程80.05万元,环境保护工程51.48万元。

5.4.3 建设标准

1. 截污控污建设标准

截污管网建设抗震标准:地震动峰值加速度为0.05g,对应的设计地震基本烈度为6度。设计荷载:城-A级。设计使用年限:大于50年。安全等级:大于二级。

农村污水处理工程规模按照《农村生活污水处理设施水污染物排放标准》(DB45/2413—2021)要求进行计算,进水水质参考临桂区已实施的农村生活污水处理项目确定。污水经过处理后排放执行上述标准中的一级标准。

2. 岸线生态修复标准

临桂区桃花江黄塘村至龙头村段(塔山段)生态保护修复工程的主要保护对象为村庄和耕地。根据《防洪标准》(GB 50201—2014)、《水利水电工程等级划分及洪水标准》(SL 252—2017)、《堤防工程设计规范》(GB 50286—2013)、《广西中小河流治理工程初步设计指导意见》,以及广西壮族自治区桂林市水利局文件《关于广西桂林市桃花江五仙闸以上防洪治理规划报告的批复》(市水监督〔2021〕14号)意见,拟建河段规划为乐和工业园建设范围,规划其防洪能力达到20年一遇洪水标准。

本次设计河段为临桂区桃花江黄塘村至龙头村段(塔山段),防护措施为护岸,本次设计按20年一遇洪水标准设计。工程主要建筑物级别为4级,次要建筑物及临时建筑物均为5级,相应的防洪堤、排涝涵等防洪排涝建筑物级别均为4级,排涝设计标准采用20年一遇最大24 h暴雨洪水自排。

根据现场勘查,项目区两岸地势较为平坦,均在20年一遇洪水淹没范围内,未达到兴建防洪堤的闭合条件,故不设防洪堤,仅进行岸脚防护,防止岸坡受水流冲刷而继续崩塌,造成水土流失。工程措施遵循"以自然为主,人工为辅"生态修复标准,桃花江实施河段左右岸原有岸坡植被保存较好,本次设计仅对治理河段不稳定岸坡先修坡后再进行防护,已稳定岸坡尽量保留原有植被。

3. 清淤清障建设标准

开展本次疏浚工程的主要目标是提高河道两岸农田及村庄的防洪能力,根据《防洪标准》(GB 50201—2014)、《水利水电工程等级划分及洪水标准》(SL 252—2017)及保护对象情况,确定本次河道疏浚段为 20 年一遇的洪水标准。

4. 植物缓冲带修复标准

全面贯彻落实习近平生态文明思想,坚持人与自然和谐共生的基本方略,树立"山水林田湖草沙是一个生命共同体"思想,翔实勘察当地气候、地质、水文、植被等要素,并结合当地风土人情,统筹兼顾,采取"以自然恢复为主,人工适度干预促进恢复为辅"的生态修复标准。

5.4.4 水面线计算

根据设计工程范围,结合桃花江河道的具体特点,在桃花江干流黄塘村至龙头村13.61 km 河段布设 42 个河道水文横断面,支流麻枫河 1.2 km 河段布置 9 个水文断面,设计河段下游段以五仙闸水文断面为控制断面,根据各设计工况流量,查五仙闸过流能力曲线,即可求得各设计工况水面线的起推水位。

设计河段内共有 3 个堰坝,为兰田坝、养老院坝和大宅堰坝,遇堰坝则以该堰坝为控制断面,根据各设计工况流量,查堰坝过流能力曲线,即可求得各设计工况水面线的起推水位,继续向上游推求。

根据以上计算方法和参数,由各起推断面,根据各工况设计流量及相应水位向上游推求,即可得出黄塘村至龙头村河段各工况水面线。

5.5 工程布置及建筑物

5.5.1 工程等别及设计标准

临桂区桃花江黄塘村至龙头村河段生态修复工程整治河段为桃花江黄塘村至龙头村下游河段,岸顶为村庄和耕地。根据《防洪标准》(GB 50201—2014)、《水利水电工程等级划分及洪水标准》(SL 252—2017)、《堤防工程设计规范》(BG 50286—2013)和《广西中小河流治理工程初步设计指导意见》,以及广西壮族自治区桂林市水利局文件《关于广西桂林市桃花江五仙闸以上防洪治理规划报告的批复》(市水监督〔2021〕14 号),结合《桂林漓江流域山水林田湖草沙一体化保护和修复工程实施方案》要求,考虑所在河段规划为乐和工业园的建设范围,规划其防洪能力达到 20 年一遇洪水标准。工程主要建筑物级别为 4 级,次要建筑物及临时建筑物均为 5 级,相应的防洪堤、排涝涵等防洪排涝建筑物级别均为 4 级,排涝设计标准采用 20 年一遇最大 24 h 暴雨洪水自排。

根据《桂林市临桂区桃花江黄塘村至龙头村段生态修复工程可行性研究报告》,桃花江黄塘村至龙头村河段生态保护修复工程按行业类别分为:生态修复工程及环境治理工程和市政截污工程。本项目主要进行水生态环境保护与修复工程相关内容设计,市政截污部分由建设单位另行委托设计。

根据现场勘查,项目区两岸均在 20 年一遇洪水淹没范围内,未达到兴建防洪堤的闭合条件,故不设防洪堤,仅进行岸脚防护,防止岸坡受水流冲刷而继续崩塌,造成水土流失。遵循"以自然为主,人工为辅"的生态修复标准,桃花江工程实施河段左右岸原有岸坡植被保存较好,本次设计仅对治理河段不稳定岸坡先修坡后再进行防护,以稳定岸坡并尽量保留原有植被。

5.5.2　护岸工程

1. 护岸岸轴线布置

本次设计岸线基本沿着现状河岸布置,对无居民聚居段、无耕地、无重要设施段不进行防护,尽量保留现状岸坡。对现状岸坡水土流失严重地区进行整治,根据实地踏勘,结合主管部门意见和当地村委迫切需要治理河段,进行岸线整治、水土流失防护。

(1) 黄塘村至西干渠渡槽左岸河段

该河段左岸长为 0.400 km,起于黄塘村,止于青狮潭水库西干渠渡槽上游左岸(桩号为左 0+000~左 0+400),岸顶主要为农田、耕地,岸坡均为土质岸坡,岸顶杂草植物较为茂盛,但坡脚淘刷严重,岸坡土体有进一步被侵蚀的倾向,需对该段进行治理。该河段地势平坦,未有点进行闭合,经技术经济比较,建防洪堤造价较高,且占地较多,洪水标准为 20 年一遇。为节约投资,减少占地,不设防洪堤,仅进行岸脚防护,防止岸坡受水流冲刷而继续崩塌,造成水土流失。为防止岸坡崩塌,使农田不受洪水侵蚀,本次左岸选择本段岸线进行护脚,拟在原岸坡脚布置岸轴线,可减少拆迁征地,减少开挖量,节约投资且避免破坏岸坡原有粗茎植被。

(2) 毛家田村至陂头村养殖场左岸河段

该河段左岸长为 0.437 km,起于毛家田村下河步级,止于陂头村养殖场[桩号为左 0+400(上)~左 0+837(下)]。本段岸顶地类主要为农田、耕地,岸坡高 2.5~3.0 m,岸坡坡度 25°~60°,岸坡土层为粉质黏土。现状水深 2.5~3.2 m,水面以上岸坡植被覆盖较好,水面以下土层裸露,岸坡受冲刷严重。为防止岸坡崩塌,稳固农田,需对该段进行治理。经技术经济比较,建防洪堤造价较高,且占地较多,本段洪水标准为 20 年一遇。为节约投资,减少占地,不设防洪堤,仅进行岸脚防护,防止岸坡受水流冲刷而继续崩塌,造成水土流失。为防止岸坡崩塌,使农田不受洪水侵蚀,本次左岸选择本段岸线进行护脚,拟在原岸坡脚布置岸轴线,可减少拆迁征地,减少开挖量,节约投资且避免破坏岸坡原有粗茎植被。

(3) 花江村至潦塘村左岸河段

该河段左岸长为 0.730 km,起于花江村断桥,止于潦塘村[桩号为左 0+837(下)~左 1+567],本段岸顶地类主要为农田、耕地,河段较弯曲,岸坡地势较平坦,地形坡度 0~40°。

岸坡高 2.0~4.0 m,坡度 10°~45°,部分河岸地段冲刷淘蚀严重,临空面裸露,局部见有坍塌,故需对该段进行治理。该河段起点、终点均未能闭合,从技术经济角度比较,建防洪堤造价较高,且占地较多。为节约投资,减少占地,不设防洪堤,仅进行岸脚防护,防止岸坡受水流冲刷而继续崩塌,造成水土流失。为防止岸坡崩塌,使农田不受洪水侵蚀,本次左岸选择本段岸线进行护脚,拟在原岸坡脚布置岸轴线,可减少拆迁征地,减少开挖量,节约投资且避免破坏岸坡原有粗茎植被。

(4)兰田村至兰田村交通桥左岸河段

该河段左岸长为 0.610 km,起于兰田村,止于兰田村交通桥[桩号为左 1+567(上)~左 2+177(下)]。本段岸顶地类主要为农田、耕地,岸坡土层为粉质黏土。现状水深 2.5~3.2 m,水面以上岸坡植被覆盖较好,水面以下土层裸露,岸坡受冲刷严重。该河段地势平坦,终点均未能闭合,从技术经济角度比较,建防洪堤造价较高,且占地较多。为节约投资,减少占地,不设防洪堤,仅进行岸脚防护,防止岸坡受水流冲刷而继续崩塌,造成水土流失。为防止岸坡崩塌,使农田不受洪水侵蚀,左岸选择本段岸线进行护脚,拟在原岸坡脚布置岸轴线,可减少拆迁征地,减少开挖量,节约投资且避免破坏岸坡原有粗茎植被。

(5)刘家村桥梁至沧头村桥左岸河段

该河段左岸长为 0.643 km,起于刘家村桥梁,止于沧头村桥[桩号为左 2+177(下)~左 2+820]。本段岸顶地类主要为农田、耕地,岸坡土层为粉质黏土。现状水深 2.5~3.2 m,水面以上岸坡植被覆盖较好,水面以下土层裸露,岸坡受冲刷严重。该河段地势平坦,终点均未能闭合,从技术经济角度比较,建防洪堤造价较高,且占地较多,洪水标准为 20 年一遇。为节约投资,减少占地,不设防洪堤,仅进行岸脚防护,防止岸坡受水流冲刷而继续崩塌,造成水土流失。为防止岸坡崩塌,使农田不受洪水侵蚀,本次左岸选择本段岸线进行护脚,拟在原岸坡脚布置岸轴线,可减少拆迁征地,减少开挖量,节约投资且避免破坏岸坡原有粗茎植被。

(6)刘家村至大宅村漫水桥左岸河段

该河段左岸长为 1.115 km,起于刘家村,止于大宅村漫水桥[桩号为左 2+820(下)~左 3+934(上)]。岸顶地类主要为农田、耕地,现状岸坡未做任何防护,地形坡度 0~5°。岸坡高 1.5~3.0 m,岸坡坡度 50°~75°,岸坡土层为粉质黏土,坡脚局部土层、树根清晰可见,岸坡土体有进一步被侵蚀的倾向。村背为沧头村大山,高程低于设计水位($P=5\%$),终点亦未有效闭合,洪水标准为 20 年一遇。从技术经济角度比较,建防洪堤造价较高,且占地较多。为节约投资,减少占地,不设防洪堤,仅建护岸进行防冲,遵循"以自然为主,人工为辅"生态修复标准,不稳定岸坡先修坡后再进行防护,已稳定岸坡尽量保留原有粗径树木,清理杂草后采取植物措施。结合农田、耕地实际分布情况,拟在原岸坡脚布置岸轴线,可减少拆迁征地,减少开挖量,节约投资且避免破坏岸坡原有粗茎植被。

大宅村拦河坝位于桩号左 3+555 处,坝顶高程 154.85 m,大宅村拦河坝表层混凝土老化,右坝身已冲成一缺口,宽 2.0 m,基本丧失拦水功能,本次拟对拦河坝拆除后进行原坝顶重建。

（7）大宅村漫水桥至金龟河支流入口左岸河段

该河段左岸长为 0.572 km,起于大宅村漫水桥,止于金龟河支流入口[桩号为左 3+934(下)~左 4+506(上)]。岸顶地类主要为农田、耕地,地势平坦,村庄后背为刀陂村大山,高程低于设计水位($P=5\%$)。本段规划为防洪堤,洪水标准为 20 年一遇,终点亦未有点进行闭合。从技术经济角度比较,建防洪堤造价较高,且占地较多。为节约投资,减少占地,不设防洪堤,仅建护岸进行防冲,遵循"以自然为主,人工为辅"生态修复标准,不稳定岸坡先修坡后再进行防护,已稳定岸坡尽量保留原有粗径树木,清理杂草后采取植物措施。为有效地保护农田,对本段岸线进行防护,拟在原岸坡脚布置岸轴线,可减少拆迁征地,减少开挖量,节约投资且避免破坏岸坡原有粗茎植被。

（8）金龟河支流入口至硚头支流入口左岸河段

该河段左岸长为 0.421 km,起于金龟河支流入口,止于硚头支流入口[桩号为左 4+506(下)~左 4+920(上)]。本段岸顶地类主要为农田、耕地、龙头村村址,岸坡土层为粉质黏土,地形坡度 3°~15°,岸坡高 2.0~3.0 m,岸坡坡度 50°~75°。该河段桩号左 4+472~左 4+512、左 4+872(上)~左 4+922 为支流入河口凸岸,其余段为平顺岸,该河段处于汇河口,汛期受桃花江回水影响,粉质黏土长期浸泡于水中,河岸下部冲刷淘蚀严重,临空面裸露,局部见有坍塌,河口淤积河道受阻。金龟河穿村而过,该村属常淹村庄。本段规划为防洪堤,洪水标准为 20 年一遇,但起点、终点均未能闭合。从技术经济角度比较,建防洪堤造价较高,且占地较多。为节约投资,减少占地,不设防洪堤,仅建护岸进行防冲,遵循"以自然为主,人工为辅"生态修复标准,不稳定岸坡先修坡后再进行防护,已稳定岸坡尽量保留原有粗径树木,清理杂草后采取植物措施。为有效地保护农田,本次左岸选择本段岸线进行防护,拟在原岸坡脚布置岸轴线,可减少拆迁征地,减少开挖量,节约投资且避免破坏岸坡原有粗茎植被。

（9）硚头支流入口至道观桥上游左岸河段

该河段左岸长为 0.389 km,起于硚头支流入口,止于道观桥上游,该河段前段为凹岸,后段为平顺岸,岸坡土层为粉质黏土,地形坡度 0~15°,岸坡高 2.5~3.0 m,岸坡坡度 75°~90°。左岸岸顶主要为耕地、硚头村村址,临岸农田地面标高为 154.80~154.90 m,设计水位($P=5\%$)157.52~157.66 m,该河段设计水位($P=20\%$)高于河岸 2.15~2.45 m,岸顶大部分为农田、耕地,址高程为 156.89~161.26 m。本段岸顶地类主要为农田、耕地及硚头村村址,址高程为 156.89~161.26 m。该河段原有岸坡植被保存较好,前段河岸岸顶已有路堤路基防护,后段河岸岸坡已有西二环大桥、道观桥护坡,岸顶植被较好,结构单一。本次设计不采取护岸工程措施,仅对岸坡采取点缀等绿化模式。

（10）道观桥下游至西二环农庄左岸河段

该河段左岸长为 0.090 km,起于道观桥下游左岸,止于西二环农庄[桩号为左 4+920(下)~左 5+010(上)]。该河段为平顺岸,临岸一级阶地地面标高为 155.77~156.95 m,岸顶为西二环道路,路面高程 160.02 m,设计水位($P=5\%$)157.37~157.42 m,高于河岸一级阶地 1.65~0.42 m,该段已满足防洪要求。现有河岸较窄,西二环路原护坡植被较好,故不设防洪堤,仅建护岸进行防冲。该段处于平顺岸,岸坡土层为粉质黏土,地形坡度 0~15°。岸坡高 2.5~3.0 m,岸坡坡度 35°~60°,该段上游为原道观桥桥墩及护坡,下游为西二环农庄,农庄局部已侵占河道,农庄基础为埋石混凝土,鉴于上下游均已有护岸,本段夹在其中,水流流态复杂,岸坡水土流失严重,岸顶为西二环路,有必要对该河段进行闭合处理。

(11)西二环农庄至西二环加油站左岸河段

该河段左岸长为 0.285 km,起于西二环农庄,止于西二环加油站,本段既在河道规划范围,又属山水林田规划范围。本段左岸均已建有挡墙,水土流失面积较小,岸顶为西二环农庄、私人住宅,西二环农庄及私人住宅已建挡墙基础,本次不采取工程措施。

(12)西二环加油站至龙头村下游 800 m 左岸河段

该河段左岸长为 0.412 km,起于西二环加油站,止于龙头村下游 800 m[桩号为左 5+010(下)~左 5+422]。岸坡土层为粉质黏土,岸上为农田和建筑区,地形坡度 0~5°。岸坡高 1.5~3.0 m,岸坡坡度 50°~75°。下部冲刷淘蚀、水土流失严重,损毁农田。本段规划为防洪堤,洪水标准为 20 年一遇,从技术经济角度比较,建防洪堤造价较高,且占地较多。为节约投资,减少占地,不设防洪堤,仅建护岸进行防冲,遵循"以自然为主,人工为辅"生态修复标准,桃花江实施河段左右岸原有岸坡植被保存较好,不稳定岸坡先修坡后再进行防护,已稳定岸坡尽量保留原有植被,在植被稀疏的地方增种、补种乔木、灌木等植物。结合农田、耕地实际分布情况,本次左岸选择该岸线进行治理,拟在原岸坡脚布置岸轴线,可减少拆迁征地,减少开挖量,节约投资且避免破坏岸坡原有粗茎植被。

(13)花江村至潦塘村右岸河段

该河段右岸长为 0.460 km,起于花江村断桥,止于潦塘村(桩号为右 0+000~右 0+460)。该河段前段为凹岸,岸顶地类主要为农田、耕地,岸坡土层为粉质黏土,地形坡度 0~15°,岸坡高 2.5~3.0 m,岸坡坡度 45°~65°,岸坡土体有进一步被侵蚀的倾向,故需对该段进行治理。该河段地势平坦,终点均未能闭合,从技术经济角度比较,建防洪堤造价较高,且占地较多,洪水标准为 20 年一遇。为节约投资,减少占地,不设防洪堤,仅进行岸脚防护,防止岸坡受水流冲刷而继续崩塌,造成水土流失。为防止岸坡崩塌,使农田不受洪水侵蚀,本次右岸选择本段岸线进行护脚,在原岸坡脚布置岸轴线,可减少拆迁征地,减少开挖量,节约投资且避免破坏岸坡原有粗茎植被。

(14)兰田村至兰田村交通桥右岸河段

该河段右岸长为 0.535 km,起于兰田村,止于兰田村交通桥[桩号为右 0+460(下)~右 0+995)]。本段岸顶地类主要为农田、耕地,岸坡土层为粉质黏土。现状水深 2.5~3.2 m,水面以上岸坡植被覆盖较好,水面以下土层裸露,岸坡受冲刷严重。该河段地势平坦,终点均未能闭合,从技术经济角度比较,建防洪堤造价较高,且占地较多,洪水标准为 20 年一遇。为节约投资,减少占地,不设防洪堤,仅进行岸脚防护,防止岸坡受水流冲刷而继续崩塌,造成水土流失。为防止岸坡崩塌,使农田不受洪水侵蚀,本次右岸选择本段岸线进行护脚,拟在原岸坡脚布置岸轴线,可减少拆迁征地,减少开挖量,节约投资且避免破坏岸坡原有粗茎植被。

（15）刘家村桥梁至沧头村桥右岸河段

该河段右岸长为 0.604 km,起于刘家村桥梁,止于沧头村桥[桩号为右 0+995(下)~右 1+599)]。本段岸顶地类主要为农田、耕地,岸坡土层为粉质黏土。现状水深 2.5~3.2 m,水面以上岸坡植被覆盖较好,水面以下土层裸露,岸坡受冲刷严重。该河段地势平坦,终点均未能闭合,从技术经济角度比较,建防洪堤造价较高,且占地较多,洪水标准为 20 年一遇。为节约投资,减少占地,不设防洪堤,仅进行岸脚防护,防止岸坡受水流冲刷而继续崩塌,造成水土流失。为防止岸坡崩塌,使农田不受洪水侵蚀,本次右岸选择本段岸线进行护脚,拟在原岸坡脚布置岸轴线,可减少拆迁征地,减少开挖量,节约投资且避免破坏岸坡原有粗茎植被。

（16）刘家村至大宅村漫水桥右岸河段

该河段右岸长为 1.190 km,起于刘家村,止于大宅村漫水桥[桩号为右 1+599(下)~右 2+779(上)]。河段弯曲,地形坡度 0~5°。岸坡高 2.5~4.5 m,岸坡坡度 50°~75°。河岸下部冲刷淘蚀严重,局部见有坍塌,岸坡土层为粉质黏土,岸坡稳定性较差,局部土层、树根清晰可见,岸脚土体有进一步被河水侵蚀的倾向。经比较,堤顶高程已在 20 年一遇洪水位高程以上,且原有堤岸植被较好,故本次设计仅对堤脚进行抗冲防护,岸坡尽量保留原有植被,在植被稀疏的地方增种、补种乔木、灌木等。

桩号右 2+389 处为大宅村拦河坝,坝顶高程 154.85 m,大宅村拦河坝表层混凝土老化,右坝身已冲成一缺口,宽 2.0 m,基本丧失拦水功能,本次拟对拦河坝拆除后进行原坝顶重建。

（17）大宅村漫水桥至道观村排洪闸右岸河段

该河段右岸长为 0.683 km,起于大宅村漫水桥,止于道观村排洪闸[桩号为右 2+779(下)~右 3+462(上)]。岸上为农田,由于本段位于大宅村漫水桥下游,汛期流速较大(3.6 m/s);岸坡为粉质黏土层,其抗冲刷能力弱,加之本次初设对岸凹岸已采用"格宾网笼+生态混凝土护坡"等工程措施防护,突遇洪水来临时势必对该岸形成反冲刷。为防止水流继续冲刷土堤岸脚,提高土堤的耐久及安全性,并且达到连续整治的生态效果,本次对该段堤脚进行防护。其余段地形坡度 0~5°,岸坡高 3.0~4.5 m,岸坡坡度 50°~75°,其余段右岸已建土堤坡脚受河蚀严重,岸顶植被茂密,该河段淤积已严重影响右岸岸坡安全,该河段后半段为金龟河支流汇入口,对桃花江右岸形成直冲,致使桃花江右岸防洪堤堤脚已被冲成局部凹岸。经复核,堤顶高程已在 20 年一遇洪水位高程以上,且原有堤岸植被较好,故本次设计仅对堤脚进行抗冲防护,岸坡尽量保留原有植被,在护坡植被的基础上增种、补种乔木、灌木等。拟在原岸坡脚布置岸轴线,可减少拆迁征地,减少开挖量,节约投资且避免破坏岸坡原有粗茎植被。实施该河段防护,既保障老堤运行安全,又提高河道行洪、纳洪能力。

（18）道观村排洪闸至道观桥右岸河段

该河段右岸长为 0.556 km,起于道观村排洪闸,止于道观桥。该河段前段 100 m 为平顺岸,中部 60 m 为凸岸,后段为平顺岸,右岸岸顶主要为耕地、道观村村址,已建防洪堤地面标高为 157.77~158.34 m,农田地面标高为 154.80~156.90 m,设计水位($P=5\%$)157.52~157.66 m。本段已建防洪堤顶高程已在 20 年一遇洪水位高程以上,土堤迎水面坡脚已建挡墙护脚,挡墙呈二层阶梯分布,挡墙表面完好,未发现开裂老化现象,西二环桥至道观桥已有硬化护坡。护岸挡墙及护坡结构单一,白化现象严重,设计结合乡村振兴战略规划,采取绿化措施,增加小型建筑物。

（19）道观桥至龙头村下游 800 m 右岸河段

该河段右岸长为 0.638 km,起于道观桥,止于龙头村下游 800 m,该河段已建防洪堤地面标高为 157.90~158.38 m,临岸地面标高为 155.98~156.31 m,设计水位($P=5\%$)157.10~157.23 m,河段弯曲,岸上为农田,局部为旱地,地形坡度 0~5°。岸坡高 2.5~4.0 m,岸坡坡度 50°~75°。前段水较深,水深为 2.1~2.8 m,土堤长期受水流侵蚀,堤脚冲刷淘蚀严重,局部见有坍塌,中段弯曲段为淤积岸,淤积已高出水面 0.3~0.5 cm。前段水土流失面积较大,中段淤泥较厚,河道中水草茂密;尾段岸坡土层为粉质黏土,局部土层、树根清晰可见,岸坡土体有进一步被河水侵蚀的倾向。为节省投资,本次变更仅对前段的凹岸及尾段平顺岸进行护脚防冲设计。经复核,已建堤顶高程已在 20 年一遇洪水位高程以上,且原有岸坡植被较好,故本次设计仅对堤脚进行抗冲防护,岸坡尽量保留原有植被,在护坡植被的基础上增种、补种乔木、灌木等。故本次拟在原土堤坡脚布置岸轴线。

（20）支流麻枫河左岸河段

该河段左岸长为 1.262 km,起于五拱桥渡槽,止于与桃花江汇合口处上游桥墩(桩号为麻左 0+000~麻左 1+262),本段岸顶地类主要为居住区以及温氏养殖场园区范围,岸坡土层为粉质黏土。现状水深 2.5~3.2 m,水面以上岸坡植被覆盖较好,水面以下土层裸露,岸坡受冲刷严重。该河段地势平坦,终点均未能闭合,从技术经济角度比较,建防洪堤造价较高,且占地较多,洪水标准为 20 年一遇。为节约投资,减少占地,不设防洪堤,仅进行岸脚防护,防止岸坡受水流冲刷而继续崩塌,造成水土流失。为防止岸坡崩塌,使农田不受洪水侵蚀,本次左岸选择本段岸线进行护脚,拟在原岸坡脚布置岸轴线,可减少拆迁征地,减少开挖量,节约投资且避免破坏岸坡原有粗茎植被。

（21）支流麻枫河右岸河段

该河段右岸长为 0.380 km,起于五拱桥渡槽,止于与桃花江汇合口处上游桥墩(桩号为麻右 0+000~麻右 0+380),本段岸顶地类主要为耕地,岸坡土层为粉质黏土。现状水深 2.5~3.2 m,水面以上岸坡植被覆盖较好,水面以下土层裸露,岸坡受冲刷严重。该河段地势平坦,终点均未能闭合,从技术经济角度比较,建防洪堤造价较高,且占地较多,标准为 20 年一遇。为节约投资,减少占地,不设防洪堤,仅进行岸脚防护,防止岸坡受水流冲刷而继续崩塌,造成水土流失。为防止岸坡崩塌,使农田不受洪水侵蚀,本次右岸选择本段岸线进行护脚,拟在原岸坡脚布置岸轴线,可减少拆迁征地,减少开挖量,节约投资且避免破坏岸坡原有粗茎植被。

2. 护岸形式选择

本次设计结合工程整治区的地形地质条件,岸脚冲毁、岸坡崩塌情况,以及当地村民迫切要求修建等因素,经过比较分析,认为主要采用尾径 φ120 mm 生鲜松木桩+网垫护坡+植物措施、埋石混凝土护脚+阶梯形 C20 现浇混凝土生态护坡+植物措施护坡、网笼护脚+阶梯形 C20 现浇混凝土生态护坡+植物措施护坡、叠石护岸+植物措施护坡综合治理能更好地适用于本次岸坡的防护。为保护环境和尽可能减少工程占用耕地,护岸轴线基本沿老岸线布置,以不缩窄河床宽度和减少行洪断面为原则。

3. 建筑物设计

（1）护岸高程确定

根据《桂林漓江流域山水林田湖草生态保护和修复工程项目库》要求,开展桃花江上游水源林生态修复。根据现状河道的流速大小、淤积岸、冲刷岸,以及岸脚的冲刷程度,确定护岸岸顶高程为常水位+0.1 m。

（2）护岸断面设计

本次设计根据不同河床地形、地质条件选择采用尾径 φ120 mm 生鲜松木桩+网垫护坡+植物措施、埋石混凝土护脚+阶梯形 C20 现浇混凝土生态护坡+植物措施护坡、网笼护脚+阶梯形 C20 现浇混凝土生态护坡+植物措施护坡、叠石护岸+植物措施护坡等生态护坡典型断面形式。

4. 护岸附属建筑物

临桂区桃花江黄塘村至龙头村河段生态保护修复工程附属建筑物主要有下河码头 19 座、排水涵管 7 座。

5.5.3 植物缓冲带工程

秉承的设计理念为"自然恢复为主,人工适度干预促进恢复为辅"的近自然设计。遵循《山水林田湖草沙一体化保护和修复工程实施方案(编制大纲)》的要求,本方案不占用耕地、居民绿化用地。将整个项目划分为八个区域:

第一个区域位于建设项目的起始点,称之为"桃花源"。对应区域:黄塘村黄塘大桥整治起点至泉南高速大桥主河道,左岸 4.379 km、右岸 4.717 km,修复面积 43 105.67 m²。

第二个区域为"桃花春",对应区域为泉南高速大桥整治起点至大宅漫水桥主河道,左岸 1.118 km、右岸 1.263 km,修复面积 16 136.99 m²。

第三个区域为"桃花香",对应区域为大宅村漫水桥至高铁桥,左岸 1.087 km、右岸 1.161 km,修复面积 17 855.86 m²。

第四个区域为"桃花醉",对应区域为高铁桥至道观桥,左岸 0.966 km、右岸 1.587 km,修复面积 20 278.47 m²。

第五个区域为"桃花思",对应区域为道观桥至塘洞村(与灵川交界),左岸 0.521 km、右岸 1.079 km,修复面积 12 708.8 m²。

第六个区域为临桂区乐和工业园内西干渠,起点为五孔桥,终点为坪田村西二环桥涵处,左岸 0.374 km、右岸 0.418 km,修复面积 9 365.35 m²。

第七个区域为麻枫河乐和工业园段,起点为五孔桥,终点为麻枫河与桃花江汇河口,左岸 0.068 km、右岸 0.167 km，修复面积 326.25 m²。

第八个区域位于"桃花醉"区内高铁桥下的老河道，总长 0.874 km，修复面积 16 314.61 m²。

5.5.4　农村污水处理工程

本次项目涉及村庄包括桃花江临桂区临桂镇段沿岸的大陂头村、小陂头村、车渡村、力冲村、莫边村和门家村在内的 24 个自然村。根据现场勘查，其中毛家田村、回龙村及刀陂村已建有完善的污水处理设施，另外 21 个村目前主要污水为餐厨废水、洗涤废水、卫生间污水和少量散养家禽养殖废水等，水中的有机物含量较高。

根据村屯分布情况和周边市政管网分布情况，门家村位于庙岭街旁，近期拟实施市政污水管网建设，因此门家村只建设管网，不建设单独场站。大陂头村与小陂头村、刘家村与官田村、桥头村与龙头村由于村落靠近，共建一个场站。因此，本项目共建设 17 处污水处理场站。

5.6　机电与金属结构

本工程不涉及机电与金属结构相关内容。

5.7　消防设计

本工程不涉及消防设计相关内容。

5.8　施工组织设计

5.8.1　施工条件

护岸工程沿临桂镇桃花江黄塘村至龙头村河段（塔山段）两岸呈带状布置，考虑分段布置施工设施。拟建工程施工场地开阔，无施工干扰问题。枯水期河沟流量小，施工导流容易解决。

由于工程区所在乡镇无水泥、钢材、钢筋供应，所以水泥、钢材、钢筋等需从临桂城区采购，用汽车运至工地，运距约 15 km。

本工程建设所需要的砂料可以采用人工砂和天然河砂，工程区附近没有砂料场，工程建设所需砂料可到临桂城区购买，产量和质量满足要求。工程区地理位置较好，交通便利。工程区附近没有采石场,工程所需石料可到临桂城区购买,产量和质量满足要求。工程区到临桂城区运距15 km。

桃花江水质良好,可作为生产用水水源,生活用水可就近从刘家村及门家村人饮或自来水供水管网接引供水管路至工地现场使用。

施工用电可就近从刘家村及门家村内10 kV供电线路接电引至施工现场,并自备柴油发电机作为应急供电电源。

5.8.2 施工导流

根据《堤防工程设计规范》(GB 50286—2013)规定,永久性主要水工建筑物级别为4级,永久性次要水工建筑物及临时水工建筑物的级别为5级。本工程为护岸工程,施工导流参照《堤防工程施工规范》(SL 260—2014)执行。经复核,护岸工程围堰导流标准为:采用枯水期3年一遇水位+0.5 m安全超高值确定施工围堰顶高程。根据水文资料分析,经比较,本次桃花江干流导流时段选取11月—次年3月枯水期年平均流量最小值,即35.2 m^3/s。

5.8.3 施工围堰

根据现场调查及水文计算,参照《堤防工程施工规范》(SL 260—2014),施工期水位取枯水期3年一遇洪水位,堰顶安全超高值取0.5 m。本工程护岸中,埋石混凝土挡墙护脚施工采用分段分期导流方式,围堰分纵向围堰与横向围堰,纵向围堰平行于左右护岸轴线布置,横向围堰垂直护岸轴线,每隔50 m设置一道。护岸挡墙分段施工,围堰左侧护岸施工时右侧河床导流,围堰右侧护岸施工时左侧河床导流,施工完成后采用机械将围堰全部拆除。本工程围堰采用编织袋土围堰,围堰高度根据不同河段施工水深确定,水深1.4 m和1.2 m,加安全超高0.5 m,围堰高度1.9 m和1.7 m,围堰顶宽0.8 m,围堰背水坡比及迎水坡比均取1∶0.7,围堰基础挤淤0.2 m。为增强防渗能力,编织袋迎水面铺设塑料薄膜防渗,本工程施工围堰用土主要来源于工程内开挖土料。本次挡墙施工采用分段围堰,基坑排水采用柴油抽水泵抽排水可满足挡墙基础的施工。

5.8.4 施工总进度

根据《水利水电工程施工组织设计规范》(SL 303—2017)规定,本阶段将工程建设全过程划分为工程筹建期、工程准备期、主体工程施工期、工程完建期四个施工时段。

1. 工程筹建期

第一年的9—10月份为工程筹建期,本阶段主要任务是成立本工程建设指挥部,落实监理单位及施工队伍等,该阶段不包括在总工期内。

2. 工程准备期

第一年的11月份为工程准备期,本阶段的主要任务是完成对外交通公路、场内交通道路、施工工棚和其他临时设施的施工及征地拆迁工作。

3. 主体工程施工期

该阶段主要任务是护岸主体工程、农村污水处理工程的土建施工,时间从第一年的 12 月至第二年的 9 月,共 10 个月。其中水下工程施工要求在枯水期第一年的 12 月至第二年 2 月底完成。

4. 工程完建期

第二年的 10 月份完成场地清理及工程初步验收工作。

5.9 建设征地与移民安置

工程用地范围由用地范围图确定,分为工程永久征收和临时征用范围。工程永久征收主要是农村污水处理站等用地,临时征用范围包括施工生产生活区、临时堆土场用地等。工程建设征地区涉及土地面积 52.86 亩[①],其中永久征收 8.51 亩,临时征用 44.35 亩,均为农村部分,不涉及基本农田。经计算,本工程用地总投资为 92.05 万元,其中永久征地补偿投资 53.26 万元,临时征地补偿投资 38.79 万元。

5.10 环境保护设计

本次环保设计主要内容有:

(1)生态环境及景观保护设计;

(2)施工期环境保护设计;

(3)环境监测设计;

(4)环境保护管理;

(5)环境保护投资概算。

通过本次环保设计,在工程施工及运行过程中采取环境保护措施,减轻或避免工程施工对施工区周围环境的影响,保证在工程建设过程中,下游河段水体水质、施工区周围大气和声环境处于良好状态。工程施工区在施工完成后植树种草,有利于水土保持和美化环境,改善生态景观。

本工程环保专项投资为 51.48 万元(不含主体工程中有环保功能的投资)。

总体来看,本工程的不利影响主要发生在施工期,其影响是短期的、可恢复的,通过有效措施可得到减免;有利影响是长期的,只要在施工期加强管理,尽量避免工程施工对周围环境的破坏,在环境上不存在制约工程建设的重大因素。因此从环境角度来说,兴建工程是可行的。

---

① 1 亩 ≈ 667 m²

5.11 水土保持设计

根据《广西壮族自治区人民政府关于划分我区水土流失重点预防区和重点治理区的通告》(桂政发[2017]5号),项目属于乡村区域,项目周边500 m范围内有居民点,且不在一级标准区域的应执行二级标准。根据干旱程度、地形等参数进行修正,修正后本项目水土流失防治目标为:水土流失治理度95%,土壤流失控制比1.0,渣土防护率95%,表土保护率87%,林草植被恢复率95%,林草覆盖率22%。

根据工程设计文件、工程征用地面积范围的分析,确定本工程水土流失防治责任范围项目建设区总面积为8.65 hm^2。防治方案根据防治责任范围内各分区的水土流失特点、危害程度,因地制宜地采取各类水土保持措施,将工程建设造成的水土流失降低到最低限度。主要措施有:排水、挡拦、回填腐殖土、土地整治、撒播草籽、种植乔灌木等。工程水土保持方案实施后,可以有效地控制本工程建设造成的水土流失量,改善工程责任范围内的生态环境,减轻对下游和周边生态环境的影响。

本工程新增水土保持投资为80.05万元。

5.12 劳动安全与工业卫生

为了贯彻"安全第一,预防为主"的方针,遵照《水利水电工程劳动安全与工业卫生设计规范》(GB 50706—2011)及《水利水电工程初步设计报告编制规程》(SL/T 619—2021),结合本工程的特点和实际情况,从劳动安全及工业卫生两个方面分析在生产劳动过程与运行管理过程中可能直接危及劳动者人身安全和身体健康的各种因素,并设计了符合规范要求和工程实际的具体防护措施。

5.13 节能设计

本工程运行期单项工程能耗项目主要有:水利管理站生产生活区能耗、工程建设期能源消耗,工程在工程建设期和生产运行管理期所消耗的主要能源有电力、柴油和汽油。

5.13.1 项目节能措施

通过建筑节能措施、电气节能措施、施工期施工及建设管理节能降耗措施等方面实现本项目的节能效果。

5.13.2 节能效果综合评价

本项目初设阶段从设计理念、施工实施等多个方面遵循国家的节能政策、法律、法规及行业的用能标准,并进行了优化设计,选用符合国家政策的先进节能设备和材料,节能措施科学、有效,项目节能效果显著,符合我国固定资产投资项目节能设计要求。

5.14 工程管理设计

5.14.1 工程管理体制

为了确保桂林市临桂区桃花江黄塘村至龙头村段(塔山段)生态修复工程初步设计报告中护岸和污水处理站的安全运行,充分发挥工程效益,需建立和健全完善的组织管理机构来负责对护岸的运行调度进行管理。本次设计拟由临桂镇人民政府农业服务中心来负责其所属护岸的日常运行及管理工作,分别由临桂区水利局和生态环境局负责技术指导工作。

5.14.2 工程运行管理

临桂镇人民政府农业服务中心负责其所属护岸工程设施的日常安全运行、维修和管理,汛期在临桂区防汛抗旱指挥部的领导下承担各防洪工程的安全度汛工作;服务中心对护岸工程管理区内的大小沟渠、塘坝、河床滩涂、河岸岸坡等进行管理,此外,对与工程有关的道路桥梁、下水道,配合县政府等有关部门进行管理。

为了能及时发现和预报建筑物的异常现象,消除隐患,确保工程安全,工程运行管理单位需安排专人对工程进行定期或不定期巡查。同时通过临桂区防洪预报预警系统的站点,将巡查观测结果(特别是流域上游)直接传送到桂林市防汛抗旱指挥中心,如遇有异常情况,能及时研究抢险处理措施或进行加固除险。

5.14.3 工程管理和保护范围

根据《中华人民共和国城乡规划法》《中华人民共和国水法》《中华人民共和国防洪法》《中华人民共和国防汛条例》《中华人民共和国河道管理条例》《广西壮族自治区水利工程管理条例》《堤防工程管理设计规范》(SL/T 171—2020)等,堤防工程管理需明确划定管理范围以及堤防安全保护区。为此,结合本工程的实际情况,拟定本工程的管理范围和保护范围。

本工程堤防属4级,堤防工程管理范围为堤防迎、背水坡脚以外8~15 m;堤防工程管理范围以外30~50 m为保护范围。

5.14.4 管理设施与设备

本项目竣工后交由临桂镇人民政府农业服务中心主管,临桂镇人民政府农业服务中心负责具体运行管理,利用现有办公用房,本次不再增设。

5.15 工程信息化

桃花江临桂区境内干流全长 32.3 km 以及支流麻枫河 7.2 km 均未实施信息化管理系统。目前桂林市漓江流域山水林田湖草生态修复和保护示范工程项目建设工作领导小组办公室正在组织漓江流域"天空地人网"监测项目调研,对漓江流域进行系统的监测。为避免重复建设,本次项目不再实施项目信息化设计。

5.16 设计概算

设计概算依据广西壮族自治区水利厅 2007 年版《广西水利水电工程设计概(预)算编制规定》《广西水利水电建筑工程概(预)算定额》编制。主要材料采用《桂林市建设工程造价信息》或市场询价。工程总投资 9 953.03 万元,其中建筑工程 7 718.93 万元,机电设备及安装工程 0 万元,金属结构设备及安装工程 0 万元,临时工程 494.76 万元,独立费用 1 052.45 万元,基本预备费 463.31 万元,征地移民补偿 92.05 万元,水土保持工程 80.05 万元,环境保护工程 51.48 万元。

5.17 实施效果评价

工程兴建后,河道生态系统得到改善,通过实施的护岸措施、建设的植物缓冲带改善了区域内河道综合环境,恢复了河道生态,提高了区域水资源调洪能力,优化了区域水资源配置,对安定人民生活,维护正常的生产和社会秩序,创造良好的投资、建设环境有着重要的作用。

工程实施后,还将进行施工迹地植被恢复,改变过去垃圾乱堆、污水满地流的局面;临江道路的建设,使沿河两岸的堤、路、园等基础配套设施建设得到进一步完善,将大大改善该区环境面貌,促进当地经济稳定地、可持续地发展。工程特性如表 5.7 所示。

表 5.7 工程特性

序号	项目	单位	数量	备注
一	水文特性			
(一)	全流域集水面积	km^2	298	五仙闸以上集水面积 176.8 km^2
(二)	设计洪水			
1	$P=5\%$ 洪峰流量	m^3/s	667	

（续表）

序号	项目	单位	数量	备注
2	相应洪水位	m	155.61	CS34 塘洞断面
3	防洪标准	%	5	20 年一遇
4	排涝标准	%	5	
二	堤防特性			
（一）	防冲标准	%	5	护脚设计
（二）	工程措施			
1	护岸措施			
（1）	护岸线长	km	11.192	
（2）	桃花江干流左岸护岸长	km	5.43	
	桃花江干流右岸护岸长	km	4.11	
（3）	支流麻枫河左岸护岸长	km	1.26	
	支流麻枫河右岸护岸长	km	0.38	
（4）	附属设施			
（5）	下河码头	座	19	
（6）	排水涵管	座	7	
2	植物缓冲带	hm²	13.61	
3	截污控污措施			
4	治理村庄	个	21	
三	施工特性			
1	土石方开挖	m³	25 129	
2	土石方填筑	m³	6 223	
3	松木桩	m³	7 681	
4	叠石	t	5 658	
5	格宾网笼	m³	2 261	
四	经济指标			
1	保护耕地	万亩	0.55	
2	保护人口	万人	0.65	
五	工程总投资	万元	9 953.03	
1	建筑工程费	万元	7 718.93	
2	独立费用	万元	1 052.45	
3	预备费	万元	463.31	
4	移民与环境投资	万元	223.58	
5	临时工程费	万元	494.76	

6 水 文

6.1 流域概况

6.1.1 河流及地理位置

桃花江又名阳江,是漓江流经桂林市区中心的一级支流,桃花江的上游河段称潦塘河,发源于临桂区五通镇与灵川县公平乡交界处的中央岭东南侧的公平乡古坪村,干流由北向南流经临桂区五通镇马鞍村委,在临桂镇凤凰村委改向东流,到塔山村委道光村与金龟河汇合,以下称桃花江,在桂林市郊五仙闸折向北,流经灵川县定江镇,经水南村又由北折向南流,在市郊甲山街道办辖区附近进入桂林市城区,穿过城区,在安新洲尾汇入漓江,并有古时人工开凿形成的虹桥坝至象山北的另一入漓江水道,枯水经此水道入漓江。主要支流有金龟河、法源河、道光河、社塘河、乌金河、山口河等。

桃花江属山溪性河流,全流域集水面积 298 km^2,干流长 61.3 km,主河道平均坡降 1.2‰,其中流经临桂区 32.3 km、灵川县 12.6 km、桂林市 16.5 km,桂林市区河段河道平缓,弯曲度大,桥梁堰坝较多,严重阻碍水流,对桂林市的防洪排涝极为不利。

桃花江支流金龟河发源于灵川县大岭头,源地高程 520 m,经金陵水库进入临桂区临桂镇,流经田边、青美山、金桂山、上桥、下桥等地,在临桂镇道光村旁汇入桃花江,流域集水面积 45.5 km^2,河长 24.1 km。

桃花江支流法源河发源于灵川县金灵山,源地高程 572.3 m,流经老寨、东边、道光、龙口等地,在灵川县定江镇与桂林市甲山街道办交界处甲山街道办洋江头村旁汇入桃花江,流域集水面积 40.2 km^2,河长 11.6 km。

桃花江支流道光河与社塘河均发源于灵川县八里街新区北边的长蛇岭,由北向南流,分别在桃花江左岸燕子岩村及定江中学附近汇入桃花江。道光河集水面积 25.8 km^2,河长 18.3 km;社塘河集水面积 9.5 km^2,河长 8.5 km。

桃花江支流麻枫河发源于临桂区临桂镇水口村委农场附近,上游建有木叶寨水库,流经山口、五拱桥等地,在乐和村委附近汇入桃花江,流域集水面积 11.8 km^2,河长 7.2 km。

桃花江支流乌金河发源于南洲村西侧近漓江处,河流自东北向西南流,经塘边村、乌石街,穿过桂黄公路,后流经桂林火车始发站,续向西流经市福利院、矮山塘村,于白塘村附近流入桃花江。乌金河集水面积 7.4 km²,干流长度约 6.2 km,河道平均坡降 1.37‰,是桂林市的一条城市内河。

桃花江流域内水库及引水工程有金陵水库、马鞍水库、新寨水库、凤凰水库、木叶寨水库、南场水库、潦塘河引水工程、青狮潭水库灌区西干渠及其结瓜水库枫林、客家、塘村、田边、天华、邓村、五拱桥水库,流域内堰坝主要有虹桥坝、徐家坝、肖家坝、筌塘坝、兰田坝及养老院坝,其中徐家坝、肖家坝为新建橡胶坝,对行洪基本无影响,筌塘坝及兰田坝对行洪影响较大。

流域内已建护岸、防洪堤约 10.0 km,主要位于市区胜利桥以下河段,且大部分为 1997 年以前建成,近年续建或新建堤长度约 2.5 km。

6.1.2　设计河段内防洪工程情况

1. 堤防情况

桃花江乐和村委乐和工业园河段右岸建有叠石护岸,长度约 140 m。

2. 堰坝情况

设计河段内建有堰坝 3 座,其中兰田村堰坝位于兰田村附近,坝长约 50 m,堰顶高程 157.58 m,坝高 2.5 m,堰型为折线形实用堰,中部连续设有 7 孔泄水槽,槽宽 1.5 m,槽底高程均为 155.97 m,带闸门;主要功能是拦水灌溉,灌溉面积为 400 亩;目前堰坝浆砌石大部分已老化,波蚀严重,局部有漏水现象。养老院堰坝位于刘家村附近,为新建堰坝,坝长约 40 m,堰顶高程 155.91 m,坝高 2.5 m,堰型为折线形实用堰,中部连续设有 2 孔泄水槽,槽宽 2.0 m,槽底高程均为 154.60 m,带闸门;主要功能是为养老院营造水体。大宅堰坝位于大宅村附近,坝长约 50 m,堰顶高程 155.14 m,坝高 2.5 m,堰型为折线形实用堰,中部连续设有 2 孔泄水槽,槽宽 1.0 m,槽底高程均为 154.60 m,带闸门;主要功能是引水灌溉,灌溉面积 100 亩,本次设计拆除重建。

6.2　水文气象特性

6.2.1　水文特性

漓江支流桃花江流域雨量充沛,形成暴雨的天气系统主要为地面静止锋、高空低涡、切变线。由于上述天气系统的作用或交替影响(如 1998 年 6 月 14—24 日降雨,主要受高空低压槽、静止锋面及切变线等天气系统的共同影响),在桂北地区群峰有利地形的抬升作用下形成连续的暴雨。暴雨中心常在流域北面越城岭(主峰猫儿山最高点高程 2 142 m,是华南第一高峰)的南面迎风坡华江至青狮潭一带,暴雨量级由上游向下游逐步递减。流域降雨年内分配不均,多集中在 3—8 月,秋、冬则干旱少雨,庙头雨量站实测最大 24 h 降雨量为 265.5 mm(2008 年);降雨年际分配亦不均,实测多年平均年降雨量为

1 851.6 mm,实测最大年降雨量为 2 549.5 mm,最小年降雨量为 1 365.1 mm,年最大降雨量是最小值的近 2 倍。流域附近的五通站实测最大 24 h 暴雨量 284.5 mm(1998 年);降雨年际分配亦不均,多年平均降雨量为 2 074.4 mm,实测最大年降雨量为 3 089.6 mm,最小年降雨量为 1 533.5 mm,年最大降雨量是最小值的 2 倍多。

桃花江流域呈狭长形,属山区性河流,流域上游坡降及河道比降大,下游靠近桂林市区,坡降平缓,汇流较快,汇流时间一般为 6~9 h,洪水涨率较大,暴涨暴落,一场洪水的涨落过程一般在 1~2 d,最大 48 h 降雨基本上控制了设计洪水总量。

6.2.2 气象特性

桃花江流域跨临桂区、灵川县、秀峰区三个县级行政区,流域地处我国南方低纬度区,属中亚热带季风气候区,气候湿润,雨量充沛,日照充足,四季分明,夏长冬短。常受北方冷空气南下的影响,雨季出现较早,一般始于 3 月中旬,结束于 8 月下旬。造成暴雨或大暴雨的主要天气系统为静止锋、低涡、切变线等。漓江流域的六洞河、川江、小溶江、甘棠江以及义江流域的宛田一带为桂北暴雨中心。

1. 气温

桃花江流域内气候温和,多年平均气温在 17.8~19.2℃之间。最高气温主要发生在 7—9 月,极端最高气温为 39.4℃;1 月份气温最低,极端最低气温为 -4.8℃。各气象台(站)月平均气温情况如表 6.1 所示。

表 6.1　各气象台(站)月平均气温表　　　　　　　　单位:℃

站名	1 月	2 月	3 月	4 月	5 月	6 月	7 月	8 月	9 月	10 月	11 月	12 月	全年平均
桂林	7.9	8.9	13.1	18.4	23.2	26.2	28.2	27.9	25.4	20.7	15.2	10.1	18.8
临桂	8.4	9.3	13.5	18.8	23.6	26.5	28.2	28.1	25.9	21.4	15.8	10.5	19.2
灵川	7.9	8.6	13	18.2	23.1	26	27.9	27.8	25.5	20.8	15.3	10.1	18.7

2. 降雨

桃花江流域及附近雨量充沛,多年平均年降雨量在 1 800~2 600 mm,其中本流域东北方向的华江一带为暴雨中心,其代表雨量站华江、砚田站多年平均降雨量分别为 2 530.3 mm、2 663.3 mm,最大年降雨量(1968 年)分别为 3 493.1 mm、3 605.9 mm。流域多年平均降雨量为 1 997.8 mm,降雨年内分配不均,3—8 月份降雨量约占全年雨量的 80%,各气象台(站)月平均降雨量如表 6.2 所示。

表 6.2　各气象台(站)月平均降雨量表　　　　　　　单位:mm

站名	1 月	2 月	3 月	4 月	5 月	6 月	7 月	8 月	9 月	10 月	11 月	12 月	全年总量
桂林	54.8	87.8	122.7	262.7	334.2	319.6	211.2	167.8	71.6	93.1	81.2	46.9	1 853.6
临桂	60.7	83.6	121.6	250	341	324	222	168	75.6	95	78.1	43.4	1 863
灵川	59.1	88.5	133.5	263.5	354.3	319.7	221.9	177.2	79.2	89.3	85.3	47.8	1 919.3

3. 蒸发

流域内及附近多年平均蒸发量在 1 442.8 ~ 1 798.1 mm,年内蒸发量以 7—9 月最大,1—2 月最小,各主要气象台(站)月平均蒸发量如表 6.3 所示。

表 6.3　各气象台(站)月平均蒸发量表　　　　　　　　　　　　单位: mm

站名	1 月	2 月	3 月	4 月	5 月	6 月	7 月	8 月	9 月	10 月	11 月	12 月	全年总量
桂林	65.1	57.8	74.3	92.6	125.4	142.3	186.4	184.7	180.7	148.4	105.1	80	1 442.8
临桂	70	66.3	85.1	104.1	140.1	156	201.2	199.7	198.7	164	117	89.1	1 588.5
灵川	88.2	78.1	98.4	117.1	154.8	169.5	212	215.8	222.2	187.6	141.8	112.6	1 798.1

4. 风及风速

桃花江流域属中亚热带季风气候区,10 月—次年 3 月盛行偏北风,4—9 月盛行东南风。年平均风速在 2.0 ~ 3.0 m/s,其中以湘桂走廊的兴安站、灵川站最大。桂林站实测最大风速为 28.3 m/s(东南风,1962 年 8 月 10 日)。流域多年平均最大风速为 13.0 m/s。各气象台(站)月平均风速如表 6.4 所示。

表 6.4　各气象台(站)月平均风速表　　　　　　　　　　　　单位: m/s

站名	1 月	2 月	3 月	4 月	5 月	6 月	7 月	8 月	9 月	10 月	11 月	12 月	全年平均
桂林	3.4	3.5	3.0	2.4	2.1	1.7	1.5	1.5	2.5	3.0	3.1	3.1	2.6
临桂	2.2	2.4	2.1	1.8	1.7	1.6	1.8	1.5	2.2	2.3	2.3	2.2	2.0
灵川	3.9	4.0	3.5	2.8	2.4	1.9	1.8	1.9	3.1	3.5	3.6	3.7	3.0

5. 湿度及日照时数

流域内及附近年平均相对湿度为 76% ~ 79%,以 4 月份最大,月平均为 82.5%;12 月份最小,月平均为 71.8%。各气象台(站)月平均相对湿度如表 6.5 所示。各站多年平均日照时数为 1 579.9 ~ 1 587.8 h,各气象台(站)月平均日照时数如表 6.6 所示。

表 6.5　各气象台(站)月平均相对湿度表　　　　　　　　　　　　单位: %

站名	1 月	2 月	3 月	4 月	5 月	6 月	7 月	8 月	9 月	10 月	11 月	12 月	全年平均
桂林	72	76	79	82	80	81	79	79	73	71	70	69	76
临桂	73	75	78	81	80	81	80	79	72	70	68	68	75
灵川	72	77	79	82	81	82	80	80	72	70	69	68	76

表 6.6　各气象台(站)月平均日照时数表　　　　　　　　　　　　单位: h

站名	1 月	2 月	3 月	4 月	5 月	6 月	7 月	8 月	9 月	10 月	11 月	12 月	全年总量
桂林	79.0	53.1	59.0	75.1	120.6	139.4	220.1	218.8	201.2	159.8	136.4	117.4	1 579.9
临桂	74.4	50.5	57.1	81.0	120.0	143.0	224.0	224.0	202.0	161.0	137.0	113.0	1 587.0
灵川	77.2	48.8	59.0	79.7	118.9	139.0	222.9	225.0	204.5	156.8	136.5	113.3	1 581.6

6.3 水文基本资料

6.3.1 流域特征参数

本次设计采用 1:5 万地形图,结合 1:1 万地形图用 AutoCAD 对设计河段以上控制流域的流域特征参数进行了仔细复核,详见表 6.7。

表 6.7 临桂区桃花江各设计流域特征参数表

项　　目	集水面积(km^2)	河道长度(km)	河道平均坡降(‰)
五仙闸以上	176.8	44.40	2.0
金龟河汇入口以上	112.8	39.50	2.3
麻枫河支流汇合口以上	88.6	33.66	5.1
黄塘桥(项目起点)	77.1	30.30	5.9
麻枫河支流汇合口	11.8	7.20	5.4

6.3.2 资料收集与整理

1. 水文测站与观测情况

桃花江流域内无水文观测站,无降雨资料,无场次洪水观测资料。桃花江流域内有庙头雨量站,上游靠近桃花江流域有义江流域内五通雨量站,各观测站情况说明如下:

(1)庙头雨量站

该站位于临桂区临桂镇,于 1975 年 3 月设立,该站是国家基本雨量站,资料整编规范,精度较好。

(2)五通雨量站

该站位于临桂区五通镇,于 1954 年设立,该站是国家基本雨量站,资料整编规范,精度较好。

2. 水文资料收集情况

本次设计收集到庙头雨量站暴雨系列(年最大 24 h、6 h、1 h:1975—2021 年系列)、五通雨量站暴雨系列(年最大 24 h、6 h、1 h:1965—2021 年系列)。

6.4 设计洪水

6.4.1 洪水成因和特性

桃花江流域洪水主要由暴雨的天气产生。由于天气系统的作用或交替影响(主要受高空低压槽、静止锋面及切变线等天气系统的共同影响），在桂北地区群峰有利地形的抬升作用下形成连续的暴雨。暴雨中心常在流域北面越城岭（主峰猫儿山最高点高程2 142 m，是华南第一高峰）的南面迎风坡华江至青狮潭一带，暴雨量级由上游向下游逐步递减。流域降雨年内分配不均，多集中在3—8月，秋、冬则干旱少雨，庙头雨量站实测最大24 h降雨量为265.5 mm（2008年）；降雨年际分配亦不均，实测多年平均年降雨量为1 851.6 mm，实测最大年降雨量为2 549.5 mm，最小年降雨量为1 365.1 mm，年最大降雨量是最小值的近2倍；流域附近的五通站实测最大24 h暴雨量为284.5 mm（1998年）；降雨年际分配亦不均，多年平均降雨量为2 074.4 mm，实测最大年降雨量为3 089.6 mm，最小年降雨量为1 533.5 mm，年最大降雨量是最小值的2倍多。

桃花江流域呈狭长形，属山区性河流，流域上游坡降及河道比降大，下游靠近桂林市区，坡降平缓，汇流较快，汇流时间一般为6~9 h，洪水涨率较大，暴涨暴落，一场洪水的涨落过程一般在1~2 d，最大48 h降雨基本上控制了设计洪水总量，黄塘水库以上流域集水面积较小，24 h降雨基本控制了设计洪水总量，短历时最大6 h降雨基本上控制了洪峰。

6.4.2 洪水调查

设计河段流域没有历史洪水记载资料。本次设计成立了洪水调查小组，对桃花江本次设计河段进行了调查。

桃花江流域1974年、1996年、1998年、1999年、2002年、2008年、2013年、2017年、2019年发生过大洪水。

调查小组在设计河段的兰田村、莫边村、毛家田村、潦塘村、车田村、刘家村、大宅村等村居民点进行了洪水调查，重点调查了2017年7月洪水（周边居民对该次洪水印象深刻），具体调查情况见表6.8。

表6.8 本工程河段2017年洪水调查情况表

洪痕所在位置	指认人	性别	年龄（岁）	水位（85高程,m）	见闻	等级
陂头村漫水桥	阳建军	男	62	163.30	亲眼所见	可靠
毛家田村河边田里	龙樟福	男	56	162.45	亲眼所见	可靠
莫边村桥上田埂	唐汉第	男	67	161.10	亲眼所见	可靠
莫边一桥桥下房前田埂	唐水旺	男	66	160.47	亲眼所见	可靠
潦塘村漫水桥	武天福	男	76	159.90	亲眼所见	可靠
兰田坝河边	刘已生	男	70	159.60	亲眼所见	可靠
麻枫河G321国道箱涵	黄维成	男	39	161.60	亲眼所见	可靠
刘家村河边	刘已生	男	70	156.89	亲眼所见	可靠
大宅村河边路堤	蒋桂英	女	60	156.46	亲眼所见	可靠
龙头村003号房屋门口	阳小东	男	70	154.84	亲眼所见	可靠

根据调查洪水水面线计算洪水水面坡降、河段内典型断面水位流量关系,估算2017年洪水洪峰流量约为540 m³/s;根据本次洪水计算成果,分析本次调查2017年洪水重现期约为5年一遇。

6.4.3 设计洪水

由于设计流域无水文观测资料,没有实测时段流量资料,设计流域集水面积与周边各水文站流域集水面积相差较大,不宜采用,因此只有采用降雨资料推求设计洪水。设计洪水采用瞬时单位线法和推理公式法推算,分析选用。

1. 设计暴雨

采用庙头雨量站暴雨系列(年最大24 h、6 h、1 h:1975—2021年系列)、五通雨量站暴雨系列(年最大24 h、6 h、1 h:1965—2021年系列),流域内无特大历史暴雨资料,故在降雨系列中不加入历史暴雨,采用数学期望公式计算经验频率,用矩法公式计算参数均值和C_v值,C_s/C_v值采用3.5,以皮尔逊-Ⅲ型曲线适线,进行频率计算,成果见表6.9。

庙头雨量站各时段暴雨频率曲线详见图6.1至图6.3。

表6.9　五通、庙头雨量站设计暴雨计算成果表

站点	时段(h)	均值(mm)	C_v	C_s/C_v	设计暴雨(mm)						系列年限
					$P=1\%$	$P=2\%$	$P=5\%$	$P=10\%$	$P=20\%$	$P=50\%$	
庙头站	1	45.3	0.27	3.5	81.9	76.2	68.2	61.7	54.7	43.4	37
	6	99.0	0.37	3.5	216.5	196.7	169.4	148.0	125.3	91.3	44
	24	148.4	0.38	3.5	330.4	299.4	257.1	223.8	188.7	136.2	44
五通站	1	47.1	0.31	3.5	92.0	84.7	74.7	66.7	58.0	44.5	47
	6	100.8	0.33	3.5	204.7	187.6	164.1	145.4	125.4	94.6	54
	24	150.3	0.37	3.5	328.7	298.5	257.3	224.8	190.3	138.6	54

(1)成果分析

从表6.9可以看出,庙头站和五通站各历时暴雨成果相差不大,庙头站位于桃花江流域内,且处于桃花江流域中心位置,五通站处于桃花江流域的邻域义江流域内。庙头雨量站更能反映设计流域的实际暴雨情况,故洪水计算设计暴雨采用庙头站设计暴雨成果。

(2)点面转换系数

表6.9中庙头雨量站设计暴雨量为点雨量,需将点雨量转化为各设计流域面雨量,设计面雨量由设计点雨量乘以点面系数求得。流域的点面系数采用《广西壮族自治区暴雨径流查算图表》(以下简称《图表》)中$T-F-\alpha$关系表查算,点面系数成果因暴雨的历时、频率不同而有所不同,其余频率按该表中的数值内插。50年一遇以下的点面系数按50年一遇的点面系数计算,各设计流域各频率下的点面系数见表6.10。

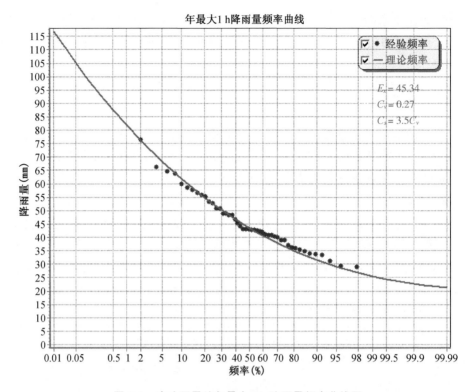

图 6.1　庙头雨量站年最大 1 h 降雨量频率曲线图

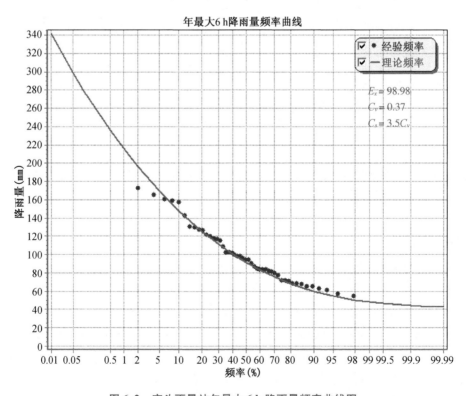

图 6.2　庙头雨量站年最大 6 h 降雨量频率曲线图

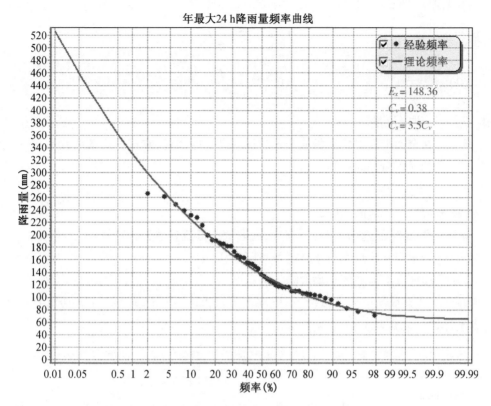

图 6.3　庙头雨量站年最大 24 h 降雨量频率曲线图

表 6.10　桃花江各设计流域暴雨点面系数计算成果表

桃花江设计流域	控制流域面积（km²）	时段（h）	设计频率（%）	
			1	2
麻枫河支流汇合口	11.8	1	1	1
		6	1	1
		24	1	1
金龟河汇入口控制断面	112.8	1	0.925	0.925
		6	0.950	0.950
		24	0.965	0.967
五仙闸控制断面	176.8	1	0.891	0.891
		6	0.924	0.924
		24	0.947	0.949

注：100 km² 以下流域设计流域暴雨无须转换，直接采用点雨量计算成果。

2. 设计洪水

设计洪水采用《图表》中瞬时单位线法和推理公式法计算,分析选用。

（1）推理公式法

基本公式：

$$Q_m = 0.278 \frac{h}{\tau} F$$

$$\tau = 0.278 \frac{L}{mJ^{1/3}Q_m^{1/4}}$$

式中：Q_m——洪峰流量，m^3/s；

h——在全面汇流时代表相应于 τ 时段的最大净雨量，在部分汇流时代表单一洪峰的净雨量，mm；

F——流域面积，km^2；

τ——流域汇流时间历时，h；

m——汇流参数，按 $\theta = L/J^{1/3}/F^{1/4}$，$m$ 取值按汇流参数公式计算；

L——沿主河从坝址至分水岭的最长距离，km；

J——坝址以上河流的平均坡降，‰。

桃花江支流麻枫河汇入口以上、金龟河汇入口以上及五仙闸以上工程段推理公式法设计洪水计算成果见表 6.11 至表 6.13。

表 6.11　桃花江支流麻枫河汇入口以上工程河段推理公式法设计洪水计算成果表

查算参数	汇入口以上设计频率 P（%）					
	1	2	5	10	20	50
集水面积 F（km^2）	11.8	11.8	11.8	11.8	11.8	11.8
河道长度 L（km）	7.2	7.2	7.2	7.2	7.2	7.2
河床坡降 J（‰）	5.4	5.4	5.4	5.4	5.4	5.4
稳定入渗 μ（mm/h）	3.2	3.2	3.2	3.2	3.2	3.2
初损 I_0（mm）	24	24	24	24	24	24
净雨深 $R_净$（mm）	239	206.8	164.3	130.8	96.6	59.7
流域地理参数 θ	22.1	22.1	22.1	22.1	22.1	22.1
汇流参数 m	0.79	0.79	0.79	0.79	0.79	0.79
汇流历时 τ（h）	4.32	4.45	4.67	4.91	5.21	5.96
洪峰流量 Q_m（m^3/s）	194.7	170.2	141.3	117.9	92.1	42.3

表 6.12　桃花江支流金龟河汇入口以上工程河段推理公式法设计洪水计算成果表

查算参数	设计频率 P（%）						
	1	2	3.33	5	10	20	50
集水面积 F（km^2）	112.8	112.8	112.8	112.8	112.8	112.8	112.8
河道长度 L（km）	39.50	39.50	39.50	39.50	39.50	39.50	39.50

（续表）

查算参数	设计频率 $P(\%)$						
	1	2	3.33	5	10	20	50
河床坡降 J(‰)	2.3	2.3	2.3	2.3	2.3	2.3	2.3
稳定入渗 μ(mm/h)	3.2	3.2	3.2	3.2	3.2	3.2	3.2
初损 I_0(mm)	24	24	24	24	24	24	24
净雨深 $R_净$(mm)	239	206.8	182.6	164.3	130.8	96.6	59.7
流域地理参数 θ	91.8	91.8	91.8	91.8	91.8	91.8	91.8
汇流参数 m	2.35	2.35	2.35	2.35	2.35	2.35	2.35
汇流历时 τ(h)	6.61	6.83	7.00	7.16	7.55	8.12	9.44
洪峰流量 Q_m(m³/s)	832	737	667	610	494	371	208

表 6.13　桃花江五仙闸以上工程河段推理公式法设计洪水计算成果表

查算参数	设计频率 $P(\%)$						
	1	2	3.33	5	10	20	50
集水面积 F(km²)	176.8	176.8	176.8	176.8	176.8	176.8	176.8
河道长度 L(km)	44.40	44.40	44.40	44.40	44.40	44.40	44.40
河床坡降 J(‰)	2.0	2.0	2.0	2.0	2.0	2.0	2.0
稳定入渗 μ(mm/h)	3.2	3.2	3.2	3.2	3.2	3.2	3.2
初损 I_0(mm)	24	24	24	24	24	24	24
净雨深 $R_净$(mm)	232.3	201.3	176.9	159.7	126.7	92.9	57.2
流域地理参数 θ	97.1	97.1	97.1	97.1	97.1	97.1	97.1
汇流参数 m	2.43	2.43	2.43	2.43	2.43	2.43	2.43
汇流历时 τ(h)	6.88	7.10	7.28	7.45	7.86	8.49	9.88
洪峰流量 Q_m(m³/s)	1 227	1 087	982	897	723	538	299

（2）瞬时单位线法

① 产流计算

采用"蓄满产流"模型进行分析,选取有关水文要素,建立降雨径流相关图。

基本公式:当 $a + P < W'_m$ 时, $R = P + W_0 - W_m\left(1 - \dfrac{a + P}{W'_m}\right)^{b+1}$

当 $a + P \geqslant W'_m$ 时, $R = P + W_0 - W_m$

$$a = W'_m\left[1 - \left(1 - \dfrac{W_0}{W_m}\right)^{\frac{1}{b+1}}\right]$$

式中：R——径流量,mm；

P——流域平均雨量,mm；

W_0——降雨开始时流域蓄水量,根据实测资料分析,取 $W_0 = 0.7W_m$,mm；

W_m——流域平均最大蓄水量,mm；

W'_m——流域某地点最大蓄水量的极大值,$W'_m = (1 + b)W_m$；

b——流域蓄水曲线指数。

根据《图表》中的分析成果,本流域位于第 1 雨型区、第 2 产流区。

② 汇流计算

基本公式：

$$U(0, t) = \frac{1}{k\Gamma(n)}\left(\frac{t}{k}\right)^{n-1}e^{-\frac{t}{k}}$$

式中：Γ——伽马函数；

n,k——参数,通常采用矩法公式计算初值,优选确定。

根据《图表》中的分析成果,本流域位于第一(1)汇流区、第 2 退水区。

桃花江麻枫河支流汇合口、金龟河汇入口以上及五仙闸以上工程段瞬时单位线法设计洪水计算成果见表 6.14 至表 6.16。

表 6.14　麻枫河支流汇合口工程河段瞬时单位线法设计洪水计算成果表

查算参数	设计频率 P(%)					
	1	2	5	10	20	50
集水面积 F(km^2)	11.8	11.8	11.8	11.8	11.8	11.8
河道长度 L(km)	7.2	7.2	7.2	7.2	7.2	7.2
河床坡降 J(‰)	5.4	5.4	5.4	5.4	5.4	5.4
雨型分区	1	1	1	1	1	1
产流分区	2	2	2	2	2	2
蓄水曲线指数 b	2	2	2	2	2	2
平均入渗 f(mm/h)	8.4	8.4	8.4	8.4	8.4	8.4
初损 I_0(mm)	24	24	24	24	24	24
净雨深 $R_净$(mm)	142.4	122.6	101.2	81.5	61	36.1
汇流分区	—(1)	—(1)	—(1)	—(1)	—(1)	—(1)
退水分区	2	2	2	2	2	2
植被(%)	70	70	70	70	70	70
n	1.97	1.97	1.97	1.97	1.97	1.97
k	0.98	0.98	0.98	0.98	0.98	0.98
m_1	1.93	1.93	1.93	1.93	1.93	1.93
洪峰流量 Q_m(m^3/s)	189.6	164.5	137.2	110.3	88.7	39.4

表 6.15 金龟河汇入口以上工程河段瞬时单位线法设计洪水计算成果表

查算参数	设计频率 $P(\%)$						
	1	2	3.33	5	10	20	50
集水面积 $F(\text{km}^2)$	112.8	112.8	112.8	112.8	112.8	112.8	112.8
河道长度 $L(\text{km})$	39.5	39.5	39.5	39.5	39.5	39.5	39.5
河床坡降 $J(\text{‰})$	2.3	2.3	2.3	2.3	2.3	2.3	2.3
雨型分区	1	1	1	1	1	1	1
产流分区	2	2	2	2	2	2	2
蓄水曲线指数 b	2	2	2	2	2	2	2
平均入渗 $f(\text{mm/h})$	8.4	8.4	8.4	8.4	8.4	8.4	8.4
初损 $I_0(\text{mm})$	24	24	24	24	24	24	24
净雨深 $R_{净}(\text{mm})$	142.4	122.6	110.6	101.2	81.5	61	36.1
汇流分区	一(1)	一(1)	一(1)	一(1)	一(1)	一(1)	一(1)
退水分区	2	2	2	2	2	2	2
植被(%)	70	70	70	70	70	70	70
n	2.94	2.94	2.94	2.94	2.94	2.94	2.94
k	1.56	1.56	1.56	1.56	1.56	1.56	1.56
m_1	4.57	4.57	4.57	4.57	4.57	4.57	4.57
洪峰流量 $Q_m(\text{m}^3/\text{s})$	681	603	551	508	418	324	199

表 6.16 五仙闸以上工程河段瞬时单位线法设计洪水计算成果表

查算参数	设计频率 $P(\%)$						
	1	2	3.33	5	10	20	50
集水面积 $F(\text{km}^2)$	176.8	176.8	176.8	176.8	176.8	176.8	176.8
河道长度 $L(\text{km})$	44.4	44.4	44.4	44.4	44.4	44.4	44.4
河床坡降 $J(\text{‰})$	2.0	2.0	2.0	2.0	2.0	2.0	2.0
雨型分区	1	1	1	1	1	1	1
产流分区	2	2	2	2	2	2	2
蓄水曲线指数 b	2	2	2	2	2	2	2
平均入渗 $f(\text{mm/h})$	8.4	8.4	8.4	8.4	8.4	8.4	8.4
初损 $I_0(\text{mm})$	24	24	24	24	24	24	24
净雨深 $R_{净}(\text{mm})$	136.2	117.7	106.2	97	77.6	58	33.8
汇流分区	一(1)	一(1)	一(1)	一(1)	一(1)	一(1)	一(1)
退水分区	2	2	2	2	2	2	2

（续表）

查算参数	设计频率 P(%)						
	1	2	3.33	5	10	20	50
植被(%)	70	70	70	70	70	70	70
n	3.18	3.18	3.18	3.18	3.18	3.18	3.18
k	1.70	1.70	1.70	1.70	1.70	1.70	1.70
m_1	5.42	5.42	5.42	5.42	5.42	5.42	5.42
洪峰流量 Q_m($\mathrm{m^3/s}$)	914	811	738	678	553	425	253

（3）成果分析选用

比较本次设计两种计算方法所得成果,同频率两者洪峰流量相差不大,推理公式法计算成果相差稍大。基于安全考虑,本次设计采用推理公式法计算成果。各设计流域设计洪水成果比较表如表 6.17 所示。

表 6.17　各设计流域设计洪水成果比较表

设计流域	频率 P(%)	1	2	5	10	20	50
桃花江支流麻枫河工程段	推理公式法($\mathrm{m^3/s}$)	194.7	170.2	141.3	117.9	92.1	42.3
	瞬时单位线法($\mathrm{m^3/s}$)	189.6	164.5	137.2	110.3	88.7	39.4
	采用($\mathrm{m^3/s}$)	194.7	170.2	141.3	117.9	92.1	42.3
	相应洪量(万 $\mathrm{m^3}$)	303.7	266.4	219.6	179.0	134.7	82.3
黄塘桥（项目起点）	推理公式法($\mathrm{m^3/s}$)	658.5	583.3	482.8	391.0	293.6	164.6
	瞬时单位线法($\mathrm{m^3/s}$)	627.3	558.2	455.9	370.4	275.5	149.5
	采用($\mathrm{m^3/s}$)	658.5	583.3	482.8	391.0	293.6	164.6
	相应洪量(万 $\mathrm{m^3}$)	2 508	2 347	1 934	1 502	1 024	684
麻枫河支流汇合口以上	推理公式法($\mathrm{m^3/s}$)	708.3	627.4	519.3	420.5	315.8	177.0
	瞬时单位线法($\mathrm{m^3/s}$)	699.4	589.6	495.7	397.1	298.3	171.4
	采用($\mathrm{m^3/s}$)	708.3	627.4	519.3	420.5	315.8	177.0
	相应洪量(万 $\mathrm{m^3}$)	2 834	2 417	2 014	1 598	1 179	707
金龟河汇入口以上桃花江流域	推理公式法($\mathrm{m^3/s}$)	832	737	610	494	371	208
	瞬时单位线法($\mathrm{m^3/s}$)	681	603	508	418	324	199
	采用($\mathrm{m^3/s}$)	832	737	610	494	371	208
	相应洪量(万 $\mathrm{m^3}$)	3 686	3 332	3 061	2 841	2 456	2 052
五仙闸以上桃花江流域	推理公式法($\mathrm{m^3/s}$)	1 227	1 087	897	723	538	299
	瞬时单位线法($\mathrm{m^3/s}$)	914	811	678	553	425	253
	采用($\mathrm{m^3/s}$)	1 227	1 087	897	723	538	299
	相应洪量(万 $\mathrm{m^3}$)	5 778	5 223	4 797	4 453	3 850	3 215

（4）成果合理性分析

桃花江流域附近有水位和流量观测资料的测站有和平站、黄梅站、青狮潭站、大溶江站和两江站,及川江、斧子口、小溶江 3 个水库坝址,桃花江流域内有桃花江断面、拟建黄塘水库坝址、桃花江防洪控制断面等。各工程(水文站)$P=1\%$ 设计洪峰流量计算成果与各控制集水面积详见表 6.18。

表 6.18　桃花江各断面及各水库、水文站 $P=1\%$ 洪峰模数比较表

断　面	控制面积 $F(\text{km}^2)$	洪峰流量 $Q(\text{m}^3/\text{s})$	洪峰模数$[(\text{m}^3/\text{s})/\text{km}^2]$
黄塘水库	76.7	629	34.8
和平水文站	78.5	770	42.0
金龟河汇入口以上	112.8	832	35.6
黄梅水文站	125	1 100	44.0
川江水库	127	1 910	75.6
桃花江五仙闸	176.8	1 227	33.2
小溶江水库	260	2 870	70.5
桃花江河口	298	1 453	32.6
斧子口水库	325	3 830	81.0
青狮潭水库	474	3 870	63.7
两江水文站	741	2 290	28.0
大溶江水文站	719	4 810	59.9

将表 6.18 中各工程(水文站)的 100 年一遇洪水洪峰流量与流域面积的关系点绘到双对数格纸上,基本成一直线,或包绕在直线附近,表明本次计算的洪峰流量符合流域的一般规律,是合理的,见图 6.4。

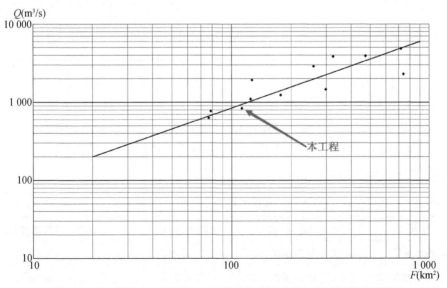

图 6.4　各工程(水文站)100 年一遇洪水洪峰流量与流域面积关系图

6.4.4 地区洪水组成及洪水遭遇分析

由于麻枫河-桃花江汇合口外江对内江存在洪水顶托的情况,根据《水利水电工程设计洪水计算规范》(SL 44—2006),设计洪水的地区组成可采用典型洪水组成法或同频率洪水组成法拟定,同频率洪水组成法指定某一分区发生与设计断面同频率的洪水,其余分区发生相应洪水。本次设计洪水组合可按两种工况论述。

两种工况的地区洪水组成情况为:

（1）当桃花江流域与控制断面发生同频率洪水时,麻枫河流域洪峰相应取控制断面与桃花江流域洪峰之差。

（2）当麻枫河流域与控制断面发生同频率洪水时,桃花江流域洪峰相应取控制断面与麻枫河流域洪峰之差。

两种工况的洪水组成情况见表 6.19。

表 6.19　地区洪水组成计算成果表　　　　　　单位: m^3/s

组合情况	频率 P(%)	桃花江	麻枫河	控制断面
桃花江同频+麻枫河相应	10	420.5	36.6	457.1
桃花江相应+麻枫河同频	10	365.0	92.1	457.1
桃花江同频+麻枫河相应	5	519.3	86.7	606.0
桃花江相应+麻枫河同频	5	464.7	141.3	606.0

根据桃花江、麻枫河沿岸居民的调查和走访,未见麻枫河与桃花江干流发生明显洪峰遭遇情况,本次设计按最不利情况考虑,经以上计算后以两种情况下洪水水面线的外包线成果作为麻枫河受顶托情况下的各种频率水位,能够反映桃花江和麻枫河的遭遇情况。

6.4.5 治涝水文

依据实际地形条件及防洪要求,本次防洪治理措施主要为新建护岸,对于乡镇村庄区域排涝则主要结合护岸工程采取自排方式。经过分析,本次治理范围内规划区共新建 7个排水涵。各排水涵排水标准按自排标准采用 20 年一遇最大 24 h 暴雨 1 d 排干。

由于本工程处于临桂区规划范围内,工程主要任务为保护沿岸城区居民的生命财产安全,提供居民舒适的生活环境,其防洪能力达到 20 年一遇洪水标准,因此需计算各箱涵所在天然排水沟 20 年一遇洪水。洪水计算方法同设计断面洪水计算,分析采用推理公式法的成果,详见表 6.20。

表 6.20　各排水涵设计洪水计算成果表

序号	桩号	集雨面积（km^2）	$P=20\%$洪峰流量（m^3/s）
1#排水涵管	中 7+088	0.18	5.17
2#排水涵管	右 1+378	0.26	6.90

（续表）

序号	桩号	集雨面积（km²）	P=20%洪峰流量（m³/s）
3#排水涵管	左 3+095	0.12	3.96
4#排水涵管	左 3+490	0.2	5.57
5#排水涵管	左 4+014	0.11	3.74
6#排水涵管	右 2+419	—	—
7#排水涵管	中 10+620	0.1	3.51

注：6#排水涵管为原大宅拦河坝引水渠道根据原尺寸改建。

6.4.6 施工导流洪水计算

1. 导流标准

根据《堤防工程施工规范》（SL 260—2014）的规定，相应建筑物的级别为 5 级。根据《水利水电工程等级划分及洪水标准》（SL 252—2017）及《水利水电工程施工组织设计规范》（SL 303—2017）的规定，本工程的施工洪水标准按枯水期 3 年一遇洪水设计。

2. 导流时段

本流域常受北方冷空气南下的影响，雨季出现得较早，3 月中旬—8 月下旬降雨较为集中。桃花江为山区河流，洪水暴涨暴落，洪枯水位变幅大，因此本工程围堰挡水导流时段只能限制在枯水期。参考工程规模，结合工程施工进度安排，施工时段取当年 10 月—次年 3 月。

3. 施工洪峰流量计算

桃花江流域内没有水文站，因此没有实测流量资料。流域中心附近有庙头雨量站，有较长系列的雨量观测资料；流域附近有黄梅水文站，与桃花江同属于一个气候区，下垫面条件基本一致，气候气象特征相同。黄梅水文站控制流域面积 125 km²，与本次各设计流域控制流域面积相差不大，以黄梅水文站作为设计依据站，采用水文比拟法把黄梅水文站实测流量资料移用到设计流域。

黄梅水文站位于灵川县青狮潭镇黄梅村，距设计流域约 40 km，2014 年停测，有 1964—2013 年的实测流量资料。

分期洪水按不跨期原则，在规定时段内采用年最大值法选样。以黄梅水文站为设计依据站，采用 1964—2013 年逐月月最大洪峰流量资料，逐年分别统计出黄梅水文站在施工时段（当年 10 月—次年 3 月）的最大流量，组成施工时段的洪峰流量系列，用数学期望公式进行经验频率计算，用矩法公式初估统计参数，以 P-Ⅲ型理论频率曲线适线，有

$$\overline{Q} = 42.06 \text{ m}^3/\text{s}, \quad C_v = 1.42, \quad C_s = 3.5 C_v$$

在频率曲线上查得 $P=20\%$、$P=33.3\%$、$P=50\%$ 的洪峰流量。

按下式计算坝址不同时段不同频率的二期导流洪水。

$$Q_{设} P\% = (A_{设} / A_{黄}) n \times Q_{黄} P\%$$

式中：$A_{设}$——设计流域集水面积，km^2；

$A_{黄}$——黄梅水文站控制集水面积，km^2；

n——洪峰面积比指数，$n = 2/3$；

$Q_{黄} P\%$——黄梅水文站某频率某时段的洪峰流量，m^3/s；

$Q_{设} P\%$——设计流域施工洪水洪峰流量，m^3/s。

其计算成果详见表 6.21。

表 6.21 桃花江各控制断面施工洪水计算成果表　　　　单位：m^3/s

站点（控制断面）	导流时段及频率：当年 10 月—次年 3 月		
	$P = 20\%$	$P = 33.3\%$	$P = 50\%$
黄梅水文站	46.4	26.5	19.5
麻枫河支流	12.27	7.57	6.11
桃花江干流五仙闸以上	58.4	33.4	24.5
桃花江干流金龟河出口以上	43.3	24.8	18.2

6.5　控制断面水位流量关系曲线

6.5.1　设计河段下游设计断面水位流量关系曲线

本次设计河段末端下游 2.7 km 处有五仙闸，为小(1)型水闸，是一座以灌溉、供水、环保等综合利用为主的水利工程，于 1964 年动工兴建。

闸坝总长 60 m，其中闸室段 50 m，左岸连接段长 5 m，右岸连接段长 5 m。闸室段由 12 孔泄洪闸组成，泄洪闸孔口宽 3.4 m，堰后为护坦段，连接下游河道。两条引水渠位于右岸，一条用于农田灌溉，另一条用于芦笛岩景区芳莲池及连通水道供水。闸坝堰型为折线形堰，堰顶高程为 149.50 m，堰顶设混凝土挡水闸门，高 3.20 m。

闸坝泄流能力按下式计算：

$$Q = nmb\sqrt{2g}H_0^{\frac{3}{2}}$$

式中：Q——流量，m^3/s；

n——闸孔孔数；

m——流量系数，根据《水力计算手册(第二版)》查取；

b——每孔净宽，m；

g——重力加速度，取 9.81；

H_0——包括行近流速的堰顶水头。

五仙闸水位流量关系曲线表见表6.22,五仙闸断面水位流量关系曲线图见图6.5。

表6.22　五仙闸水位流量关系曲线表

水位(85高程,m)	149.5	150.0	150.5	151.0	151.5	152.0
流量(m³/s)	0	28.77	82.57	152.86	236.45	331.5
水位(85高程,m)	152.5	153.0	153.5	154.0	154.5	155.0
流量(m³/s)	436.78	551.36	674.55	805.79	944.6	1 090.6

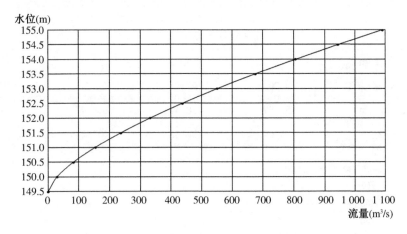

图6.5　五仙闸断面水位流量关系曲线图

该断面2017年洪痕水位为154.4 m,根据查图法计算设计河段洪水流量,工程河段洪峰流量约为640 m³/s,其重现期接近5年一遇。

6.5.2　各闸坝控制断面水位流量关系曲线

设计河段共有3个闸坝,分别为兰田坝、养老院坝和大宅堰坝,3处堰坝均为带闸门控制的实用堰,汛期开闸泄洪,枯水期关闭闸门蓄水,堰坝具体情况详见表6.23。

表6.23　各闸坝有关情况表

堰坝名称	桩号	堰顶高程(m)	堰顶长度(m)	堰顶宽度(m)	堰型	灌溉面积(亩)	损毁情况	闸孔	闸孔尺寸[宽(m)×高(m)]	闸门
兰田坝	K6+742	155.97	43	1.2	实用堰	200	正常,局部漏水	7	1.5×1.5	混凝土板
养老院坝	K7+100	154.60	32	4.0	实用堰	0	正常	2	2.5×1.2	混凝土板
大宅堰坝	K8+445	155.14	50	1.2	实用堰	100	破损重建	2	2.0×1.5	混凝土板

经现场查勘,及实测堰坝工程尺寸,本次设计维持兰田坝及养老院坝两处堰坝现状不变,按原尺寸高程重建大宅堰坝,按实用堰进行泄流能力计算,得出堰坝泄流能力曲线,闸坝泄流能力计算公式如下:

$$Q = nmb\sqrt{2g}H_0^{\frac{3}{2}}$$

式中：Q ——流量，m^3/s；

　　　n ——闸孔孔数；

　　　m ——流量系数，根据《水力计算手册（第二版）》查取；

　　　b ——每孔净宽，m。

各闸坝水位流量关系曲线表见表 6.24 至表 6.26，水位流量关系曲线见图 6.6 至图 6.8。

表 6.24　兰田坝水位流量关系曲线表

水位（85 高程,m）	155.97	156.47	156.97	157.47
流量（m^3/s）	0.00	9.39	24.56	48.80
水位（85 高程,m）	157.97	158.47	158.97	160.00
流量（m^3/s）	115.67	232.18	407.44	954.88

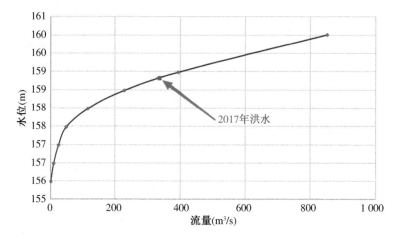

图 6.6　兰田坝断面水位流量关系曲线图

该断面 2017 年洪痕水位为 159.2 m，根据查图法设计暴雨计算设计河段洪水，工程河段洪峰流量约为 363.0 m^3/s，其重现期接近 5 年一遇，拟合沧头村漫水桥断面泄流曲线较好。

表 6.25　养老院坝水位流量关系曲线表

水位（85 高程,m）	154.6	155.91	156.41	156.91	157.41
流量（m^3/s）	0	5.08	32.47	84.66	153.00
水位（85 高程,m）	157.91	158.41	158.91	159.41	
流量（m^3/s）	246.71	351.06	465.69	584.15	

表 6.26　大宅堰坝水位流量关系曲线表

水位（85高程,m）	155.14	155.64	156.14	156.64	157.14	157.64	158.14	158.64
流量（m³/s）	0.00	19.71	45.46	80.88	120.96	225.93	765.61	1 390.65

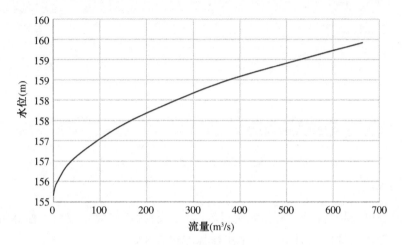

图 6.7　养老院坝断面水位流量关系曲线图

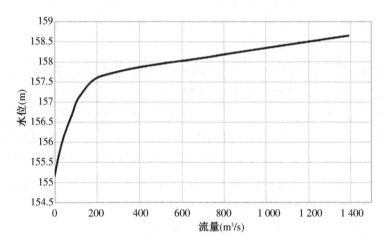

图 6.8　大宅堰坝断面水位流量关系曲线图

7 工程地质

7.1 工程与勘察概况

7.1.1 工程概况

桂林市临桂区桃花江黄塘村至龙头村段(塔山段)生态修复工程位于桂林市临桂区临桂镇,项目区距离临桂区政府 10 km,距离桂林市政府 8 km。

(1)工程拟综合治理黄塘村公路桥至塔山村委龙头村河段,河道总长 12.439 km,新建护岸总长 11.18 km,其中桃花江主河道护岸总长 9.54 km,左岸护岸长 5.43 km,右岸护岸长 4.11 km;麻枫河支流新建护岸总长 1.64 km,其中左岸护岸长 1.26 km,右岸护岸长 0.38 km。

(2)根据本次设计,其他建筑工程项目主要有:农村污水处理工程,生态步道 4.553 km,码头 19 座,排水涵管 7 座,生态堰坝 2 座等。

(3)综合场地工程地质条件及流域规划,采用护岸结构形式主要为:尾径ϕ120 mm 生鲜松木桩+网垫护坡+植物措施、埋石混凝土护脚+阶梯形 C20 现浇混凝土生态护坡+植物措施护坡、网笼护脚+阶梯形 C20 现浇混凝土生态护坡+植物措施护坡、叠石护岸+植物措施护坡等。主要选择在有村庄、农田保护要求,有河岸水土流失问题的地段进行生态防护、修复,控制由于河岸崩塌造成的河势变化及水土流失,提高桃花江生态保护能力,促进桃花江水生态持续向好,逐步实现"水清、岸绿、河畅、景美"的管理保护目标。

7.1.2 主要技术规程、规范及文件

(1)《堤防工程地质勘察规程》(SL 188—2005);

(2)《岩土工程勘察规范》(GB 50021—2001)(2009 年版);

(3)《广西壮族自治区岩土工程勘察规范》(DBJ/T 45-066—2018);

(4)《水利水电工程地质测绘规程》(SL/T 299—2020);

(5)《水利水电工程天然建筑材料勘察规程》(SL 251—2015);

(6)《中小型水利水电工程地质勘察规范》(SL 55—2005);

(7)《水利水电工程钻探规程》(SL/T 291—2020);

（8）《土工试验方法标准》（GB/T 50123—2019）；

（9）《中国地震动参数区划图》（GB 18306—2015）；

（10）《水利水电工程地质勘察资料整编规程》（SL 567—2012）；

（11）《水利水电工程制图标准 勘测图》（SL 73.3—2013）；

（12）《水利水电工程初步设计报告编制规程》（SL/T 619—2021）；

（13）《河湖生态系统保护与修复工程技术导则》（SL/T 800—2020）；

（14）《给水排水管道工程施工及验收规范》（GB 50268—2008）；

（15）其他质量保证体系文件及相关条文。

7.1.3 勘察任务

（1）查明拟建护岸沿线的水文地质、工程地质条件，并进行分段评价，预测护岸挡水后可能出现的环境地质问题。

（2）查明已建护岸拟加固段水文地质、工程地质条件，分析险情隐患成因和危害程度，提出加固处理的建议措施。

（3）查明码头、堰坝等地基的水文地质、工程地质条件，对存在的主要工程地质问题进行评价。

（4）查明护岸防护段的水文地质、工程地质条件，结合护坡方案评价堤岸的稳定性。

（5）进行天然建筑材料详查。

7.1.4 勘察内容

（1）查明护岸基础地质结构，特殊土层、粗粒土层及腐蚀土层等的分布、厚度及其性状。

（2）查明基岩浅埋或出露区岩体产状，易风化、易软化、中等至强透水岩层的分布，断层破碎带、裂隙密集带的产状、规模、充填与胶结情况，岩土接触面的起伏变化情况等。

（3）查明护岸地基土洞、岩溶洞穴等的分布、规模、充填情况及充填物的性状，分析其对护岸地基渗漏、稳定的影响。

（4）查明护岸基础相对隔水层和透水层的埋深、厚度、特性及与河的水力联系，调查沿线泉、井分布位置及其水位、流量变化规律，查明地下水与地表水的水质及其对混凝土的腐蚀性。

（5）查明护岸轴线附近埋藏的古河道、古冲沟、渊、潭、塘等的性状、位置、分布范围，分析其对护岸渗漏、稳定的影响。

（6）确定护岸基础各土（岩）层的物理力学性质和渗透参数。

（7）查明工程区滑坡、崩塌等物理地质现象的分布位置、规模和稳定性，分析其对护岸的影响。

（8）对护岸基础的渗漏、渗透稳定、抗滑稳定等问题进行评价，并对护岸轴线进行分段工程地质评价，提出处理措施的建议。

（9）查明拟建护岸段河势情况、岸坡微地貌形态、地下岸坡形态、护岸工程现状、岸坡失稳的范围、类型、规模、发生险情过程，分析岸坡失稳的原因，调查抛填物材料的特点、抢险措施及效果。

（10）查明拟建护岸段岸坡的地质结构、各地层的岩性、空间分布规律、分布情况及其性状，不利界面的形态。

（11）查明岸坡透水层、相对隔水层的分布情况、渗透特性、地下水类型、补排条件、地下水位及变化规律。

（12）分段评价岸坡稳定性。

（13）勘察天然建筑材料。

7.1.5　勘察工作布置及工作量

本阶段勘察在搜集原有资料的基础上，按照规程规范的要求对工程区采用平面地质测绘、钻探、取样、原位测试及室内试验等手段完成。本次完成的主要工作量见表 7.1。

表 7.1　初步设计阶段勘察完成的主要工作量

勘察工作项目		单位	数量	备注
地质测绘	（1）1∶50 000 区域地质校测	km^2	33.37	
	（2）1∶1 000 平面地质测绘	km^2	3.77	
	（3）1∶1 000 纵、横剖面测量	km	21.311	
	（4）天然建筑材料调查	工日	2	
勘探	（1）钻探	m/孔	79.32/8	
	（2）钎探	m/孔	174.50/38	
取样	（1）原状土样	件	12	
	（2）扰动土样	件	12	
	（3）水样	件	2	
原位测试及室内试验	（1）标准贯入试验	次	15	
	（2）轻型圆锥动力触探试验	次	47	
	（3）重型圆锥动力触探试验	次	8	
	（4）颗粒分析试验	组	12	
	（5）土常规试验	组	12	
绘制成果图表	（1）区域地质图	幅	1	
	（2）工程地质平面图	幅	21	
	（3）工程地质剖面图	幅	36	
	（4）消纳场地理位置平面图	幅	1	

7.2 地质概况

7.2.1 区域地质

1. 地形地貌

项目地点位于临桂区临桂镇,区内地势平坦,地形坡度 $0 \sim 15°$,地貌类型为剥蚀平原、岩溶峰林地貌。

2. 地层岩性

区域出露地层为泥盆系、石炭系及第四系,地层由老到新描述如下:

(1) 泥盆系

中统郁江阶(D_2y):浅灰、灰绿、灰色(中上部夹紫红色)砂岩、粉砂岩夹页岩。分布在工程区西南部。

中统东岗岭阶(D_2d):浅灰色、灰白色,薄层至中层状灰岩,有时夹白云质灰岩及燧石结核和条带。分布在工程区西南部。

上统榴江组(D_3l):浅灰、灰白色厚屑状微粒灰岩为主,夹白云岩及页岩,中上部灰岩常具鲕状结构。分布在工程区东部、西南部、西北部。

(2) 石炭系

下统岩关阶(C_1y):页岩夹砂岩、灰岩、硅质岩、泥质灰岩、炭质灰岩,上部局部有泥页岩。在工程区西北部及东南部出露,为工程区主要下伏地层。

(3) 第四系(Q_4)

残积层(Q_4^{el}):粉质黏土,黄色、黄褐色,含少量碎石,主要分布于山脚及与河流阶地的过渡地带。

冲洪积层(Q_4^{alp}):粉质黏土、圆砾,分布于河床、河漫滩及阶地。

耕土(Q_4^{pd}):由黏性土组成,主要分布于河流两岸阶地。

人工填土(Q_4^s):由粉质黏土、碎块石等组成,仅局部分布于河堤及村庄周边。

3. 地质构造

灵川—永福断裂带全长数百公里,走向北东—南西,总体倾向北西,倾角 $30° \sim 60°$,属桂林—柳州区域性、基底性、复活性大断裂。工程区域北侧分布有 F_1、F_2 两条断裂带,F_1 属灵川—永福断裂带,位于该断裂带西北侧约 2 km 处发育有一与之平行的 F_2 断裂,为 F_1 的次级断裂。两条断裂始于加里东期,延续于海西、印支期,激烈于燕山期,终于喜山期。

工程区处于 F_1、F_2 两条断裂带影响区,其中 F_1 断裂在潦塘村和兰田村附近穿过工程区向西南延伸。据史料记载,灵川—永福断裂带未发生过 5 级以上地震,工程区地层结构简单,基岩埋藏浅,工程级别低,因此两条断裂带对工程建设影响不大。

4. 地震

区域属相对稳定的地质构造单元,地震活动微弱,历史上无大于Ⅳ度地震灾害记载,区内无活动性及发震断裂存在,区域稳定性良好。根据《中国地震动参数区划图》(GB 18306—2015),本区地震动峰值加速度为 0.05g,地震动反应谱特征周期为 0.35 s,相应地震基本烈度为Ⅵ度,属于抗震一般地区。

5. 水文地质

根据区域地质条件、地下水的赋存条件及运移特征,区内主要的地下水类型为孔隙水、裂隙水及岩溶水。

孔隙水主要赋存于第四系土层中,连通性差,水位受坡面影响,水位不统一,补给源主要为大气降水,径流量小,受季节性影响大,主要在地形低洼地带溢出,其水量较小。

裂隙水主要赋存于泥盆系中统郁江阶(D_2y)砂岩中,受构造裂隙及风化裂隙的影响,含水层连通性及透水性不均匀。主要由大气降水、孔隙水下渗补给,并在地形低洼地带以散流形式溢出。

岩溶水主要赋存于泥盆系中统东岗岭阶(D_2d)、上统榴江组(D_3l)及石炭系下统岩关阶(C_1y)灰岩中,富水性中等至强,透水性中等。主要由大气降水、地表水补给。地下水主要通过岩溶裂隙孔洞及构造带以隙流、脉流及管流等形式径流,多通过泉的形式排泄出地表。

7.2.2 工程区工程地质条件

1. 地形地貌

项目地点位于临桂区桃花江黄塘村至龙头村一带,地貌类型为丘陵地貌和冲洪积平原地貌。桃花江为漓江的支流,源于桂林市灵川县恩磨山及维罗岭,途经分界山,出马公岭,流经临桂、灵川入桂林市区中部的榕湖和漓江桥的下游,全长约 25 km。

工程区内总体地势为西高东低,地形坡度 0~15°,局部分布有剥蚀残丘。河床高程为153~161 m,沿河两岸高程156~165 m。河谷多为"U"形谷,河流以侧蚀作用为主,两岸坡度局部较陡。整治河段河谷中多薄至厚层冲积物,河谷横断面为宽 U 形,河床纵剖面较平缓,比降较小,河流平面形态属弯曲河型。

2. 地层岩性

工程区出露地层为第四系及石炭系,由上至下描述如下:

(1)第四系(Q_4)

① 人工填土(Q_4^s):素填土,厚 1.5~3.0 m,主要由粉质黏土、碎石等组成,松散状。分布在桃花江两岸,填土时间 5~60 年。

② 冲洪积淤泥质粉质黏土(Q_4^{alp}):该层呈黑色、灰黑色,湿至稍湿,软塑至可塑。遇水膨胀,干后开裂,有臭味。一般厚度 0.0~2.5 m,分布于河流凸岸和河床中。

③ 冲洪积粉质黏土(Q_4^{alp}):黄色、黄褐色,可塑至硬塑,土质较均一,厚度 0.5~3.0 m,分布于河流两岸阶地。

④ 冲洪积中砂(Q_4^{alp}）：杂色，稍密状，黏粒含量 5% ~ 10%，主要成分为长石、石英、云母，本次钻探揭露该层厚度 3.1 ~ 5.8 m。该层分布于河床下部及阶地冲洪积粉质黏土下部。

⑤ 冲洪积圆砾(Q_4^{alp}）：杂色，圆形、亚圆形，松散至稍密，母岩成分为砂岩、白云岩、灰岩等，含 10% ~ 25% 的中粗砂。本次勘察揭露厚度 1.0 ~ 5.7 m。该层分布于河床和两岸阶地下部。

（2）石炭系（C）

① 下统岩关阶页岩（C_1y）：灰色至黑色，裂隙性溶蚀风化，中厚层状构造，节理裂隙发育，炭质灰岩岩溶不发育，上部局部有泥页岩。主要分布于黄塘村至沧头村一带。

② 下统岩关阶灰岩（C_1y）：灰黑至灰白色，隐晶质结构，中厚层状构造，节理裂隙发育，钙质及铁质胶结。主要分布于沧头村至龙头村一带，其中桩号左 3+560 ~ 左 3+600、左 3+934 ~ 左 4+094 段该层埋深较浅。

3. 地质构造

工程区域北侧分布有 F_1、F_2 两条断裂带，F_1 属灵川—永福断裂带，位于该断裂带西北侧约 2 km 处发育有一与之平行的 F_2 断裂，为 F_1 的次级断裂。

工程区处于 F_1、F_2 两条断裂带影响区，其中 F_1 断裂在潦塘村和兰田村附近穿过工程区向西南延伸。据史料记载，灵川—永福断裂带未发生过 5 级以上地震，工程区地层结构简单，基岩埋藏浅，工程级别低，因此两条断裂带对工程建设影响不大。

工程区毛家田村、兰田堰坝附近河段有基岩出露，根据现场调查，出露岩层产状为 N43°E，SE25°。

4. 水文地质

（1）地下水类型及评价

根据工程区地质条件、地下水的赋存条件及运移特征，主要的地下水类型为孔隙水、裂隙水及岩溶水。

孔隙水主要赋存于第四系冲洪积粉质黏土及圆砾层中，粉质黏土层的连通性及透水性弱，富水性弱。圆砾层连通性和透水性中等至强，富水性中等。水位随河流水位变化、地面起伏变化而起伏，补给源主要为大气降水、地表水，局部由基岩裂隙水补给。

裂隙水主要赋存于石炭系下统（C_1y）页岩风化网状裂隙中，受构造裂隙及风化裂隙的影响，裂隙水含水层连通性及透水性不均匀，富水性弱。裂隙水主要由大气降水、孔隙水下渗补给，并在地形低洼地带以散流形式溢出。

岩溶水主要赋存于石炭系下统岩关阶（C_1y）灰岩中，富水性中等至强，透水性中等，主要由大气降水、地表水补给。地下水主要通过岩溶裂隙孔洞及构造带以隙流、脉流及管流等形式径流，多通过泉的形式排泄出地表。

（2）地下水腐蚀性评价

本次勘察取 2 组水样 SY1、SY2（河水样）进行分析，根据《水利水电工程地质勘察规范》（GB 50487—2008）的相关评价标准，工程区环境水对混凝土无腐蚀性，对钢筋混凝土中钢筋无腐蚀性，对钢结构具有弱腐蚀性，结果详见表 7.2。

表 7.2 SY1、SY2 地下水水样腐蚀性指标对照表

SY1 环境水对混凝土腐蚀性				
腐蚀性类型	腐蚀性判定依据	水样指标	界限指标	腐蚀程度
一般弱酸性	pH 值	7.08	pH>6.5	无腐蚀
碳酸型	侵蚀 CO_2 含量(mg/L)	4.40	CO_2<15	无腐蚀
重碳酸型	HCO_3^- 含量(mmol/L)	1.82	HCO_3^->1.07	无腐蚀
镁离子型	Mg^{2+} 含量(mg/L)	22.75	Mg^{2+}<1 000	无腐蚀
硫酸盐型	SO_4^{-2} 含量(mg/L)	167.81	SO_4^{-2}<250	无腐蚀

SY1 环境水对钢筋混凝土结构中钢筋的腐蚀性			
腐蚀性判定依据	水样指标	界限指标	腐蚀程度
Cl^- 含量(mg/L)	45.70	Cl^-<100	无腐蚀

SY1 环境水对钢结构腐蚀性			
腐蚀性判定依据	水样指标	界限指标	腐蚀程度
pH 值	7.08	pH=3~11	弱腐蚀
(Cl^-+SO_4^{-2})含量(mg/L)	213.51	Cl^-+SO_4^{-2}<500	

SY2 环境水对混凝土腐蚀性				
腐蚀性类型	腐蚀性判定依据	水样指标	界限指标	腐蚀程度
一般弱酸性	pH 值	6.91	pH>6.5	无腐蚀
碳酸型	侵蚀 CO_2 含量(mg/L)	5.28	CO_2<15	无腐蚀
重碳酸型	HCO_3^- 含量(mmol/L)	3.20	HCO_3^->1.07	无腐蚀
镁离子型	Mg^{2+} 含量(mg/L)	11.04	Mg^{2+}<1 000	无腐蚀
硫酸盐型	SO_4^{-2} 含量(mg/L)	185.86	SO_4^{-2}<250	无腐蚀

SY2 环境水对钢筋混凝土结构中钢筋的腐蚀性			
腐蚀性判定依据	水样指标	界限指标	腐蚀程度
Cl^- 含量(mg/L)	80.49	Cl^-<100	无腐蚀

SY2 环境水对钢结构腐蚀性			
腐蚀性判定依据	水样指标	界限指标	腐蚀程度
pH 值	6.91	pH=3~11	弱腐蚀
(Cl^-+SO_4^{-2})含量(mg/L)	219.89	Cl^-+SO_4^{-2}<500	

5. 不良地质作用

工程区存在的不良地质作用为塌岸和水土流失,河岸上覆第四系冲洪积粉质黏土,粉质黏土层抗冲刷能力较差,部分地段岸坡下方被淘空,已经形成临空面,为潜在的塌岸隐患区,遇洪水冲刷淘蚀时,易发生塌岸现象。

勘察过程中,未发现埋藏的河道、沟浜、墓穴、防空洞等对工程不利的埋藏物,也未发

现孤石、溶洞。工程区未发现地面塌陷、不稳定边坡、滑坡等不良地质现象。

6. 岩土体物理力学性质及评价

（1）岩土体物理力学性质

本次在桃花江黄塘村至龙头村河段共布置43个勘探孔，其中钎探孔35个，钻孔8个；在麻枫河支流共布置钎探孔3个。

黄塘村至沧头村河段：

黄塘村至沧头村河段勘探孔位置见表7.3。

表7.3　勘探孔位置一览表

勘探孔编号	勘探孔位置	勘探孔编号	勘探孔位置	勘探孔编号	勘探孔位置
ZK1	中 0+040（右岸）	QTK4	中 1+060（左岸）	QTK12	中 5+449（右岸）
ZK2	中 1+550（左岸）	QTK5	中 1+880（左岸）	QTK13	中 6+498（左岸）
ZK3	中 4+019（右岸）	QTK6	中 2+270（左岸）	QTK14	中 7+140（左岸）
ZK4	中 6+008（右岸）	QTK7	中 2+650（左岸）	QTK15	麻左 0+100（左岸）
ZK5	中 7+608（右岸）	QTK8	中 3+152（左岸）	QTK16	麻左 0+640（左岸）
QTK1	中 0+040（左岸）	QTK9	中 3+575（左岸）	QTK17	麻右 0+360（右岸）
QTK2	中 0+495（右岸）	QTK10	中 4+453（左岸）		
QTK3	中 0+740（左岸）	QTK11	中 4+984（左岸）		

本河段勘察对冲洪积粉质黏土层做轻型圆锥动力触探试验14次，试验结果见表7.4；做标准贯入试验6次，试验结果见表7.5。对圆砾层做重型圆锥动力触探试验8次，试验结果见表7.6。

表7.4　轻型圆锥动力触探试验成果表

土层	孔号	试验深度（m）		锤击数 N	承载力特征值 f_{ak}（kPa）	备注
③ 粉质黏土	QTK1	0.9	1.2	18	121.0	统计个数：$n = 50$ 平均锤击数：$N_{10} = 18.7$ 标准差：$\sigma = 8.945$ 变异系数：$\delta = 0.478$
		1.2	1.5	30		
	QTK2	1.5	1.8	7		
		1.8	2.1	12		
		2.1	2.4	15		
		2.4	2.7	21		
	QTK3	0.6	0.9	7		
		0.9	1.2	11		
		1.2	1.5	18		
		1.5	1.8	20		

（续表）

土层	孔号	试验深度（m）		锤击数 N	承载力特征值 f_{ak}（kPa）	备注
③ 粉质黏土	QTK4	0.6	0.9	12		统计个数：$n = 50$ 平均锤击数：$N_{10} = 18.7$ 标准差：$\sigma = 8.945$ 变异系数：$\delta = 0.478$
		0.9	1.2	13		
	QTK5	0.3	0.6	27		
		0.6	0.9	29		
	QTK6	0.6	0.9	10		
		0.9	1.2	11		
		1.2	1.5	10		
		1.5	1.8	20		
	QTK7	0.6	0.9	15		
		0.9	1.2	19		
		1.2	1.5	20		
	QTK8	0.6	0.9	18		
		0.9	1.2	18		
		1.2	1.5	13		
		1.5	1.8	37	121.0	
	QTK9	0.6	0.9	10		
		0.9	1.2	20		
		1.2	1.5	7		
		1.5	1.8	16		
	QTK10	0.6	0.9	10		
		0.9	1.2	19		
		1.2	1.5	15		
		1.5	1.8	12		
		1.8	2.1	30		
	QTK11	0.9	1.2	5		
		1.2	1.5	13		
		1.5	1.8	18		
		1.8	2.1	36		
	QTK12	0.9	1.2	10		
		1.2	1.5	22		
		1.5	1.8	31		

（续表）

土层	孔号	试验深度（m）		锤击数 N	承载力特征值 f_{ak}（kPa）	备注
③ 粉质黏土	QTK12	1.8	2.1	35	121.0	统计个数：$n=50$ 平均锤击数：$N_{10}=18.7$ 标准差：$\sigma=8.945$ 变异系数：$\delta=0.478$
	QTK13	0.9	1.2	13		
		1.2	1.5	27		
		1.5	1.8	39		
	QTK14	0.9	1.2	12		
		1.2	1.5	19		
		1.5	1.8	18		
		1.8	2.1	29		
		2.1	2.4	38		

表 7.5　标准贯入试验成果表

土层	孔号	试验深度（m）		杆长（m）	实际锤击数	修正后锤击数	修正后平均锤击数	承载力特征值（kPa）
③ 粉质黏土	ZK1	0.65	0.95	1.20	4.0	4.00	5.98	167.5
	ZK4	0.50	0.80	1.20	6.0	6.00		
		1.75	2.05	2.40	7.0	7.00		
		2.75	3.05	3.20	7.0	6.93		
	ZK5	1.55	1.85	2.10	6.0	6.00		
		2.55	2.85	3.20	6.0	5.94		

表 7.6　重型圆锥动力触探试验成果表

土层	孔号	试验深度（m）		杆长（m）	实际锤击数	修正后锤击数	修正后平均锤击数	承载力特征值（kPa）
⑤ 圆砾	ZK2	1.50	1.60	2.10	4	4.00	3.80	164.00
		1.60	1.70		3	3.00		
		1.70	1.80		4	4.00		
		1.80	1.90		5	5.00		
		1.90	2.00		3	3.00		
		2.40	2.50	3.20	5	4.87	4.87	196.10
		2.50	2.60		4	3.90		
		2.60	2.70		5	4.87		
		2.70	2.80		6	5.84		
		2.80	2.90		5	4.87		

（续表）

土层	孔号	试验深度（m）		杆长（m）	实际锤击数	修正后锤击数	修正后平均锤击数	承载力特征值（kPa）
⑤ 圆砾	ZK3	1.30	1.40	1.80	3	4.00	4.00	170.00
		1.40	1.50		4	4.00		
		1.50	1.60		3	3.00		
		1.60	1.70		4	4.00		
		1.70	1.80		5	5.00		
		3.60	3.70	4.20	5	4.79	4.79	193.70
		3.70	3.80		4	3.83		
		3.80	3.90		5	4.79		
		3.90	4.00		6	5.75		
		4.00	4.10		5	4.79		
		5.20	5.30	6.00	7	6.43	5.51	220.40
		5.30	5.40		6	5.51		
		5.40	5.50		6	5.51		
		5.50	5.60		5	4.59		
		5.60	5.70		6	5.51		
	ZK4	4.90	5.00	6.00	7	6.43	5.88	235.20
		5.00	5.10		6	5.51		
		5.10	5.20		6	5.51		
		5.20	5.30		7	6.43		
		5.30	5.40		6	5.51		
	ZK5	5.00	5.10	6.00	4	3.69	4.62	188.60
		5.10	5.20		5	4.62		
		5.20	5.30		5	4.62		
		5.30	5.40		6	5.54		
		5.40	5.50		5	4.62		
		6.90	7.00	7.40	6	5.28	5.98	239.20
		7.00	7.10		6	5.28		
		7.10	7.20		7	6.16		
		7.20	7.30		8	7.04		
		7.30	7.40		7	6.16		

本河段勘察在粉质黏土层取 6 组土样做室内试验,试验结果见土样常规试验检测报告,其统计结果见表7.7。

表 7.7　土工试验成果统计表

岩土名称	钻孔编号	天然密度 ρ （g/cm³）	饱和度 S_r （%）	孔隙比 e	液性指数 I_L	黏聚力 C （kPa）	内摩擦角 φ（°）	压缩系数 α_{1-2} （MPa⁻¹）	压缩模量 E_{s1-2} （MPa）
③ 粉质黏土	ZK5-1	2.04	96	0.618	0.33	38.0	9.1	0.219	7.39
	ZK5-2	1.98	97	0.723	0.64	29.0	6.8	0.300	5.74
	ZK4-1	1.93	93	0.796	0.54	32.0	7.7	0.269	6.68
	ZK1-1	2.03	95	0.619	0.43	35.0	8.3	0.238	6.80
	ZK3-1	2.00	90	0.655	0.26	37.0	12.7	0.204	8.11
	ZK4-2	1.98	92	0.708	0.34	34.0	9.9	0.220	7.76
	统计个数	6	6	6	6	6	6	6	6
	最小值	1.93	90	0.618	0.26	29.0	6.8	0.204	5.74
	最大值	2.04	97	0.796	0.64	38.0	12.7	0.300	8.11
	平均值	1.99	93.83	0.687	0.423	34.2	9.1	0.242	7.08
	标准差	0.040	2.639	0.069	0.143	3.31	2.073	0.036	0.855
	变异系数	0.020	0.028	0.101	0.339	0.097	0.228	0.150	0.121

本河段勘察在圆砾层取 6 组土样做室内颗粒分析试验,试验结果详见土样颗粒分析试验检测报告,其统计结果见表7.8。根据颗粒分析试验成果,并结合已有工程资料及当地施工经验,各岩土层的中值粒径建议值如下:d_{50} = 0.047 mm（粉质黏土层）、d_{50} = 9.78 mm（圆砾层）。圆砾层的不均匀系数 C_u 平均值>5,曲率系数 C_c 平均值>3,该层属不连续级配不均匀土层。

黄塘村至沧头村河段岩土层的物理力学性质指标建议值:根据原位测试资料,参照室内土工试验成果,并结合已有工程资料数据,各岩土层的物理力学性质指标建议值见表7.9。根据现场勘察和室内土工试验成果,并结合已有工程资料数据,依据工程类比法,黄塘村至沧头村河段采用松木桩桩基时各岩土层桩的侧阻力和端阻力参数建议值见表7.10。

沧头村至龙头村河段:

本河段勘察对主要持力层冲洪积粉质黏土层③做轻型圆锥动力触探试验33 次,标准贯入试验 2 次,试验结果见表 7.11、表 7.12。对中砂层④做标准贯入试验 7 次,试验结果见表 7.13。

表 7.8 颗粒分析试验成果表

试样编号	取样深度 (m)	颗粒组成百分比 (%)									不均匀系数 C_u	曲率系数 C_c	土的名称[按规范 GB 50021—2001(2009年版)]定名
		60~40 mm	40~20 mm	20~10 mm	10~2 mm	2~0.5 mm	0.5~0.25 mm	0.25~0.10 mm	0.10~0.075 mm	<0.075 mm			
ZK1-2	1.2~1.4	16.2	30.6	11.3	14.3	7.0	5.3	4.2	2.2	8.9	283.94	5.77	圆砾
ZK2-1	1.3~1.5	8.6	18.3	17.4	27.9	10.8	5.9	3.7	0.4	7.0	58.68	2.16	圆砾
ZK2-2	2.2~2.4		31.3	16.9	28.5	10.2	3.2	1.7	1.2	7.0	55.61	3.03	圆砾
ZK3-1	1.1~1.3		18.5	29.8	24.9	8.9	9.5	3.4	1.3	3.7	43.64	1.89	圆砾
ZK3-2	3.4~3.6	14.6	10.2	22.2	31.1	7.7	4.0	4.0	0.9	5.3	53.39	3.33	圆砾
ZK4-1	4.7~4.9	11.0	18.3	12.8	33.9	8.1	3.0	2.1	1.3	9.5	131.76	11.74	圆砾

表 7.9 整治区岩土层物理力学指标建议值表

土(岩)层名称	岩土状态	天然重度 γ kN/m³	抗剪强度		压缩性		容许承载力 R kPa	渗透系数 k cm/s	摩擦系数 f	5 m 以内临时开挖边坡 h/L	5 m 以内永久开挖边坡 h/L	允许抗冲流速 按水深3 m计 m/s
			c kPa	φ °	压缩系数 α_{1-2} MPa⁻¹	压缩模量 E_{s1-2} MPa						
①素填土	松散	17.5	10.0	5.0	—	—	100	—	0.20	1/1.50	1/2.00	—
③粉质黏土	可塑	18.6	30.0	15.0	0.3	7.0	120~160	$(1.0\sim3.5)\times10^{-5}$	0.30	1/1.00~1/1.25	1/1.25~1/1.50	0.7
⑤圆砾	松散至稍密	19.9	—	35.0	—	—	160~240	$(6.0\sim8.0)\times10^{-2}$	0.42	1/1.15	1/1.25~1/1.50	1.0
⑥页岩	裂隙性溶蚀风化	22.0	—	—	—	—	600~2 000	—	0.45	1/0.50	1/0.75~1/1.10	2.0

表 7.10 桩的侧阻力和端阻力参数建议值表

土(岩)层名称	岩土状态	桩端阻力 q_p	桩周侧阻力 q_{si}
		kPa	kPa
① 素填土	松散	—	5.5
③ 粉质黏土	可塑	120~160	16.0
⑤ 圆砾	松散至稍密	160~240	60.0
⑥ 页岩	裂隙性溶蚀风化	600~2 000	—

表 7.11 轻型圆锥动力触探试验成果表

土层	孔 号	试验深度(m)		锤击数 N	承载力特征值 (kPa)	备注
③ 粉质黏土	QKA2	0.5	0.8	25	158.04	统计个数: $n = 33$ 平均锤击数: $N_{10} = 27.09$ 标准差: $\sigma = 2.373$ 变异系数: $\delta = 0.087$ 统计修正系数: $r_s = 0.974$ 锤击数标准值: $N_{10} = 26.34$
		0.8	1.1	26		
	QKA3	0.3	0.6	25		
		0.6	0.9	28		
		0.9	1.2	28		
		1.2	1.5	27		
	QKA5	0.5	0.8	30		
	QKA7	0.6	0.9	25		
		0.9	1.2	25		
		1.2	1.5	26		
		1.5	1.8	28		
	QKA8	0.7	1	32		
	QKA9	0.9	1.2	29		
		1.2	1.5	30		
	QKA10	0.6	0.9	31		
		0.9	1.2	30		
	QKB4	1.1	1.4	26		
	QKB5	0.9	1.2	24		
		1.2	1.5	24		
		1.5	1.8	25		
		1.8	2.1	25		
		2.1	2.4	27		
	QKB6	0.6	0.9	28		
		0.3	0.6	30		
	QKB7	0.6	0.9	31		
		0.9	1.2	31		
		0.6	0.9	25		

（续表）

土层	孔号	试验深度（m）		锤击数 N	承载力特征值（kPa）	备注
③粉质黏土	QKB8	0.9	1.2	26	158.04	
		1.2	1.5	26		
		0.6	0.9	24		
	QKB9	0.9	1.2	25		
		1.2	1.5	25		
		1.5	1.8	27		

表7.12　标准贯入试验成果表

土层	孔号	试验深度（m）		杆长（m）	锤击数	修正后锤击数	修正后平均锤击数	承载力特征值（kPa）
③粉质黏土	ZK1	1.20	1.50	1.93	4	4.00	4.79	125
	ZK3	4.70	5.00	6.17	6	5.58		

表7.13　标准贯入试验成果表

土层	孔号	试验深度（m）		杆长（m）	锤击数	修正后锤击数	修正后平均锤击数	承载力特征值（kPa）
④中砂	ZK1	4.30	4.60	5.26	7	6.59	6.50	165
		6.20	6.50	7.82	8	7.07		
	ZK2	1.80	2.10	3.15	6	5.98		
		4.00	4.30	4.92	7	6.64		
		5.00	5.30	6.77	8	7.25		
	ZK3	7.10	7.40	8.26	6	5.26		
		8.75	9.05	10.04	8	6.74		

本河段勘察在③层粉质黏土层取6组土样做室内试验，土工试验统计结果见表7.14。

表7.14　土工试验成果统计表

层号	岩土名称	统计项目	质量密度 ρ（g/cm³）	饱和度 S_r（%）	孔隙比 e	液性指数 I_L	黏聚力 C（kPa）	内摩擦角 φ（°）	压缩系数 α_{1-2}（MPa⁻¹）	压缩模量 E_{s1-2}（MPa）
③	粉质黏土	统计个数	6	6	6	6	6	6	6	6
		最大值	1.94	99.00	0.97	0.70	37.00	12.10	0.37	7.07
		最小值	1.83	87.00	0.73	0.45	25.00	5.40	0.24	5.13
		平均值	1.89	91.17	0.86	0.58	30.17	7.57	0.31	6.04
		标准差	0.037	4.400	0.085	0.097	4.120	2.480	0.043	0.647
		变异系数	0.020	0.048	0.099	0.169	0.137	0.328	0.139	0.107

表 7.15 颗粒分析试验成果表

试样编号	取样深度 m	颗粒组成百分比（%） >60 mm	60~40 mm	40~20 mm	20~10 mm	10~2 mm	2~0.5 mm	0.5~0.25 mm	0.25~0.10 mm	0.10~0.075 mm	<0.075 mm	不均匀系数 C_u	曲率系数 C_c	土的名称[按规范 GB 50021—2001（2009 年版）]定名
ZK1-3	3.6~3.8				5.8	8.8	7.3	34.5	28.4	6.9	8.3	4.96	1.01	中砂
ZK1-4	5.3~5.5			3.0	5.5	5.7	6.2	40.7	27.0	3.3	8.6	4.75	0.60	中砂
ZK2-2	1.0~1.2				4.9	11.9	4.4	36.5	29.8	2.7	9.8	4.87	0.96	中砂
ZK2-3	3.1~3.3			5.5	3.9	5.4	4.4	38.4	22.9	3.1	16.4	4.71	0.64	中砂
ZK3-4	7.9~8.1			5.0	4.2	7.8	3.4	42.6	24.1	3.8	9.1			中砂
ZK3-5	9.5~9.7				6.7	13.5	9.9	21.2	32.6	2.6	13.5			中砂

表 7.16 整治区岩土层物理力学指标建议值表

层号	土（岩）层名称	岩土状态	天然重度 γ kN/m³	抗剪强度 c kPa	抗剪强度 φ °	压缩性 压缩系数 $\alpha_{0.1-0.2}$ MPa⁻¹	压缩性 压缩模量 E_s MPa	容许承载力 R kPa	渗透系数 k cm/s	摩擦系数 f	5 m 以内临时开挖边坡 h/L	5 m 以内永久开挖边坡 h/L	允许抗冲流速（按水深 3 m 计） m/s
①	素填土	稍密	18.4	23.0	12.0	—	—	120	$(4.5\sim9.5)\times10^{-4}$	0.22	1/2.00	1/2.50	0.55
②	淤泥质粉质黏土	软塑	18.2	16.3	5.0	0.76	3.7	70	$(1.25\sim8.5)\times10^{-4}$	0.20	1/2.00	1/2.50	0.35
③	粉质黏土	可塑	18.6	31.4	14.6	0.36	5.5	125~140	$(1.0\sim3.5)\times10^{-5}$	0.30	1/1.00~1/1.25	1/1.25~1/1.50	0.70
④	中砂	稍密	19.2	2.0	32.0	—	—	150~170	$(1.0\sim3.5)\times10^{-2}$	0.40	1/1.25~1/1.50	1/1.50~1/2.00	0.30
⑤	圆砾	中密	19.9	0.0	35.0	—	—	320~400	—	0.42	1/0.75	1/1.00~1/1.50	1.00
⑦	灰岩	中风化	20.0	0.3	32.0	—	—	2 000	$(2.0\sim5.0)\times10^{-4}$	0.45	1/0.50	1/0.75	2.00

本河段勘察在④层中砂层取 6 组土样做室内颗粒分析试验,试验成果见表 7.15。根据颗粒分析试验成果,中砂的粒径建议值如下:$d_{10} = 0.081\,8$ mm;$d_{30} = 0.190$ mm;$d_{50} = 0.305$ mm;$d_{60} = 0.367$ mm;$d_{70} = 0.435$ mm。根据颗粒分析试验成果,护岸地基土的不均匀系数 $C_u < 5$,曲率系数 $C_c < 1.1$,护岸地基土中砂层为级配不良土层。

沧头村至龙头村河段岩土层的物理力学性质指标建议值:对③层粉质黏土层进行轻型圆锥动力触探和标准贯入试验,对中砂层进行了标准贯入试验,参照室内土工试验成果,并结合已有工程资料,依据工程类比法,各岩土层的物理力学性质指标建议值见表 7.16。

根据现场勘察和室内土工试验成果,并结合已有工程资料,依据工程类比法,采用松木桩桩基时各岩土层桩的侧阻力和端阻力参数建议值见表 7.17。

表 7.17　桩的侧阻力和端阻力参数建议值表

层号	土(岩)层名称	岩土状态	桩端阻力 kPa	桩周侧阻力 kPa
①	素填土	稍密	—	5.5
②	淤泥质粉质黏土	软塑	—	8.0
③	粉质黏土	可塑	125 ~ 140	16.0
④	中砂	稍密	150 ~ 170	20.0
⑤	圆砾	中密	320 ~ 400	60.0

(2)岩土体物理力学性质评价及持力层选择

① 人工填土(Q_4^s):素填土,主要成分为粉质黏土、碎块石,结构松散,工程地质条件一般,可作为码头的基础持力层,不应作为拟建护岸挡墙的天然地基持力层。

② 冲洪积淤泥质粉质黏土(Q_4^{alp}):软塑,承载力较低,压缩性高,不均匀,不应作为天然地基持力层。

③ 冲洪积粉质黏土(Q_4^{alp}):可塑,力学强度一般,孔隙比较大,压缩性中等,工程地质条件一般,厚度不均匀,当层厚大于 2 m 时,可作为拟建护岸挡墙的基础持力层。

④ 冲洪积中砂(Q_4^{alp}):力学强度较高,层厚较大且层厚均匀,工程地质性能较好,可作为拟建护岸挡墙的基础持力层。

⑤ 冲洪积圆砾(Q_4^{alp}):力学强度较高,厚度较大,工程地质性能好,可作为拟建护岸挡墙的基础持力层。

⑥ 石炭系下统岩关阶页岩(C_1y):裂隙性溶蚀风化,力学性能较好,工程地质性能好,承载力较高,可作为拟建护岸挡墙的天然地基持力层。

⑦ 石炭系下统岩关阶灰岩(C_1y):中风化,力学强度高,厚度大,工程地质性能好,可作为拟建护岸挡墙的基础持力层。

7.3　已建堤防状况

黄塘村至沧头村河段桩号中 3+360～中 3+500（右岸）、中 3+860～中 4+048（右岸）、中 6+808～中 7+100（左右岸）段已经建有防洪堤,防洪堤主要为浆砌石挡墙,现状稳定性较好;兰田堰坝右岸局部有浆砌石挡墙,墙角受水流冲刷,已开裂、块石脱落。

沧头村至龙头村河段右岸桩号右 1+599（下）～右 4+060 段已经建有防洪堤,防洪堤主要成分为粉质黏土,经过人工压实堆填,修建于 20 世纪,填筑质量较好,经现场调查访问得知基础埋深 1.2～1.5 m。

左岸桩号左 5+010～左 5+422 段已经建有防洪堤,防洪堤主要成分为粉质黏土,经过人工压实堆填,修建于 20 世纪,填筑质量较好,经现场调查访问得知基础埋深 1.2～1.5 m。

桩号左 4+920（上）～左 4+920（下）、左 4+920（下）～左 5+010（上）、左 5+242～左 5+300、右 3+462（上）～右 3+462（下）段已经建有浆砌石挡墙护岸,经现场调查访问得知基础埋深 1.2～1.5 m。

现场勘察中未发现有洪水冲刷倒塌、冲刷坑、决口扇、基础不均匀沉降等现象。

7.4　主要工程地质问题

7.4.1　地震液化评价

整治区抗震设防烈度为Ⅵ度,根据相关勘察规范,可不考虑地震液化问题。

7.4.2　护岸基础渗透性稳定评价

本次护岸基础持力层为粉质黏土、中砂、圆砾和基岩,基础埋深2.5～3.5 m。沿河两岸地势较平坦,地下水水力坡度较小,护岸地基一般不存在渗透稳定问题。

7.4.3　抗滑稳定评价

整治区河段护岸基础持力层为粉质黏土、中砂、圆砾和基岩,无软弱夹层。粉质黏土层承载力一般,力学性质一般。中砂层承载力一般,抗剪强度一般。圆砾层及基岩承载力较高,力学性质较好。河岸地势较平坦,基础开挖较浅,不会产生高陡边坡。总体上,护岸基础的抗滑稳定性较好。

7.4.4　抗冲刷稳定问题

护岸挡墙基础持力层为粉质黏土、中砂、圆砾和基岩。粉质黏土、中砂和圆砾层抗冲刷能力较差,做地基时基础应埋置在河水抗冲刷线以下,建议做好护脚及抗冲刷支护。

7.5 岸坡工程地质条件及评价

根据岸坡坡高、水流条件、岸坡地质结构、水文地质条件、岸坡现状等,综合考虑护岸岩土体的抗冲刷能力,根据《堤防工程地质勘察规程》(SL 188—2005),按下述依据进行分类:

1. 稳定岸坡

岸坡岩土体抗冲刷能力强,无岸坡失稳迹象。

2. 基本稳定岸坡

岸坡岩土体抗冲刷能力较强,历史上基本未发生岸坡失稳事件。

3. 稳定性较差岸坡

组成岸坡的土体抗冲刷能力较差,历史上曾发生小规模岸坡失稳事件,危害性不大。

4. 稳定性差岸坡

组成岸坡的土体抗冲刷能力差,历史上曾发生岸坡失稳事件,具有严重危害性。

桃花江汇水面积较大,汛期多形成暴涨暴落型洪水。本次护岸轴线沿河岸布置,岸坡主要为第四系冲洪积粉质黏土层。整治河段覆盖层分布广泛,岸坡多为土质岸坡,其抗冲刷能力较差,在洪水冲刷、淘蚀及地表水冲刷作用下,易形成塌岸。按照河岸现状、地形地貌特征及工程地质条件等,对整治河段进行地质评价,如表 7.18 所示。

表 7.18 整治区岸坡工程地质评价表

桩号	河岸现状	岸坡地层结构特征	堤岸工程地质条件分类	工程地质评价及建议
黄塘村至沧头村河段左岸				
左 0+000~左 0+400(上)	土质自然岸坡	岸上为耕地、养殖场,河段为凸岸,弯曲呈 U 形,河岸地势平坦,地形坡度 0~5°。岸坡高 1.0~2.0 m,岸坡坡度 10°~30°。岸坡上部为粉质黏土,下部为圆砾,深部为页岩	稳定性较差岸坡	对岸坡进行防护
左 0+400(下)~左 0+837(上)	土质自然岸坡	岸上为耕地、鱼塘,河段弯曲,局部河段弯曲呈 U 形,河岸地势平坦,地形坡度 0~10°。岸坡高 1.0~2.0 m,岸坡坡度 10°~25°。河床局部地段基岩出露,河岸下部分地段冲刷淘蚀严重,临空面裸露。岸坡上部为粉质黏土,下部为圆砾,深部为页岩	稳定性较差岸坡	对岸坡进行防护
左 0+837(下)~左 1+567(上)	土质自然岸坡	岸上为农田、耕地,河段弯曲呈 S 形,河岸地势平坦,地形坡度 0~10°。岸坡高 1.0~3.5 m,岸坡坡度 10°~40°,河岸下部冲刷淘蚀严重。岸坡上部为粉质黏土,下部为圆砾,深部为页岩	稳定性较差岸坡	对岸坡进行防护
左 1+567(下)~左 1+943(上)	土质自然岸坡	岸上为农田、林地,河段弯曲呈 U 形。地形坡度 0~10°。岸坡高 0.5~3.5 m,岸坡坡度 5°~35°,河岸下部冲刷淘蚀严重,临空面裸露。局部岸脚冲刷崩塌。岸坡上部为粉质黏土,下部为圆砾,深部为页岩	稳定性较差岸坡	对岸坡进行防护

（续表）

桩号	河岸现状	岸坡地层结构特征	堤岸工程地质条件分类	工程地质评价及建议
左1+943（下）~左2+177（上）	土质自然岸坡	河段为顺直岸，岸上为耕地。地形坡度0~10°。岸坡高2.0~4.0 m，岸坡坡度20°~55°，河岸下部冲刷淘蚀严重。岸坡上部为粉质黏土，下部为圆砾，深部为页岩	稳定性较差岸坡	对岸坡进行防护
左2+177（下）~左2+820	土质自然岸坡	河段弯曲呈S形，岸上为农田、耕地。地形坡度0~5°。岸坡高1.0~2.0 m，岸坡坡度10°~30°，河岸下部冲刷淘蚀严重。岸坡上部为粉质黏土，下部为圆砾，深部为页岩	稳定性较差岸坡	对岸坡进行防护
黄塘村至沧头村河段右岸				
右0+000~右0+460	土质自然岸坡	河段弯曲，岸上为林地，部分为耕地。地形坡度0~15°。岸坡高1.0~3.0 m，岸坡坡度10°~40°，河岸下部冲刷淘蚀严重，临空面局部裸露。岸坡上部为粉质黏土，下部为圆砾，深部为页岩	稳定性较差岸坡	对岸坡进行防护
右0+460~右0+995（上）	土质自然岸坡	河段为顺直岸，岸上为林地，局部为耕地。地形坡度0~10°。岸坡高1.0~3.5 m，岸坡坡度20°~45°，河岸下部冲刷淘蚀严重。岸坡上部为粉质黏土，下部为圆砾，深部为页岩	稳定性较差岸坡	对岸坡进行防护
右0+995（下）~右1+599	土质自然岸坡	岸上为农田、耕地，河段弯曲呈S形，地形坡度0~10°。岸坡高2.0~4.5 m，岸坡坡度30°~65°，河岸下部冲刷淘蚀严重，局部岸坡崩塌。岸坡上部为粉质黏土，下部为圆砾，深部为页岩	稳定性较差岸坡	对岸坡进行防护
麻枫河支流左岸				
麻左0+000~麻左0+620（上）	土质自然岸坡	岸上为道路和建筑物，河段蜿蜒曲折，河岸地势平坦，地形坡度0~15°。岸坡高1.0~3.0 m，坡度5°~20°。河岸下部冲刷淘蚀严重。岸坡上部为粉质黏土，下部为圆砾，深部为页岩	稳定性较差岸坡	对岸坡进行防护
麻左0+620（下）~麻左1+260	土质自然岸坡	岸上为道路和建筑物，河段弯曲呈S形，河岸地势平坦，地形坡度0~15°。岸坡高1.0~3.0 m，坡度5°~20°。河岸下部冲刷淘蚀严重。岸坡上部为粉质黏土，下部为圆砾，深部为页岩	稳定性较差岸坡	对岸坡进行防护
麻枫河支流右岸				
麻右0+000~麻右0+380	土质自然岸坡	岸上为道路和建筑物，河段弯曲呈S形，河岸地势平坦，地形坡度0~15°。岸坡高1.0~3.0 m，坡度5°~20°。河岸下部冲刷淘蚀严重，岸坡上部为粉质黏土，下部为圆砾，深部为页岩	稳定性较差岸坡	对岸坡进行防护
沧头村至龙头村河段左岸				
左2+820（下）~左3+480	土质自然岸坡	岸上为农田，河段弯曲呈S形，河岸地势平坦，地形坡度0~5°。岸坡高1.5~2.0 m，岸坡坡度50°~60°	基本稳定岸坡	保持原状
左3+480~左3+590	土质自然岸坡	岸上为农田，河段弯曲，河岸地势平坦，地形坡度0~5°。岸坡高2.5~3.0 m，岸坡坡度60°~75°	稳定性较差岸坡	对岸坡进行防护

（续表）

桩号	河岸现状	岸坡地层结构特征	堤岸工程地质条件分类	工程地质评价及建议
左3+590～左3+820	土质自然岸坡	岸上为农田,河段较顺直,河岸地势平坦,地形坡度0～5°。岸坡高1.5～2.5 m,岸坡坡度50°～55°	基本稳定岸坡	保持原状
左3+820～左3+934(上)	土质自然岸坡	岸上为农田,河段弯曲呈U形,河岸地势平坦,地形坡度0～5°。岸坡高2.0～3.0 m,岸坡坡度65°～75°	稳定性较差岸坡	对岸坡进行防护
左3+934(下)～左4+094	土质自然岸坡	岸上为农田,河段弯曲呈U形,河岸地势平坦,地形坡度0～5°。岸坡高2.0～3.0 m,岸坡坡度60°～70°	稳定性较差岸坡	对岸坡进行防护
左4+094～左4+154	土质自然岸坡	岸上为农田,河段弯曲,河岸地势平坦,地形坡度0～5°。岸坡高2.0～3.0 m,岸坡坡度65°～70°	稳定性较差岸坡	对岸坡进行防护
左4+154～左4+214	土质自然岸坡	岸上为农田,河段顺直,河岸地势平坦,地形坡度0～5°。岸坡高1.5～2.5 m,岸坡坡度55°～60°	基本稳定岸坡	保持原状
左4+214～左4+234	土质自然岸坡	岸上为农田,河段弯曲,河岸地势平坦,地形坡度0～5°。岸坡高2.5～3.0 m,岸坡坡度65°～75°	稳定性较差岸坡	对岸坡进行防护
左4+234～左4+454	土质自然岸坡	岸上为农田,河段弯曲呈S形,河岸地势平坦,地形坡度0～5°。岸坡高1.5～2.0 m,岸坡坡度55°～60°	基本稳定岸坡	保持原状
左4+454～左4+506(上)	土质自然岸坡	岸上为农田,河段弯曲,河岸地势平坦,地形坡度0～5°。岸坡高2.5～3.0 m,岸坡坡度65°～72°	稳定性较差岸坡	对岸坡进行防护
左4+506(下)～左4+545(上)	土质自然岸坡	岸上为农田,河段弯曲呈凸岸,河岸地势平坦,地形坡度0～5°。岸坡高2.5～3.0 m,岸坡坡度65°～72°	稳定性较差岸坡	对岸坡进行防护
左4+545(下)～左4+625	土质自然岸坡	岸上为农田,河段弯曲呈S形,河岸地势平坦,地形坡度0～5°。岸坡高1.5～2.5 m,岸坡坡度50°～60°	基本稳定岸坡	保持原状
左4+625～左4+695	土质自然岸坡	岸上为农田,河段弯曲呈S形,河岸地势平坦,地形坡度0～5°。岸坡高2.5～3.0 m,岸坡坡度65°～75°	稳定性较差岸坡	对岸坡进行防护
左4+695～左4+920(上)	土质自然岸坡	岸上为农田,河段较顺直,河岸地势平坦,地形坡度0～5°。岸坡高1.5～2.0 m,岸坡坡度50°～65°	基本稳定岸坡	保持原状
左4+920(上)～左4+920(下)	人工岸坡	该段处于冲刷岸,地形坡度0～15°。岸坡高2.5～3.0 m,岸坡坡度75°～90°	基本稳定岸坡	保持原状
左4+920(下)～左5+010(上)	土质自然岸坡	该段河岸地势平坦,地形坡度3°～15°。岸坡高2.0～3.0 m,岸坡坡度50°～75°。河岸下部冲刷淘蚀严重,临空面裸露,局部见有坍塌	稳定性较差岸坡	对岸坡进行防护
左5+010(上)～左5+010(下)	人工岸坡	该段处于冲刷岸,地形坡度0～15°。岸坡高2.5～3.0 m,岸坡坡度75°～90°	基本稳定岸坡	保持原状
左5+010(下)～左5+150	人工填土	岸上为农田和建筑区,地形坡度0～5°。岸坡高1.5～3.0 m,岸坡坡度60°～75°。该段为冲刷岸,下部冲刷淘蚀严重	稳定性较差岸坡	对岸坡进行防护
左5+150～左5+310	人工填土	岸上为农田和建筑区,地形坡度0～5°。岸坡高1.5～2.0 m,岸坡坡度55°～65°	基本稳定岸坡	保持原状

（续表）

桩号	河岸现状	岸坡地层结构特征	堤岸工程地质条件分类	工程地质评价及建议
左 5+310 ~ 左 5+422	人工填土	岸上为农田,河段顺直,地形坡度 0~5°。岸坡高 2.0~3.0 m,岸坡坡度 50°~75°。河岸下部冲刷淘蚀严重,临空面裸露,局部见有坍塌	稳定性较差岸坡	对岸坡进行防护
沧头村至龙头村河段右岸				
右 1+599（下）~ 右 3+462（上）	人工填土	岸上为农田和村庄,河段弯曲,地形坡度 0~5°。岸坡高 2.5~4.5 m,岸坡坡度 50°~75°	基本稳定岸坡	保持原状
右 3+462（上）~ 右 3+462（下）	人工岸坡	岸上为农田,河段弯曲,地形坡度 0~5°。岸坡高 3.0~4.5 m,岸坡坡度 50°~75°	基本稳定岸坡	保持原状
右 3+462（下）~ 右 3+822（上）	人工填土	河段弯曲,岸上为农田,局部为旱地。地形坡度 0~5°。岸坡高 2.5~4.0 m,岸坡坡度 50°~75°	基本稳定岸坡	保持原状
右 3+822（上）~ 右 3+822（下）	人工岸坡	岸上为鱼塘、农田,河段弯曲凸出,呈 V 形,地形坡度 0~5°。岸坡高 1.5~3.0 m,岸坡坡度 50°~75°	基本稳定岸坡	保持原状
右 3+822（下）~ 右 4+100	人工填土	河段微凹,岸上为鱼塘、农田,局部为旱地。地形坡度 0~5°。岸坡高 2.5~4.5 m,岸坡坡度 50°~75°	基本稳定岸坡	保持原状

7.6 护岸地基工程地质条件及评价

据本次设计方案,结合外业勘察成果,黄塘村至沧头村河段护岸地基地质结构分类及分段评价如表 7.19 所示,沧头村至龙头村河段护岸地基地质结构分类及分段评价如表 7.20 所示。

表 7.19　黄塘村至沧头村河段护岸堤基地质结构分类及分段评价表

桩号	地质结构组成	类型	防护形式	工程地质评价
左 0+000~ 左 0+400（上）	圆砾	单层结构 I	松木桩护脚+植物措施护坡 埋石混凝土挡墙+阶梯混凝土护坡	（③层）粉质黏土层:承载力一般,工程地质条件一般,厚度大于 2 m 时,可作为拟建护岸挡墙的基础持力层。（⑤层）圆砾层:力学强度较高,厚度较大,层厚均匀,工程地质性能好,可作为拟建护岸挡墙的基础持力层
左 0+400（下）~ 左 0+837（上）				
左 0+837（下）~ 左 1+567（上）	粉质黏土、圆砾	双层结构 II	松木桩护脚+植物措施护坡 松木桩+叠石护脚+植物措施护坡	
左 1+567（下）~ 左 1+943（上）				
左 1+943（下）~ 左 2+177（上）				
左 2+177（下）~ 左 2+820				

（续表）

桩号	地质结构组成	类型	防护形式	工程地质评价
右 0+000～右 0+460	圆砾	单层结构 I	松木桩护脚+植物措施护坡	护岸基础基本不存在抗震稳定、抗渗稳定问题及特殊土引起的问题，工程地质条件较好，工程地质条件分类为 B 类
右 0+460～右 0+995（上）	粉质黏土、圆砾	双层结构 II	松木桩护脚+植物措施护坡	
右 0+995（下）～右 1+599				
麻左 0+000～麻左 0+620（上）	粉质黏土、圆砾	双层结构 II	松木桩基础+生态叠石护脚	
麻左 0+620（下）～麻左 1+260	粉质黏土、圆砾	双层结构 II	松木桩基础+生态叠石护脚	
麻右 0+000～麻右 0+380				

表 7.20　沧头村至龙头村河段护岸堤基地质结构分类及分段评价表

桩号	地质结构组成	类型	防护形式	工程地质评价
左 2+820（下）～左 4+920（上）	② 淤泥质粉质黏土 ③ 粉质黏土 ④ 中砂 ⑤ 圆砾 ⑦ 灰岩	多层结构 III	松木桩、格宾石网笼	②层淤泥质粉质黏土层承载力较低，压缩性高，不应做基础持力层；③层粉质黏土层承载力一般，工程地质条件一般，经处理可作为挡墙基础持力层。④层中砂层力学强度较高，厚度较大、层厚均匀，工程地质性能较好，可作为拟建护岸挡墙的基础持力层。⑤层圆砾层力学强度较高，厚度较大、层厚均匀，工程地质性能好。⑦层灰岩层力学强度高，厚度大，工程地质性能好，可作为拟建护岸挡墙的基础持力层。护岸基础基本不存在抗震稳定、抗渗稳定问题及特殊土引起的问题，工程地质条件良好，工程地质条件分类为 B 类
左 4+920（下）～左 5+010（上）	② 淤泥质粉质黏土 ③ 粉质黏土 ④ 中砂 ⑤ 圆砾	多层结构 III	埋石混凝土	
左 5+010（下）～左 5+422	② 淤泥质粉质黏土 ③ 粉质黏土 ④ 中砂 ⑤ 圆砾		松木桩、格宾石网笼	
右 1+599（下）～右 3+462（上）	② 淤泥质粉质黏土 ③ 粉质黏土 ④ 中砂 ⑤ 圆砾		松木桩、叠石	
右 3+462（下）～右 4+100	② 淤泥质粉质黏土 ③ 粉质黏土 ④ 中砂 ⑤ 圆砾		叠石、松木桩	

7.7 其他建筑工程地质条件及评价

7.7.1 码头、排水涵管、堰坝及疏浚工程

根据本次设计,拟新建、改建码头 19 座。粉质黏土和圆砾层可作为码头基础持力层,承载力可满足码头建设要求。粉质黏土及圆砾层抗冲刷能力较差,建议做好抗冲刷防护措施。

根据本次设计,拟新建 7 座排水涵管。冲洪积粉质黏土层承载力一般,可作为排水涵管的基础持力层。该层抗冲刷能力较差,建议做好抗冲刷防护措施。

根据本次设计,改造堰坝 2 座。堰坝地基土层主要为粉质黏土、圆砾,下伏基岩为页岩,堰坝改造主要是生态改造,堰坝地基保持不变。

本次疏浚包括黄塘村、回龙村河段断桥清障,莫边村河段清淤两处。疏浚段上覆地层主要为圆砾,夹少量粉质黏土和中粗砂,下伏基岩为页岩。

7.7.2 拦水坝

大宅拦水坝位于大宅村河段,位置:左岸桩号左 3+540～左 3+580,右岸桩号右 2+359～右 2+399。拟建拦水坝长 69.0 m,顶宽 2.0 m,高 2.79 m,埋深 2.13 m,出露 0.66 m。河床表层为冲洪积淤泥质粉质黏土(Q_4^{alp})湿至稍湿,软塑至可塑,厚度 0.2～1.0 m,下部为冲洪积中砂(Q_4^{alp}),稍密状,本次钻探揭露该层厚度 3.1～5.8 m。

左坝肩位于冲洪积层可塑状粉质黏土中,层厚 2.0～3.5 m,渗透系数 $(1.0～3.5)×10^{-5}$,属于弱透水层,隔水性较好,左坝肩不存在绕坝渗漏问题。

右坝肩位于第四系人工填土中,人工填土主要成分为粉质黏土、碎石、块石,稍密状,层厚 1.0～3.5 m,渗透系数 $(4.5～9.5)×10^{-4}$,属于中等透水层,隔水性较差,右坝肩存在绕坝渗漏问题。建议对右坝肩沿岸做好防渗措施。

冲洪积淤泥质粉质黏土(Q_4^{alp})为软塑状,承载力较低,压缩性高,不均匀,不应作为拦水坝天然地基持力层;冲洪积中砂(Q_4^{alp})为稍密状,力学强度较高,厚度较大,层厚均匀,地基承载力 150～170 kPa 承载力满足拦水坝建设要求,可作为拟建拦水坝的基础持力层。

稍密状中砂层渗透系数 $(1.0～3.5)×10^{-2}$,属于中等透水层,上下游水力坡降较大情况下,作为拦水坝地基时易产生渗漏破坏,修建拦水坝时应做好相应措施。稍密状中砂层不冲刷流速 0.3 m/s,抗冲刷性能差,作为拦水坝地基时,应做好抗冲刷防护措施。

7.7.3 生活污水处理站

根据本次设计,拟新建农村生活污水处理站 17 处,分别设置在大陂头、车渡、力冲、莫边、车田、花江、潦塘、刘家及沧头等村庄。各自然村污水处理站处于桃花江两岸一级阶地,上覆地层主要为冲洪积粉质黏土及圆砾层,粉质黏土层厚度较大,承载力一般,工程地

质条件一般,可作为污水处理站基础持力层;圆砾层力学强度较高,厚度较大,工程地质性能好,也可作为污水处理站基础持力层,粉质黏土及圆砾层物理力学参数可参照表7.19。

污水处理站基础施工时,禁止地基土暴晒及泡水,防止地基承载力降低,同时注意做好疏排水工作,防止开挖基坑坍塌,危害施工机械和人员安全。冲洪积粉质黏土及圆砾层抗冲刷能力较差,建议做好抗冲刷防护措施。

7.7.4 弃渣场

通过现场调查了解到临桂区两江镇凤凰林场设置有一个消纳场,消纳场名叫凤凰弃渣场,该弃渣场为临桂城区建设弃渣地。凤凰弃渣场地形坡度10°~25°,切割较浅,地貌类型为丘陵地貌。弃渣场处于近南北走向的冲沟中,占用地类为荒地。弃渣场上覆第四系残坡积层粉质黏土,厚度0.5~3.0 m;下伏石炭系下统岩关阶页岩、泥灰岩。弃渣场两边山体植被发育良好,现场勘查未见滑坡、泥石流等不良地质现象。

本次工程设计不设置弃渣场,弃渣运输到凤凰林场的消纳场处理。消纳场经临苏路、西城大道可到达工程区,交通方便,消纳场至河段护岸施工营地的平均运距约30 km。

7.8 天然建筑材料

临桂区桃花江黄塘村至龙头村段(塔山段)生态修复工程需要的天然建筑材料分别为砂料、碎石、块石。

7.8.1 砂料

本工程建设所需要的砂料可以采用人工砂和天然河砂,工程区附近没有砂料场,工程建设所需砂料可到临桂区城区购买,距离施工区平均运距15 km,产量和质量满足要求。

7.8.2 碎石及块石料

工程区地理位置较好,交通便利。工程区附近没有采石场,工程所需块石、碎石料可在临桂区城区购买,距离施工区平均运距约15 km,产量和质量满足要求。

7.8.3 土料

本工程施工开挖产生大量的土料弃土,应考虑充分利用,尽量避免对生态环境的影响。本治理工程经土方平衡计算,开挖料不满足回填指标,需外取黏土约0.10万 m^3,所需土方较少,本工程不设置土料场,土料采用外购的形式。本工程土料前往凤凰弃渣场购买,可满足本工程建设需要。

7.9 结论及建议

（1）根据《中国地震动参数区划图》（GB 18306—2015），场区地震动峰值加速度为0.05g，地震动反应谱特征周期为0.35 s，相应地震烈度为Ⅵ度区，区域构造稳定。

（2）工程区第四系覆盖层较厚，地质构造比较简单，岸坡周围无大型滑坡、塌岸现象，适宜拟建工程修建。

（3）护岸防护段岸坡地质结构主要有单层结构（Ⅰ）、双层结构（Ⅱ）和多层结构（Ⅲ），护岸基础基本不存在抗震稳定、抗渗稳定问题及特殊土引起的问题，工程地质条件较好，护岸基础工程地质条件分类为B类。

（4）河段岸坡类型主要为人工填土岸坡和土质自然岸坡，以稳定性较差岸坡为主，部分为基本稳定岸坡。

（5）治理河段水文地质条件简单，地表水及地下水对混凝土无腐蚀性；对钢筋混凝土中钢筋无腐蚀性；对钢结构具有弱腐蚀性。

（6）当护岸基础持力层为粉质黏土或圆砾时，应将基础埋置在河水冲刷线以下，并做好防护措施。

（7）拦水坝的基础持力层为中砂层，抗冲刷能力较差，应做好抗冲刷防护。中砂层作为地基容易产生渗漏破坏，建议采取措施减小拦水坝上下游水力梯度。

（8）截污管网、排洪渠、排涝沟及市政公路基础施工时，禁止地基土暴晒及泡水，防止地基承载力降低，同时注意做好疏排水工作，防止开挖基坑坍塌，危害施工机械和人员安全。

（9）弃渣场应做好拦挡措施，周边设置排水沟，弃渣分层碾压，放坡堆积。

8 工程任务和规模

8.1 自然及社会经济情况

临桂区位于广西壮族自治区东北部,位于桂林市老城区西面,西南邻永福县,东接桂林市秀峰区,东南靠桂林市雁山区,距桂林市老城区 6 km,区域面积 2 190.27 km²。临桂区距桂林市中心仅有 5 km,两江国际机场距区境 10 km,桂(桂林)海(北海)高速公路、桂(林)梧(州)高速公路、国道 321 线、省道 306 线、湘桂铁路交会于临桂区,桂林至三江高速公路、贵广铁路贯穿全境。临桂境地处南岭南缘,东西窄,南北长,呈火炬状。北部群山巍峨高耸,南端峻岭连绵。东部略低于西部,由西北向东南倾斜,形成东西向分水岭。全区人口 45 万(农业人口 39.5 万人,非农业人口 5.2 万人),其中少数民族 3.1 万人。辖 8 乡 6 镇,165 个村(居)委会。全区总面积 2 202 km²,其中陆地面积 2 171.83 km²,水域面积 30.17 km²。

项目所在的临桂镇为临桂区人民政府驻地,东邻桂林市秀峰区甲山街道,西连五通镇、两江镇,南界四塘镇,北靠灵川县定江镇,行政面积 213.43 km²。临桂镇下辖 10 个社区、12 个行政村,共 146 个自然村,镇政府驻庙头街。临桂镇经济社会快速发展,城区面貌日新月异,基础设施、服务设施完善,城区内水、电供应充足,邮电、通信、金融、卫生保健医疗、教育、宾馆、娱乐等服务机构齐全。临桂区内人气兴旺,商贸繁荣,工业更是蓬勃发展,鲁山工业区、秧塘山水科技园、乐和工业集中区已成为外来客商投资的热土。

2020 年临桂区实现地区生产总值 236.09 亿元,生产总值增长 10.6%,固定资产投资增长 18.5%,直接拉动全市固定资产投资增长 3 个百分点。财政收入 36.11 亿元,增长 9.2%,税收收入 30.20 亿元,增长 11.5%,占财政收入比重达 83.6%,社会消费品零售总额增长 9.8%,规模以上工业增加值增长 15.0%,三次产业结构比例为 20.5∶27.3∶52.2。连续第四年入选全国投资潜力百强区。重大项目稳步推进。全年重大项目开竣工 49 项,总投资 194.35 亿元。临桂万达广场、桂林深科技智能制造产业园二期、桂林华为信息生态产业合作区等 9 个重中之重项目加快推进,福达阿尔芬大型曲轴、桂林溢达等一批项目竣工投产,桂林深科技一期项目历时 10 个月顺利下线第一部"桂林造"手机,年内生产手机

230 万部,电子信息产业基地取得里程碑式突破。

8.2 相关规划成果

项目区河段设计规划成果有《广西桂林市桃花江五仙闸以上防洪治理规划报告》《桂林市临桂区桃花江黄塘村至龙头村段生态修复工程可行性研究报告》。

2020 年桂林市水利电力勘测设计研究院编制完成《广西桂林市桃花江五仙闸以上防洪治理规划报告》,2021 年桂林市水利局以《关于广西桂林市桃花江五仙闸以上防洪治理规划报告的批复》(市水监督〔2021〕14 号)进行了批复。

桃花江五仙闸以上防洪治理规划的范围:桃花江干流五仙闸以上至灵川县公平乡联合村委中间江村上游峡谷出口河段及支流金龟河、麻枫河。桃花江干流规划河道全长约 37.7 km,支流金龟河规划河道长度约 7.2 km,支流麻枫河规划河道长度约 3.8 km。在灵川县的公平乡及定江镇、临桂区五通镇及临桂镇受洪水灾害或河流冲刷较为严重的乡镇及村庄分别进行清淤,防洪堤、堰坝改造。

本次规划防洪工程分为 7 个项目,其中近期防洪工程项目 4 个、远期防洪工程项目 3 个。规划新建堤防总长 87.4 km,其中近期新建堤防长 58.4 km,远期新建堤防长 29.0 km。

清淤疏浚工程 2 处,总长 15.8 km,均为近期项目。堰坝改造 24 座,其中近期 21 座,远期 3 座。

《桂林漓江流域山水林田湖草沙一体化保护和修复工程实施方案》将漓江流域划分为上、中、下游 3 大分区 14 个生态保护修复单元,设置 8 大类 83 个子项目,总投资 54.91 亿元,实施期限为 2022—2024 年。

桂林市临桂区桃花江黄塘村至龙头村段(塔山段)生态修复工程属于"漓江上游水源涵养与生物多样性保护修复区·桃花江水生态和矿山生态修复单元·水生态保护修复"中的一个子项目,根据《桂林市临桂区桃花江黄塘村至龙头村段生态修复工程可行性研究报告》建设内容及规模按行业类别分为:生态修复工程及环境治理工程和市政截污工程,本项目主要进行生态修复工程及环境治理工程相关内容设计,市政截污部分由建设单位另行委托设计。

8.3 工程建设必要性

8.3.1 洪涝灾害状况

桃花江流域在新中国成立前自 1885 年起出现过 7 次较大洪水,新中国成立后至今洪水较大的年份有 1974 年、1996 年、1998 年、1999 年、2002 年、2005 年、2008 年、2013 年及

2017年。桃花江每3年左右就会发生一次大的洪水,发生较大洪水时,沿江两岸道路、农田受淹,部分河段两岸水深达1m以上,导致交通中断,沿河及周边居民无法出行。

1998年洪水位150.78 m(桃花江水位站水位),直接受灾人口16 023人,受淹农田10 398亩,受淹鱼塘915亩,淹没房屋面积105万 m^2,公路20.4 km。2008年洪水位149.71 m(桃花江水位站水位),直接受灾人口17 595人,受淹农田10 452亩,受淹鱼塘930亩,淹没房屋面积115万 m^2,公路20.7 km。

2017年6月25日至7月3日,桂林市持续出现大范围强降雨过程,市区降暴雨到特大暴雨,全市累计面平均雨量达342 mm。桃花江水位站水位从7月1日4时的146.68 m涨到7月2日10时的149.64 m(珠江基面=1985国家高程基准-0.689 m),桃花江两岸低矮部位全线受淹。

2020年从6月29日晚开始,桃花江普降暴雨,受上游电站泄洪和区间降水影响,水位暴涨,山洪暴发,导致农田被淹、房屋倒塌、山体滑坡,桃花江遭受严重洪灾。截止到7月1日23点,临桂区共224 747人受灾,其中转移安置40 381人,需生活救助人数23 625人。农作物受灾面积17 956 hm^2,成灾12 031 hm^2,绝收4 089 hm^2。倒塌房屋83户160间,严重损坏274户663间,一般损坏14 381户40 381间,直接经济损失83 866万元,其中农业损失20 721万元,工矿业损失13 141万元,基础设施损失20 609万元,公益设施损失7 144万元,家庭财产损失22 251万元。

8.3.2 项目区防洪治涝工程现状

桃花江黄塘村至龙头村段起于黄塘村公路桥,终点止于龙头村下游800 m处,治理河长为12.439 km,现状主要存在问题有:①大部分属天然不设防状态,洪水冲刷岸坡,水土流失较为严重。②局部已建防洪堤建设年代已久,防洪堤为土堤或浆砌石形式,且崩塌较多,坡面灌木杂草丛生,迎水面坡脚受洪水冲刷,侵蚀形成垂直面,威胁老堤稳定。③局部河段淤积较严重,导致水流不畅,河道水动力不足。④沿河两岸缺乏亲水基础设施。

本次实施河段部分典型现状如下:

1. 河岸

桃花江为典型的山区性河流,形成的洪水暴涨暴落,汛期洪水流量较大、流速较快;受洪水淘刷影响,土质岸坡稳定性较差,极易崩塌,严重威胁两岸建筑物的安全,且造成水土流失严重,大量泥沙随流而下,河床抬高,沙滩增多,河道受损严重,因此有必要对河岸冲刷段进行防护建设。

桃花江黄塘村至龙头村段部分调研情况如图8.1至图8.11所示。

2. 河床

项目区河床由于长期缺乏全面、长远的规划,管理不到位,滩地植被单调、河滩淤积严重。

图 8.1 桩号: 左 0+000~左 0+400 调研情况

图 8.2 桩号: 左 0+400~左 0+837 调研情况

图 8.3　桩号：左 0+837~左 0+917 调研情况

图 8.4　桩号：左 0+917~左 1+077 调研情况

图 8.5　桩号：左 1+567～左 1+621 调研情况

图 8.6　桩号：左 1+621～左 1+943（右 0+460～右 0+740）调研情况

图 8.7 桩号: 左 1+943~左 2+177(右 0+740~右 0+995)调研情况

图 8.8 桩号: 左 2+177~左 2+324 调研情况

图 8.9　桩号: 右 0+995~右 1+138 调研情况

图 8.10　桩号: 左 2+324~左 2+500(右 1+138~右 1+338)调研情况

图 8.11   桩号：左 3+906（下）岸坡调研情况

3. 植被

项目区河段内两岸植被现状整体较为良好。项目区沿线分布有村庄、农田、菜地、林地等。常见的植物有构树、枫杨、泡桐、桂花树、柳树、水杨柳、枫香、桃树、速生桉、桃金娘、夹竹桃、荆条、凤尾竹、芦苇、水蓼、水花生、茭白、水藻等植物，植物覆盖率较高，植物群落现出"小聚居、大杂居"的状况。

本次治理河段大部分河岸坡植被现状良好，部分河岸坡植被受人为破坏，有开垦为菜园、果园，违章建筑，圈养牲畜等现象，致使植物覆盖率降低，局部现状的植被稀疏、单一。

8.3.3   防洪及治涝存在的问题

项目区目前防洪治涝存在的主要问题有：

1. 防洪基础设施薄弱，河道萎缩严重

桃花江属山区性河流，洪水的特点是源短流急，项目河段基本处于不设防状态，加之不合理的拦河设障、向河道倾倒垃圾、违章建筑等侵占河道的现象日渐增多，多年未实施清淤，致使河道萎缩严重，行洪能力逐步降低，对沿河城乡的防洪安全构成了严重威胁。

2. 项目区治涝工程缺乏

项目区尚无完善的排水系统，均采用自排形式，没有治涝抽排设施，当外江洪水顶托时，项目区低洼处排涝困难，形成涝灾。

3. 投入严重不足，问题日益突出

长期以来，桃花江流域治理缺乏投资机制和渠道，河流治理配套资金严重不足且不能及时到位，流域治理（河道清淤和堤防加固等）工作因资金问题迟迟得不到有效解决，加之部分河段比较偏远，交通不便利，使中小河流的治理工作得不到充分的开展，河流面临的问题日益突出。

4. 社会对洪涝危害的严重性认识不足

部分河段存在乱挖乱填河岸、向河道倾倒垃圾现象，降低了河流的天然防洪能力。

5. 没有预报预警及防洪治涝指挥系统

当遇不同量级洪水时，无具体的防御对策和措施，不能将洪涝灾害减少到最低限度。

随着地区经济快速发展，项目区面貌日新月异，建设力度加大，致使原有河网被隔断，原有的沟溪、池塘或低洼地被占用或填平后，破坏了地表吸水和蓄水的功能，项目区调蓄雨洪能力被削弱；地面硬化面积增加，地表径流增加，汇流速度明显加快，径流过程陡涨陡落，峰高量大，在地势低洼处形成洪涝灾害。

8.3.4　项目区水环境现状

桃花江又名阳江，"阳江秋月"是古代桂林老八景中颇具特色的一景。古人赞桃花江："不似漓江，胜似漓江。"它是漓江流经桂林市区中心的一级支流，桃花江的上游河段称潦塘河，发源于临桂区五通镇与灵川县公平乡交界处的中央岭东南侧的公平乡古坪村，干流由北向南流经临桂区五通镇马鞍村委，在临桂镇凤凰村委改向东流，到塔山村委道光村与金龟河汇合，以下称桃花江，在桂林市郊五仙闸折向北，流经灵川县定江镇，经水南村又由北折向南流，在市郊甲山街道办辖区附近进入桂林市城区，穿过城区，在安新洲尾汇入漓江，并有古时人工开凿形成的虹桥坝至象山北的另一入漓江水道，枯水经此水道入漓江。主要支流有金龟河、法源河、道光河、社塘河、乌金河、山口河等。

根据桂林市人民政府文件《市人民政府关于印发桂林市地表水环境功能环境空气质量功能城市区域环境噪声标准适用区划的通知》（市政〔2000〕23 号）的规定，洛清江（临桂段）、桃花江水质执行《地表水环境质量标准》（GB 3838—2002）Ⅲ类标准。

根据临桂区生态环境局提供的《2017 年桃花江、相思江、洛清江（临桂段）水环境质量状况》，对桃花江监测项目为 pH 值、化学需氧量、溶解氧、高锰酸盐指数、总磷、氨氮、六价铬、镉、铅、总汞。监测结果显示，桃花江第一至第三季度，水质监测项目均达到Ⅲ类标准，第四季度监测项目达到Ⅳ类标准。

项目调查小组对项目范围内的桃花江及支流布设了 10 个断面，进行水质取样检测，数据显示 2022 年 7 月调研期间，监测断面 TN 检测指标均达不到《地表水环境质量标准》（GB 3838—2002）Ⅲ类标准，部分断面 DO、NH_3-N、TP 达不到Ⅲ类标准。

根据调查，桃花江黄塘村至龙头村段主要污染源有：①乐和工业集中区污水；②沿河两岸农村生活污水雨污混流入河；③农业面源污染；④规模化畜禽散养。

桃花江地表水监测结果如表 8.1 所示。

表 8.1　桃花江地表水监测结果

采样日期	监测因子（mg/L）	GB 3838—2002 中 III 类水水质标准	监测点位、样品编号及监测结果				
			桃花江黄塘村断面	桃花江陂头村断面	桃花江小陂头村断面	麻枫河乐和工业园上游断面	桃花江车田村上游断面
			1	2	3	4	5
2022-07-20	氨氮	≤1.0	0.263	0.308	0.252	0.767	0.328
	溶解氧	≥5	6.7	5.3	5.6	4.2	5.9
	总磷	≤0.2	0.10	0.10	0.10	0.14	0.11
	化学需氧量	≤20	4L	4L	4L	4L	4L
	总氮	≤1.0	1.37	1.08	1.44	1.16	1.36

采样日期	监测因子（mg/L）	GB 3838—2002 中 III 类水水质标准	监测点位、样品编号及监测结果				
			桃花江车田村断面	桃花江兰田村断面	桃花江沧头村断面	桃花江铁路桥断面	桃花江龙头村断面
			6	7	8	9	10
2022-07-20	氨氮	≤1.0	0.345	0.587	0.655	0.531	2.504
	溶解氧	≥5	5.7	4.7	5.3	6.2	3.6
	总磷	≤0.2	0.12	0.14	0.16	0.12	0.21
	化学需氧量	≤20	4L	4L	4L	4L	4L
	总氮	≤1.0	1.59	1.78	1.74	1.72	2.90

注：监测结果低于检出限时，用"检出限+L"表示。

1. 乐和工业集中区（图 8.12）

乐和工业集中区东至毛家田、车田和潦塘村，西至桂三高速和 G321 国道，南至桂林绕城高速和西二环，北至桃花江；规划范围内有坪田、门家、回龙、力冲、陂头、毛家田、车渡、莫边、车田、花江和潦塘 11 个自然村；规划总面积为 8.09 km²。现状园区在 G321 沿线南北两侧均有一定程度的开发建设，以食品、建材、物流、机械加工、旅游开发等产业项目为主。现状村庄建设用地主要分布在 G321 以北。

根据现场调查，乐和工业园区乐六路及和五路建有污水主管道，和一路、和二路、和三路建有污水支管汇入乐六路污水主管道，经污水提升泵站提升后排入西城大道市政管网，再排至临桂大皇山污水处理厂。由于现有管网覆盖面有限，沿 G321 国道两侧企业的污水管道仍然未接入市政管网。同时，现场调查发现，穿越工业园区的桃花江支流——麻枫河上有雨水管出水口，但出水口有明显的恶臭等异味（图 8.13），疑似园区出现了雨污混流；麻枫河左岸，G321 国道门家桥处有一管道破损（图 8.14），污水直接流入麻枫河。上述两处污水点向桃花江支流麻枫河排入大量的污水，是桃花江水质波动影响的主要因素。

图 8.12　乐和工业集中区范围示意图

图 8.13　雨水管出口有恶臭

图 8.14　污水管断裂

乐和工业园西南片园区正在开工建设(图8.15),2022年7月已完成园区的场地平整。园区配套管网目前还未完成建设,随着企业入驻建设厂房,将会产生新的污染源,流入支流麻枫河。

图8.15 乐和工业园西南片在建工地情况

2. 沿河两岸村庄生活污水

桃花江黄塘村至龙头村段沿河两岸有24个村庄6 715人,目前只有毛家田村、回龙村、刀陂村建有污水处理站,其余村屯均无污水处理设施,村民生活污水大部分经化粪池简单沉淀后直接流入村庄的雨水沟渠,最终排入桃花江。其中,道光村高铁桥下原桃花江老河道,是马埠江、西镇头、董家、楼里、马家埠、官田、熊家、大宅、炉家头、道光、枧江头共11个自然村的纳污河道,老河道内水质发黑,造成桃花江局部水质恶化。各村屯人口调查情况如表8.2所示,村屯现状排水情况如图8.16至图8.19所示。

表8.2 桃花江黄塘村至龙头村段沿岸村庄情况表

序号	自然村	户数(户)	现状人口(人)	是否有污水处理设施
1	大陂头村	45	200	
2	小陂头村	23	68	
3	毛家田村	62	246	有
4	车渡村	73	280	
5	力冲村	40	157	
6	莫边村	141	595	
7	门家村	64	261	
8	回龙村	54	248	有
9	车田村	123	567	
10	花江村	55	254	

序号	自然村	户数（户）	现状人口（人）	是否有污水处理设施
11	培村	61	261	
12	潦塘村	22	78	
13	兰田村	50	223	
14	刘家村	60	254	
15	官田村	41	179	
16	沧头村	91	406	
17	熊家村	108	421	
18	大宅村	65	283	
19	刀陂村	62	289	有
20	炉家头村	60	302	
21	田心村	104	437	
22	道光村	62	325	
23	龙头村	59	226	
24	桥头村	32	155	
合　计		1 557	6 715	

图 8.16　村屯污水排放典型情况 1

图 8.17　村屯污水排放典型情况 2

图 8.18　村屯污水排放典型情况 3　　　　图 8.19　村屯污水排放典型情况 4

3. 农业面源

沿河两岸农业面源污染。目前沿岸耕地面积 951.33 hm²，主要以蔬菜及水稻为主。根据全国典型乡镇饮用水水源地基础环境调查与评估确定的广西源强系数：标准农田废水源强系数 485 m³/(亩·年)；COD 源强系数 10 kg/(亩·年)，氨氮源强系数 2 kg/(亩·年)，污染物入河系数取 0.3。根据以上数据计算可知，COD 入河量为 42 810 kg/年，氨氮入河量为 8 562 kg/年。农业面源污染主要为农田过量使用化肥、农药，农作物不能完全吸收，滞留在土地里的化肥、农药随着雨水径流排入河道中，污染水质，造成河水水质富营养化。河面漂浮着大量水葫芦，尽管有河道保洁员定期打捞，但仍有少量水葫芦漂浮在水面。现状调查情况如图 8.20、图 8.21 所示。

图 8.20　沿河耕地种植大片蔬菜

图 8.21 河面水葫芦长势茂盛

4. 规模化畜禽散养

根据调查,桃花江黄塘村至龙头村段存在 3 处具有一定规模的畜禽散养养殖场,主要位于陂头村附近(图 8.22)。各养殖点养殖大、小鸡有几百只,养殖点建设较为粗放,未建设相应的配套设施。

图 8.22 陂头村养殖场调研情况

8.3.5 工程建设的必要性

1. 项目建设是保护桃花江水资源、治理环境污染的需要

由于城镇规划及自然原因,城市近郊水域是最易遭受污染的地区,而桃花江成为临桂镇污染物吸纳的主要场所之一。临桂镇周边村庄较为密集,人口较多,生活垃圾、生活污水给河流水带来环境污染,畜禽养殖和农业面源污染,加上附近有工业园区、人流量的增加使得环境受到污染的可能性增大,水生态"赤字"扩大,环境污染等问题日益突出。桃花江流域现状已远远不能满足居民对环境的要求,河流水环境的恶化将会给周边区域带来潜在的不安定因素。因此,加快治理、修复和保护桃花江流域水系功能,保障漓江水生态环境安全显得尤为重要。我国经济快速增长,各项建设取得巨大成就,但也付出了巨大的资源和环境代价,经济发展与资源环境的矛盾日趋突出,群众对环境污染问题反应强烈。

这种状况与经济结构不合理、增长方式粗放直接相关。若不加快调整经济结构、转变增长方式,资源支撑不住,环境容纳不下,社会承受不起,经济发展难以为继。只有坚持节约发展、清洁发展、安全发展,才能实现经济又好又快发展。

2. 河岸稳定性差,水土流失严重

桃花江为典型的山区性河流,形成的洪水暴涨暴落,沿岸村庄和农田常受洪水侵袭,沿岸居民的生命财产安全受到严重威胁。汛期洪水流量较大,流速较快;受洪水淘刷影响,土质岸坡稳定性较差,极易崩塌,严重威胁两岸建筑物的安全,且造成水土流失严重,大量泥沙随流而下,河床抬高,沙滩增多,河道受损严重。

3. 项目建设是桂林漓江流域可持续发展的需要

漓江作为桂林市重要的自然生态及人文景观资源,长期以来,水域及沿岸积累形成了很多历史遗留的乱建、乱挖、乱养、乱经营、环境卫生脏"四乱一脏"问题,漓江生态环境保护形势一度严峻。近年来桂林市采取多种措施加大对漓江的保护管理,包括关停漓江风景名胜区内采石场、实施山体生态复绿、拆除沿岸违章建筑等。同时为保障及推进漓江生态修复工作,桂林市编制了《桂林漓江流域山水林田湖草沙一体化保护和修复工程实施方案》,包括漓江上游水源涵养与生物多样性保护修复区、漓江中游水土保持与水生态保护区、漓江下游农产品供给区,对漓江进行了全方位的生态修复工作,全力推动国家可持续发展创新示范区建设。

桃花江作为漓江的流经市区中心的一级支流,桃花江的水生态环境直接制约漓江的水生态文明效果。对河道开展生态修复,恢复桃花江河道的自然属性,改善桃花江枯水期生态和景观环境,显得尤为重要。

4. 项目建设是贯彻国家环境保护政策的需要

随着社会的发展,人们对环境保护重要性的认识越来越深刻,国家及各级政府管理部门为保护环境颁布了一系列法律法规,同时也为水污染防治工作提供了法律依据和保障。

国家发展规划强调,全国要加大环境保护力度。以解决饮用水不安全和空气、土壤污染等损害群众健康的突出环境问题为重点,加强综合治理,明显改善环境质量。强化污染物减排和治理,增加主要污染物总量控制种类,加快城镇污水、垃圾处理设施建设,加大重点流域水污染防治力度。

桂林市临桂区桃花江黄塘村至龙头村段(塔山段)生态修复工程的实施,能够改善临桂镇的乡镇水体环境,减轻污水对地下水的污染,使临桂镇内桃花江水质得到改善,从而提高群众居民生活质量。

5. 项目建设是实施乡村振兴战略、改善农村人居环境的需要

改善农村人居环境,建设美丽乡村,是实施乡村振兴战略的一项重要任务。当前,项目区域的农村环境设施建设明显落后或缺失,临桂镇沿桃花江两岸各村基本未设置污水收集管网,未建立污水处理设施,生活、生产污水未经处理直接排入沟渠、水塘、河道或渗入地下。本项目的实施,可改善当地生活污水收集与处理的基础设施,将农村污水进行收集和集中处理,使其达标排放,从而达到改善农村人居环境的目的,保障村民正常生产和生活,促进美丽乡村建设。

桂林市临桂区桃花江黄塘村至龙头村段(塔山段)生态修复工程能有效提升临桂区内桃花江流域的生态环境及防洪条件。项目区河岸破坏较严重,生活污水随意排放,生态环境较恶劣。通过河岸修复、新建植被、截污等措施的实施,提高了项目区植被覆盖率和水源涵养能力,减少了水土流失的发生,避免滑坡、崩塌、泥石流及其他地质灾害的发生,改善了区域整体生态环境和水资源环境,保护漓江流域生态环境。给当地居民提供了一个安全的生存环境,有利于居民生活环境的改善,从而取得良好的环境效益,具有显著的生态效益。

综上所述,本项目建设是非常迫切和必要的。

8.4　工程任务

《桂林漓江流域山水林田湖草沙一体化保护和修复工程实施方案》将漓江流域划分为上、中、下游 3 大分区 14 个生态保护修复单元,设置 8 大类 83 个子项目,总投资 54.91 亿元,实施期限为 2022—2024 年。桂林市临桂区桃花江黄塘村至龙头村段生态修复工程属于"漓江上游水源涵养与生物多样性保护修复区·桃花江水生态和矿山生态修复单元·水生态保护修复"中的一个子项目。

根据山水林田湖草沙实施方案、可行性研究报告、桃花江防洪治理规划,结合本次对岸线及水环境调查情况,桃花江黄塘村至龙头村河段工程任务分为截污控污工程、岸线及生态修复工程、河道清淤清障措施。① 截污控污工程包括黄塘村至龙头村河段周边 21 个村庄;② 黄塘村至龙头村岸线及生态修复工程;③ 黄塘村至龙头村河道清淤清障工程。其中市政截污工程部分由建设单位另行委托设计。

工程总投资 9 953.03 万元,其中建筑工程 7 718.93 万元,机电设备及安装工程 0 万元,金属结构设备及安装工程 0 万元,临时工程 494.76 万元,独立费用 1 052.45 万元,基本预备费 463.31 万元,征地移民补偿 92.05 万元,水土保持工程 80.05 万元,环境保护工程 51.48 万元。

8.5 工程规模

8.5.1 设计水平年

桂林市临桂区桃花江黄塘村至龙头村段(塔山段)生态修复工程现状水平年采用 2020 年。为了使本工程建设与涉及的国民经济有关部门发展规划相适应,并结合《桂林漓江流域山水林田湖草沙一体化保护和修复工程实施方案》《广西桂林市桃花江五仙闸以上防洪治理规划报告》《桂林市临桂区桃花江黄塘村至龙头村段生态修复工程可行性研究报告》等有关规划实施年限要求,本项目设计水平年采用 2025 年。

8.5.2 防洪治理标准

根据《防洪标准》(GB 50201—2014)、广西壮族自治区桂林市水利局文件《关于广西桂林市桃花江五仙闸以上防洪治理规划报告的批复》(市水监督〔2021〕14 号)意见,以及桂林市城市水利综合规划报告,考虑到黄塘村至龙头村以上河段规划为乐和工业园建设范围,规划其防洪能力达到 20 年一遇洪水标准。

工程涉及河段主要建筑物级别为 4 级,次要建筑物及临时建筑物均为 5 级,相应的防洪堤、排涝涵等防洪排涝建筑物级别均为 4 级,排涝设计标准采用 20 年一遇最大 24 h 暴雨洪水自排。

根据现场勘查,项目区地势较为平坦,均在 20 年一遇洪水淹没范围内,未达到兴建防洪堤的闭合条件,故不设防洪堤,仅进行岸脚防护,防止岸坡受水流冲刷而继续崩塌,造成水土流失。遵循"以自然为主,人工为辅"生态修复标准,桃花江实施河段左右岸原有岸坡植被保存较好,本次设计仅对治理河段不稳定岸坡先修坡后再进行防护,已稳定岸坡尽量保留原有植被。

8.6 水面线计算

8.6.1 计算公式

天然河道的过水断面一般极不规则,河床糙率和坡降沿流程均有变化,因此,天然河道水面线计算通常采用水位沿流程变化的圣维南能量平衡基本微分方程进行。公式如下:

$$-\frac{\mathrm{d}Z}{\mathrm{d}s} = (a + \zeta)\frac{\mathrm{d}}{\mathrm{d}s}\left(\frac{V^2}{2g}\right) + \frac{Q^2}{\overline{K}^2}$$

本次计算根据河道横断面和糙率,把计算范围内的河段划分为若干个计算流段,同时把微分方程改写成差分方程,即认为在有限长的计算河段内,水流要素的变化呈线性,差分方程如下:

$$-\Delta Z = (a + \zeta)\frac{Q^2}{2g}\Delta\left(\frac{1}{A^2}\right) + \frac{Q^2}{\overline{k}^2}\Delta S$$

式中: $-\Delta Z = Z_u - Z_d$

$$\Delta\left(\frac{1}{A^2}\right) = \frac{1}{A_d^2} - \frac{1}{A_u^2} \quad \frac{1}{\overline{K}^2} = \frac{1}{2}\left(\frac{1}{K_u^2} + \frac{1}{K_d^2}\right)$$

把方程同一断面的水力要素列在等式的同一端,得到水位计算公式:

$$Z_u + (a + \zeta)\frac{Q^2}{2gA_u^2} - \frac{\Delta SQ^2}{2K_u^2} = Z_d + (a + \zeta)\frac{Q^2}{2gA_d^2} + \frac{\Delta SQ^2}{2K_d^2}$$

式中: Q ——流量, $\mathrm{m^3/s}$;

    ΔS ——流段长度, m;

    Z_u ——流段上游断面水位, m;

    A_u ——流段上游断面过水面积, $\mathrm{m^2}$;

    K_u ——流段上游断面的流量模数;

    Z_d ——流段下游断面水位, m;

    A_d ——流段下游断面过水面积, $\mathrm{m^2}$;

    K_d ——流段下游断面的流量模数;

    g ——重力加速度;

    α ——动能修正系数, $\alpha = 1.0$;

    ζ ——局部水头损失系数。

从下游断面起算,往上游推求河道水面线。

8.6.2　计算采用的水文断面

本次设计根据工程范围,结合桃花江河道的具体特点,在桃花江干流黄塘村至龙头村13.61 km 河段布设 42 个河道横断面,支流麻枫河 1.2 km 河段布设 9 个断面,同时对设计河段干流上 3 座堰坝(兰田坝、养老院坝及大宅堰坝)进行量测,并实测河道纵断面及水面线。

8.6.3 设计标准

根据《广西桂林市桃花江五仙闸以上防洪治理规划报告》及其批复,本次设计河段按20年一遇洪水标准设计,按一级堤标准取河道常水位。

考虑到桃花江为山区性河流,洪水特性是陡涨陡落,冲刷性强。根据保护对象及河岸坍塌情况,本次设计采取护岸形式,护岸工程的等别为4级,护岸为4级建筑物。

8.6.4 糙率值的确定

河段糙率采用本次调查2017年洪水率定,并根据邻近相似流域水文站率定的糙率,结合设计河段河道实际情况分析采用,本次设计现状河道糙率取0.030~0.043,考虑到设计河段工程措施为护岸设计,现状河岸杂草灌木较少,建设后对河床糙率影响不大,故仍采用现状河道糙率0.030~0.043。

8.6.5 设计流量

在本次设计河段内,据现场查勘,各河段无较大支流汇入,各控制断面同频率洪峰流量相差很微小,因此统一使用测量河段下游控制断面计算出的洪峰流量作为各河段设计流量。各河段流量情况详见表8.3。

表8.3 桃花江各河段设计流量情况表　　　　　　　单位:m³/s

设计频率(%)	五仙闸以上	麻枫河
5	897.00	117.90
10	723.00	92.10
20	538.00	42.30
施工期33.3	33.40	7.57

8.6.6 水面线计算及成果

1. 起推断面

本次设计河段末端下游2.7km处有五仙闸,为小(1)型水闸,是一座以灌溉、供水、环保等综合利用为主的水利工程,于1964年动工兴建。

闸坝总长60m,其中闸室段50m,左岸连接段长5m,右岸连接段长5m。闸室段由12孔泄洪闸组成,泄洪闸孔口宽3.4m,坝后为护坦段,连接下游河道。两条引水渠位于右岸,一条用于农田灌溉,另一条用于芦笛岩景区芳莲池及连通水道供水。闸坝坝型为折线形坝,坝顶高程为149.50m,坝顶设混凝土挡水闸门,高3.20m。

设计河段约13.61km内共有3个坝坝,分别为兰田坝、养老院坝和大宅坝坝,3处坝坝均为带闸门控制的实用堰,汛期开闸泄洪,枯水期关闭闸门蓄水。

考虑到漫水桥及堰坝对洪水的影响,本次设计分别以五仙闸、兰田坝、养老院坝及大宅堰坝为起算断面,分段计算各工况水面线。

2. 起推水位

设计河段下游段以五仙闸水文断面为控制断面,根据各设计工况流量,查五仙闸过流能力曲线,即可求得各设计工况水面线的起推水位。

本次设计河段内共有 3 个堰坝,为兰田坝、养老院坝及大宅堰坝,遇堰坝则以该堰坝为控制断面,根据各设计工况流量,查堰坝过流能力曲线,即可求得各设计工况水面线的起推水位,继续向上游推求。

3. 水面线计算

根据以上计算方法和参数,由本次设计的各起推断面,根据各工况设计流量及相应水位向上游推求,即可得出本次设计黄塘村至龙头村河段各工况水面线。

4. 常水位情况

常水位由于水位资料收集很困难,因此根据设计河段现场查勘,以多年平均流量水面线(以调查部分常水位调整)作为常水位水面线;当遇有堰坝时,由于堰坝的壅水影响,常流量水位低时调整为堰坝坝顶高程。各堰坝壅水情况见表 8.4。

表 8.4　各堰坝壅水情况表　　　　　　　　　　　　　单位:m

堰坝名称	桩号	堰顶高程	上河底高程	下河底高程
兰田坝	K6+742	155.97	155.71	154.63
养老院坝	K7+100	154.60	154.53	153.90
大宅堰坝	K8+445	155.14	154.04	153.14

5. 施工期水面线情况

在计算施工期水面线时,由于兰田坝、养老院坝及大宅堰坝的影响,施工期开闸放水,降低施工期河道水位是较好的方案。根据施工设计情况,由于施工期设计洪水流量对施工有一定影响,为了降低施工水位,考虑开闸放水。

由于设计河段工程措施为护岸设计,整治后设计水面线与现状天然情况相同。

各工况水面线计算成果详见表 8.5、表 8.6,图 8.23 至图 8.25。

表 8.5 为《广西桂林市桃花江五仙闸以上防洪治理规划报告》中本次设计河段的规划设计水面线计算成果,系根据调查水面线及实测水面线分析而得;本次设计水面线系以五仙闸为起推断面,根据五仙闸现状泄流曲线确定起推水位,推算而得;本次设计水位较规划水位增加 0.01~0.30 m,考虑到规划阶段设计精度稍低,特别是养老院坝为规划后新建,局部壅高水位,本次设计洪水较规划阶段稍大,因此认为本次水面线计算成果是合理的。

表 8.5　桃花江黄塘村至龙头村河段设计水位计算成果表

单位：85 高程，m

水文断面	桩号	间距(m)	累距(m)	河底高程(m)	本次设计20年一遇洪水位(m)	规划20年一遇洪水位(m)	施工洪水位(m)	常水位(m)	2017年洪痕(m)	备注
CS01	0+000	0	0	160.35	164.72	164.76	161.85	161.44		起点至黄塘桥
CS02	0+426	426	426	159.44	164.25	164.31	161.28	160.85		西干渠渡槽
CS03	0+782	356	782	159.71	163.89	163.83	161.09	160.68	163.3	陂头村漫水桥
CS04	1+160	378	1 160	158.94	163.32	163.21	160.63	160.21		
CS05	1+431	271	1 431	158.94	163.05	162.96	160.23	159.79	162.45	毛家田村
CS06	1+877	446	1 877	158.68	162.65	162.59	159.6	159.26		
CS07	2+188	311	2 188	157.38	162.47	162.39	159.19	158.78		车渡村
CS08	2+676	488	2 676	157.69	162.27	162.22	158.95	158.5		
CS09	2+956	280	2 956	157.9	162.14	162.08	158.81	158.38		
CS10	3+284	328	3 284	157.11	161.74	161.7	158.44	157.99	161.1	莫边二桥
CS11	3+618	334	3 618	157.1	161.5	161.47	158.12	157.7		
CS12	4+050	432	4 050	156.94	161.12	161.03	157.84	157.47	160.47	莫边一桥
CS13	4+580	530	4 580	154.96	160.58	160.53	157.66	157.45		车田村
CS14	5+058	478	5 058	155.7	160.52	160.46	157.56	157.53	159.9	漆塘村漫水桥
CS15	5+710	652	5 710	153.8	160.4	160.44	157.45	157.47		
CS16	6+180	470	6 180	152.28	160.35	160.42	157.36	157.5		漆塘河大桥
CS17	6+560	380	6 560	156.18	160.29	160.41	157.26	157.49		兰田坝
CS18	6+742	182	6 742	155.97	159.45	159.39	157.19	157.46	159.6	兰田村漫水桥
CS19	6+800	58	6 800	154.18	159.34	159.27	156.53	155.56		
CS20	7+100	300	7 100	154.6	159.23	158.95	156.46	155.5		养老院坝
CS21	7+378	278	7 378	153.73	158.93	158.87	155.61	154.89	158.44	

（续表）

水文断面	桩号	间距（m）	累距（m）	河底高程（m）	本次设计20年一遇洪水位（m）	规划20年一遇洪水位（m）	施工洪水位（m）	常水位（m）	2017年洪痕（m）	备注
CS22	7+724	346	7 724	153.73	158.88	158.78	155.04	154.83	158.3	沧头村桥
CS23	8+074	350	8 074	153.58	158.12	158.096	154.84	155.14		
CS24	8+454	380	8 454	153.71	157.96	157.936	154.68	155.14	157.99	大宅堰坝（K4+387）
CS25	8+467	13	8 467	152.71	157.72	157.696	154.68	154.62		大宅堰坝下（K4+400）
CS26	8+794	327	8 794	152.43	157.47	157.446	154.6	154.55		大宅村桥下（K4+727）
CS27	9+054	260	9 054	152.15	157.27	157.246	154.55	154.5		
CS28	9+364	310	9 364	152.31	157.05	157.026	154.48	154.42		铁路桥上（K5+297）
CS29	9+714	350	9 714	152.67	156.76	156.736	154.38	154.33		
CS30	10+074	360	10 074	153.03	156.48	156.456	154.26	154.21		
CS31	10+334	260	10 334	152.95	156.28	156.256	154.2	154.15	156.34	
CS32	10+654	320	10 654	152.86	156.04	156.016	154.12	154.07		加油站旁
CS33	10+904	250	10 904	152	155.85	155.826	154.05	154		
CS34	11+210	306	11 210	152.98	155.61	155.586	153.96	153.91		塘洞（K7+143）
CS35	11+265	55	11 265	153.19	155.57	155.546	153.91	153.85		塘洞下（0+000）
CS36	11+727	462	11 727	152.59	155.35	155.326	153.68	153.63		
CS37	12+063	336	12 063	152.42	155.18	155.156	153.51	153.47		
CS38	12+341	278	12 341	151.97	155.05	155.026	153.37	153.34		
CS39	12+859	518	12 859	152.3	154.8	154.776	153.11	153.09		
CS40	13+288	429	13 288	151.73	154.59	154.566	152.9	152.89		
CS41	13+641	353	13 641	151.06	154.42	154.396	152.72	152.72		
CS42	13+910	269	13 910	150.84	154.4	154.376	152.7	152.7	154.4	五仙闸（2+645）

表 8.6 桃花江支流麻枫河工程河段设计水位计算成果表

单位：85 高程，m

水文断面	桩号	间距 (m)	累距 (m)	河底高程 (m)	本次设计 20 年一遇洪水位 (m)	规划 20 年一遇洪水位 (m)	施工洪水位 (m)	常水位 (m)	2017 年洪痕 (m)	备注
ZS01	P0+000	0	0	158.14	163.04	163.00	159.25	158.37		起点至西干渠渡槽
ZS02	P0+177	177	177	158.04	162.85	162.82	159.13	158.36		
ZS03	P0+434	257	434	157.67	162.52	162.57	158.91	158.33		
ZS04	P0+530	96	530	157.94	162.41	162.40	158.80	158.26		
ZS05	P0+622	92	622	157.80	162.30	162.32	158.72	158.21		G321 箱涵出口上
ZS06	P0+641	19	641	158.07	162.26	162.25	158.69	158.20	161.60	G321 箱涵出口下
ZS07	P0+722	81	722	157.11	162.19	162.15	158.59	158.16		
ZS08	P0+903	181	903	156.60	162.02	161.97	158.44	158.04		
ZS09	P1+227	324	1 227	156.14	161.70	161.71	158.37	157.96	161.07	汇合口

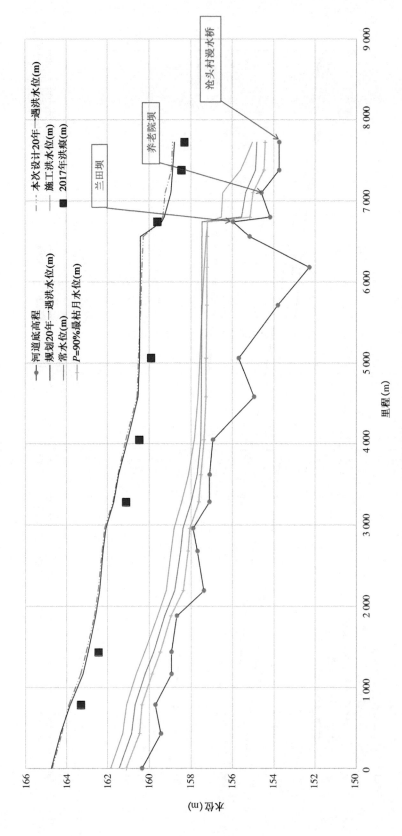

图 8.23 桃花江黄塘村至龙头村工程河段各工况设计水面线 1

图例:
——— 河道底高程
——— 规划20年一遇洪水位(m)
——— 常水位(m)
——— *P*=90%最枯月水位(m)
-·-·- 本次设计20年一遇洪水位(m)
——— 施工洪水位(m)
■ 2017年洪痕(m)

兰田坝
养老院坝
沧头村漫水桥

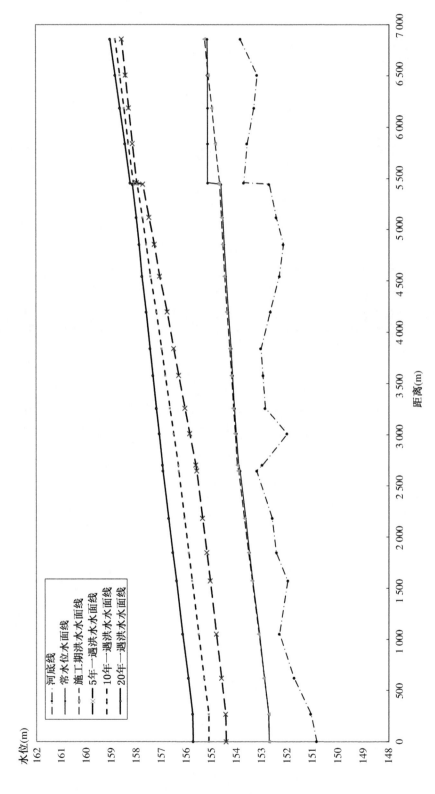

图 8.24 桃花江黄塘村至龙头村工程河段各工况设计水面线 2

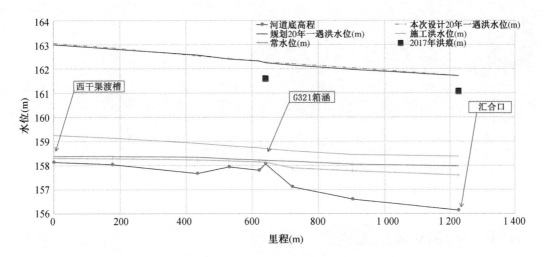

图 8.25　麻枫河工程河段各工况设计水面线

8.7　河湖划界工作

2020 年 9 月,桂林市水利电力勘测设计研究院已完成并提交《桂林市桃花江管理范围划定报告》,对桃花江进行了河湖管理范围划定。本次桃花江涉及河段的划定成果已导入 CAD 平面图。

9 工程设计方案

9.1 岸线修复工程

9.1.1 规划审批意见

《桂林漓江流域山水林田湖草沙一体化保护和修复工程实施方案》将漓江流域划分为上、中、下游3大分区14个生态保护修复单元,设置8大类83个子项目,总投资54.91亿元,实施期限为2022—2024年。

桂林市临桂区桃花江黄塘村至龙头村段(塔山段)生态修复工程属于"漓江上游水源涵养与生物多样性保护修复区·桃花江水生态和矿山生态修复单元·水生态保护修复"中的一个子项目。根据《桂林市临桂区桃花江黄塘村至龙头村段生态修复工程可行性研究报告》,工程按行业类别分为:生态修复工程及环境治理工程、市政截污工程。本次设计主要进行生态修复工程及环境治理工程,市政截污部分由建设单位另行委托设计。

《广西桂林市桃花江五仙闸以上防洪治理规划报告》规划的范围:桃花江干流五仙闸以上至灵川县公平乡联合村委中间江村上游峡谷出口河段及支流金龟河、麻枫河。桃花江干流规划河道全长约37.7 km,支流金龟河规划河道长度约7.2 km,支流麻枫河规划河道长度约3.8 km。分为7个项目,其中近期防洪工程项目4个、远期防洪工程项目3个。

9.1.2 本次整治河段范围选择及整治内容

1. 规划情况

根据《广西桂林市桃花江五仙闸以上防洪治理规划报告》,桃花江干流规划河道全长约37.7 km,支流金龟河规划河道长度约7.2 km,支流麻枫河规划河道长度约3.8 km。在灵川县的公平乡及定江镇、临桂区五通镇及临桂镇受洪水灾害或河流冲刷较为严重的乡镇及村庄分别进行清淤,防洪堤、堰坝改造。根据规划成果,本次设计河段防洪标准拟定为20年一遇。

其中临桂镇涉及临桂区临桂镇近期防洪工程、临桂镇远期防洪工程、金龟河临桂区临桂镇远期防洪工程、麻枫河临桂区临桂镇近期防洪工程,其中临桂区临桂镇近期防洪工程主要内容为防洪堤工程。临桂区桃花江具体规划成果见表9.1。

表 9.1　临桂区桃花江规划成果

序号	项目名称	防洪堤		河道清淤	堰坝改造
		左岸	右岸		
1	临桂区临桂镇近期防洪工程	向东—莲塘长 3.0 km，石家—朝田长 1.2 km，白田—车田长 8.2 km，刘家—塘洞长 4.1 km	向东—潦塘长 13.6 km，刘家—塘洞长 4.1 km	向东—潦塘清淤 4.6 km，白田—车田清淤 8.2 km	向东坝、莲塘坝、朝田坝、白田坝、潦塘坝、兰田坝、大宅堰坝
2	金龟河临桂区临桂镇远期防洪工程	天华村—青美长 2.8 km，廖思寨—培村长 2.9 km，培村—车头长 1.5 km	天华村—青美长 2.8 km，廖思寨—培村长 3.3 km，培村—车头长 0.9 km		
3	麻枫河临桂区临桂镇远期防洪工程	宝塘—门家长 3.8 km	宝塘—门家长 3.8 km		

2. 本次整治内容

工程措施分为护岸措施、植物缓冲带措施、截污控污措施。总治理河长 12.439 km，其中桃花江主河道治理河长 11.192 km，支流治理河长 1.247 km。岸线布置基本沿原河岸走向布置，护岸总长 11.18 km。其中桃花江主河道护岸总长 9.54 km，左岸 5.43 km，右岸 4.11 km；支流护岸总长 1.640 km，左岸 1.260 km，右岸 0.380 km。其中附属建筑物主要有下河码头 19 座、排水涵管 7 座、生态堰坝改造 2 座。建设生态缓冲带 13.61 hm²；21 个村庄新建农村生活污水收集管网，新建处理站点 17 个。

9.1.3　工程上下游河段治理情况

根据调查及资料查询，桃花江临桂区河段 2022 年 7 月有一拟实施项目——"广西临桂区桃花江临桂镇白田至车田河段治理工程"，已报批，项目主要建设内容为：治理河道中心线长 3.005 km，起点为白田村桥头，终点为车田村大桥下游，新建护岸共四段，总长 3.51 km，其中左岸防护总长 1.81 km，右岸防护总长 1.70 km；新建排洪涵洞 8 座，下河码头 7 座。

9.1.4　设计依据

（1）《广西桂林市桃花江五仙闸以上防洪治理规划报告》及《关于广西桂林市桃花江五仙闸以上防洪治理规划报告的批复》（市水监督〔2021〕14 号），工程区防洪标准 20 年一遇，永久性主要建筑物、次要建筑物及临时建筑物均为 4 级。

（2）《桂林漓江流域山水林田湖草沙一体化保护和修复工程实施方案》将漓江流域划分为上、中、下游 3 大分区 14 个生态保护修复单元，设置 8 大类 83 个子项目。

（3）"桂林市临桂区桃花江黄塘村至龙头村段生态修复工程"属于"漓江上游水源涵养与生物多样性保护修复区·桃花江水生态和矿山生态修复单元·水生态保护修复"中的一个子项目。

9.1.5　主要技术标准及文件

（1）《防洪标准》（GB 50201—2014）；

（2）《水利水电工程等级划分及洪水标准》（SL 252—2017）；

（3）《桂林市桃花江岸线保护和开发利用规划》；

（4）《堤防工程设计规范》（GB 50286—2013）；

（5）《桂林市水土保持规划（2017—2030 年）》；

（6）《水利水电工程初步设计报告编制规程》（SL/T 619—2021）；

（7）《水利水电工程合理使用年限及耐久性设计规范》（SL 654—2014）；

（8）《水工混凝土结构设计规范》（SL 191—2008）；

（9）《河道整治设计规范》（GB 50707—2011）；

（10）《堤防工程施工规范》（SL 260—2014）；

（11）《水工挡土墙设计规范》（SL 379—2007）；

（12）《工程建设标准强制性条文（水利工程部分）》（2010 年版）；

（13）《水利水电工程边坡设计规范》（SL 386—2007）；

（14）《生态格网结构技术规程》（CECS 353—2013）；

（15）《治涝标准》（SL 723—2016）；

（16）《自治区水利厅关于印发广西中小河流治理工程初步设计指导意见的通知》（桂水水管〔2018〕37 号）；

（17）《自治区水利厅关于印发广西水利工程格宾网单元工程质量检验与评定办法（试行）的通知》（桂水监督〔2019〕1 号）；

（18）《广西中小河流治理生态技术运用指南》；

（19）《广西壮族自治区发展和改革委员会关于〈桂林漓江路流域山水林田湖草生态保护和修复工程可行性研究报告〉意见的函》（桂发改农经函〔2020〕1664 号）；

（20）《财政部关于下达 2022 年重点生态保护修复治理资金预算（第三批）的通知》（财资环〔2022〕68 号）；

（21）《财政部办公厅　自然资源部办公厅　生态环境部办公厅关于组织申报中央财政支持山水林田湖草沙一体化保护和修复工程项目的通知》（财办资环〔2021〕8 号）；

（22）《关于〈桂林市临桂区桃花江黄塘村至龙头村段生态修复工程可行性研究报告〉的批复》（临发改审字〔2022〕127 号）。

9.1.6　设计基本资料

（1）地基岩土物理力学指标，见表 9.2。

（2）设计特征水位，见表 9.3、表 9.4。

（3）松木桩参数及要求：松木桩尾径为 $\phi120$ mm，所用桩木材质须均匀顺直，不能有过大弯曲，不能有蛀孔、裂纹。

表 9.2　各岩土层物理力学指标建议值

土(岩)层名称	岩土状态	天然重度 γ kN/m³	抗剪强度		压缩性		容许承载力 R kPa	渗透系数 k cm/s	摩擦系数 f	5 m 以内临时开挖边坡 h/L	5 m 以内永久开挖边坡 h/L	允许抗冲流速(按水深3 m 计) m/s
			c kPa	φ °	压缩系数 α_{1-2} MPa⁻¹	压缩模量 E_{s1-2} MPa						
素填土	松散	17.5	20	10	—	—	100	—	0.20	1/1.5	1/2.0	—
淤泥	软塑	17.0	15	5	—	—	60	$(1.2\sim8.5)\times10^{-4}$	0.10	1/2.0	1/2.5	0.35
粉质黏土	可塑	18.6	30	15	0.3	6.0	120~160	$(1.0\sim3.5)\times10^{-5}$	0.30	1/(1.0~1.25)	1/(1.25~1.5)	0.70
中砂	松散至稍密	19.2	2	30	—	—	140~180	$(1.0\sim3.5)\times10^{-2}$	0.40	1/(1.25~1.5)	1/(1.5~2.0)	0.30
圆砾	松散至稍密	19.9	0	35	—	—	160~200	$(2.0\sim4.0)\times10^{-3}$	0.42	1/0.75	1/(1.0~1.5)	1.0
灰岩	强至中风化	22.0	—	—	—	—	800~2 000	—	0.45	1/0.5	1/(0.75~1.1)	2.0

表 9.3　桂林市临桂区桃花江黄塘村至龙头村段(塔山段)生态修复工程干流河段设计水位成果

水文断面	桩号	间距(m)	累距(m)	河底高程(m)	本次设计20年一遇洪水位(m)	规划20年一遇洪水位(m)	施工洪水位(m)	常水位(m)	2017年洪痕(m)	备注
CS01	0+000	0	0	160.35	164.72	164.76	161.85	161.44		起点至黄塘桥
CS02	0+426	426	426	159.44	164.25	164.31	161.28	160.85		西干渠渡槽
CS03	0+782	356	782	159.71	163.89	163.83	161.09	160.68	163.30	陂头村漫水桥
CS04	1+160	378	1 160	158.94	163.32	163.21	160.63	160.21		

（续表）

水文断面	桩号	间距（m）	累距（m）	河底高程（m）	本次设计20年一遇洪水位（m）	规划20年一遇洪水位（m）	施工洪水位（m）	常水位（m）	2017年洪痕（m）	备注
CS05	1+431	271	1 431	158.94	163.05	162.96	160.23	159.79	162.45	毛家田
CS06	1+877	446	1 877	158.68	162.65	162.59	159.60	159.26		
CS07	2+188	311	2 188	157.38	162.47	162.39	159.19	158.78		
CS08	2+676	488	2 676	157.69	162.27	162.22	158.95	158.50		车渡村
CS09	2+956	280	2 956	157.90	162.14	162.08	158.81	158.38		
CS10	3+284	328	3 284	157.11	161.74	161.70	158.44	157.99	161.10	莫边二桥
CS11	3+618	334	3 618	157.10	161.50	161.47	158.12	157.70		
CS12	4+050	432	4 050	156.94	161.12	161.03	157.84	157.47	160.47	莫边一桥
CS13	4+580	530	4 580	154.96	160.58	160.53	157.66	157.45		车田村
CS14	5+058	478	5 058	155.70	160.52	160.46	157.56	157.53	159.90	潦塘村漫水桥
CS15	5+710	652	5 710	153.80	160.40	160.44	157.45	157.47		
CS16	6+180	470	6 180	152.28	160.35	160.42	157.36	157.50		
CS17	6+560	380	6 560	156.18	160.29	160.41	157.26	157.49		潦塘河大桥
CS18	6+742	182	6 742	155.97	159.45	159.39	157.19	157.46	159.60	兰田坝
CS19	6+800	58	6 800	154.18	159.34	159.27	156.53	155.56		兰田村漫水桥
CS20	7+100	300	7 100	154.60	159.23	158.95	156.46	155.50		养老院坝
CS21	7+378	278	7 378	153.73	158.93	158.87	155.61	154.89	158.44	
CS22	7+724	346	7 724	153.73	158.88	158.78	155.04	154.83	158.30	沧头村桥
CS23	8+074	350	8 074	153.58	158.12	158.096	154.84	155.14		

（续表）

水文断面	桩号	间距（m）	累距（m）	洞底高程（m）	本次设计20年一遇洪水位（m）	规划20年一遇洪水位（m）	施工洪水位（m）	常水位（m）	2017年洪痕（m）	备注
CS24	8+454	380	8 454	153.71	157.96	157.936	154.68	155.14	157.99	大宅堰坝（K4+387）
CS25	8+467	13	8 467	152.71	157.72	157.696	154.68	154.62		大宅堰坝下（K4+400）
CS26	8+794	327	8 794	152.43	157.47	157.446	154.60	154.55		大宅村桥下（K4+727）
CS27	9+054	260	9 054	152.15	157.27	157.246	154.55	154.50		
CS28	9+364	310	9 364	152.31	157.05	157.026	154.48	154.42		铁路桥上（K5+297）
CS29	9+714	350	9 714	152.67	156.76	156.736	154.38	154.33		
CS30	10+074	360	10 074	153.03	156.48	156.456	154.26	154.21		
CS31	10+334	260	10 334	152.95	156.28	156.256	154.20	154.15	156.34	
CS32	10+654	320	10 654	152.86	156.04	156.016	154.12	154.07		加油站旁
CS33	10+904	250	10 904	152.00	155.85	155.826	154.05	154.00		
CS34	11+210	306	11 210	152.98	155.61	155.586	153.96	153.91		塘洞（K7+143）
CS35	11+265	55	11 265	153.19	155.57	155.546	153.91	153.85		塘洞下（0+000）
CS36	11+727	462	11 727	152.59	155.35	155.326	153.68	153.63		
CS37	12+063	336	12 063	152.42	155.18	155.156	153.51	153.47		
CS38	12+341	278	12 341	151.97	155.05	155.026	153.37	153.34		
CS39	12+859	518	12 859	152.30	154.80	154.776	153.11	153.09		
CS40	13+288	429	13 288	151.73	154.59	154.566	152.90	152.89		
CS41	13+641	353	13 641	151.06	154.42	154.396	152.72	152.72		
CS42	13+910	269	13 910	150.84	154.40	154.376	152.70	152.70	154.40	五仙闸（2+645）

表9.4 桂林市临桂区桃花江黄塘村至龙头村段（塔山段）生态修复工程支流河段设计水位成果表

水文断面	桩号	间距 (m)	累距 (m)	河底高程 (m)	本次设计 20 年一遇洪水位 (m)	规划 20 年一遇洪水位 (m)	施工洪水位 (m)	常水位 (m)	2017 年洪痕 (m)	备注
ZS01	P0+000	0	0	158.14	163.04	163.00	159.25	158.37		起点至西干渠渡槽
ZS02	P0+177	177	177	158.04	162.85	162.82	159.13	158.36		
ZS03	P0+434	257	434	157.67	162.52	162.57	158.91	158.33		
ZS04	P0+530	96	530	157.94	162.41	162.40	158.80	158.26		
ZS05	P0+622	92	622	157.80	162.30	162.32	158.72	158.21		G321 箱涵出口上
ZS06	P0+641	19	641	158.07	162.26	162.25	158.69	158.20	161.60	G321 箱涵出口下
ZS07	P0+722	81	722	157.11	162.19	162.15	158.59	158.16		
ZS08	P0+903	181	903	156.60	162.02	161.97	158.44	158.04		
ZS09	P1+227	324	1227	156.14	161.70	161.71	158.37	157.96	161.07	汇合口

9.1.7 工程等级和标准

1. 工程等级和设计水位

桂林市临桂区桃花江黄塘村至龙头村段(塔山段)生态修复工程整治河段岸顶为村庄和耕地。根据《防洪标准》(GB 50201—2014)、《水利水电工程等级划分及洪水标准》(SL 252—2017)、《堤防工程设计规范》(GB 50286—2013)、《自治区水利厅关于印发广西中小河流治理工程初步设计指导意见的通知》(桂水水管〔2018〕37 号),以及广西壮族自治区桂林市水利局文件《关于广西桂林市桃花江五仙闸以上防洪治理规划报告的批复》(市水监督〔2021〕14 号),结合《桂林市城市水利综合规划报告》,考虑到桃花江干流黄塘坝至五仙闸段随着桂林市向西发展的防洪需求,防洪标准拟定为 20 年一遇,拟建黄塘水库以上河段沿岸主要为村庄和农田,规划其防洪能力达到 5 年一遇洪水标准。

根据现场勘查,项目区未达到兴建防洪堤的闭合条件,故不设防洪堤,仅进行岸脚防护,防止岸坡受水流冲刷而继续崩塌,造成水土流失。本次设计河段为桃花江黄塘村至龙头村河段,防护措施为护岸,本次护岸结构设计按 20 年一遇洪水标准进行结构稳定计算。工程主要建筑物级别为 4 级,次要建筑物及临时建筑物均为 5 级,相应的防洪堤、排涝涵等防洪排涝建筑物级别均为 4 级,排涝设计标准采用 20 年一遇最大 24 h 暴雨洪水自排。

根据实施方案及可研要求,工程措施遵循"以自然为主,人工为辅"的生态修复标准,桃花江实施河段左右岸原有岸坡植被保存较好,本次设计仅对治理河段不稳定岸坡先进行修坡,再进行防护,已稳定岸坡尽量保留原有植被,在原有植被基础上设计植物缓冲带。

2. 工程合理使用年限及耐久性指标

根据工程等别确定本工程合理使用年限为 30 年,根据《水利水电工程合理使用年限及耐久性设计规范》(SL 654—2014),本工程水工建筑物所处的侵蚀环境类别确定为二类环境,根据配筋混凝土耐久性基本要求,二类环境混凝土最低强度等级为 C25,本工程为素混凝土,可降低强度等级要求,确定混凝土最低强度等级为 C20。主要建筑物及附属建筑物的合理使用年限为 20 年,网笼网垫的合理使用年限同主要建筑的使用年限,耐久性指标测定如下:将 Zn-5%Al 合金镀层钢丝产品放在每 2 dm^3 水中含 0.2 dm^3 SO_2 的环境中进行实验,在 28 个实验周期(1 个周期为 24 h,在试验箱内暴露 8 h,在室内环境大气中暴露 16 h)的不连续试验后,网面样品上产生深棕色红锈的面积不应大于试验面积的 5%。对 Zn-5%Al 合金镀层钢丝产品进行中性盐雾试验,在试验 1 000 h 后,网面样品上产生深棕色红锈的面积应不大于试样面积的 5%。

3. 地震设计烈度

根据史料记载,本地区未见破坏性地震记录,查阅广西及邻近地区断裂构造与强震分布图及中国地震动峰值加速度区划图,该区地震动峰值加速度为 0.05 g,地震动反应谱特征周期为 0.35 s,对应地震基本烈度为Ⅵ度区(参见 GB 18306—2015 图 A.1)。依据《水工建筑物抗震设计规范》(SL 203—1997)总则要求,确定可不对建筑物进行抗震计算,按基本烈度设防即可。

4. 主要设计允许值

（1）土质边坡抗滑稳定安全系数

正常运用条件：$K_c \geqslant 1.10$；

非常运用条件：$K_c \geqslant 1.05$。

（2）土质地基上的护岸墙抗滑稳定安全系数

正常运用条件：$K_c \geqslant 1.15$；

非常运用条件：$K_c \geqslant 1.05$。

（3）土基地基上的护岸墙抗滑稳定安全系数

正常运用条件：$K_c \geqslant 1.20$；

非常运用条件：$K_c \geqslant 1.05$。

（4）岩基上的护岸墙抗滑稳定安全系数

正常运用条件：$K_c \geqslant 1.05$；

非常运用条件：$K_c \geqslant 1.00$。

（5）护岸墙抗倾稳定安全系数

正常运用条件：$K_o \geqslant 1.40$；

非常运用条件：$K_o \geqslant 1.30$。

（6）土基上的护岸墙基底应力条件

任何条件下：$\sigma_{\max} \leqslant [\sigma]$。

松软地基条件下，大小应力比 $\eta \leqslant 1.5$；

中等坚实地基条件下，大小应力比 $\eta \leqslant 2.0$；

坚实地基条件下，大小应力比 $\eta \leqslant 2.5$。

9.1.8　工程选址、选线

1. 选择治理河段

本次治理河段为桃花江黄塘村至龙头村河段（塔山段），属城镇河段上游，人员活动较多，根据《桂林漓江流域山水林田湖草沙一体化保护和修复工程实施方案》，该河段属漓江上游水源涵养与生物多样性保护修复区，生态系统较为脆弱。

2. 治理河段的必要性

经现场勘察，该河段岸坡局部岸脚冲刷严重，现场无任何防护措施。岸坡均为土质岸坡，岸坡土层为粉质黏土，抗冲刷能力差，容易失稳；部分河段堤岸垮塌或被冲刷淘空，防淘防冲能力差。通过对该河段的治理，能够稳固防洪堤，有效地保护岸坡及农田。

治理该河段，对于区域开发具有重要作用。河段位于临桂区乐和工业集中区规划范围内，对河段实施全面的生态修复，有利于促进该区域经济的全面、协调、可持续发展，吸引更多的外来资金。

3. 整治方案的拟定

结合《桂林漓江流域山水林田湖草沙一体化保护和修复工程实施方案》及《桂林市临

桂区桃花江黄塘村至龙头村段生态修复工程可行性研究报告》,拟定本次整治方案是以顺应自然,坚持保护优先、自然修复为主,在保障河道行洪排涝安全的前提下,做好生态保护、生态修复和亲水休憩等安全生态建设,改善河流的生态功能,基本实现"河畅、水清、岸绿、安全、生态"的五大要求。

根据广西壮族自治区桂林市水利局文件《关于广西桂林市桃花江五仙闸以上防洪治理规划报告的批复》(市水监督〔2021〕14号),本次设计河段按20年一遇洪水标准设计,结合现场实际情况,项目左岸、右岸均为洪水淹没区,地势较为平坦,未达到兴建防洪堤的闭合条件,故不设防洪堤,仅进行岸脚防护,防止岸坡受水流冲刷而继续崩塌,造成水土流失。

综合上述条件,本次整治方案拟定将工程治理措施分为岸线生态修复、建设植物缓冲带、截污控污措施。

本次护岸措施在保障行洪安全的前提下,遵循"以自然为主,人工为辅"的生态修复标准,结合桃花江实施河段左右岸原有岸坡植被保存较好的现状,仅对治理河段不稳定岸坡先进行修坡,再进行防护,已稳定岸坡尽量保留原有植被,在原有植被基础上进行植物缓冲带建设。截污控污措施以"控源截污"为目标,对沿河两岸村庄生活污水采用生态处理工艺,科学处理污水,积极推广低成本、低能耗、易维护、高效率的污水处理技术,还水清、村美的宜居环境。

植物缓冲带建设与生态环境治理同步进行,理念为"碧波荡漾,十里桃花",对桃花江沿线的岸坡进行生态化的治理,并补种桃花、夹竹桃、碧桃等多种观花类植物,希望能够重现桂林老八景中的"阳江秋月",为桂林建设世界级旅游城市添砖加瓦。

4. 轴线布置

根据已批复的《广西桂林市桃花江五仙闸以上防洪治理规划报告》,本次治理河段在规划范围内,属于临桂区临桂镇近期防洪工程。

根据已批复的《桂林市临桂区桃花江黄塘村至龙头村段生态修复工程可行性研究报告》,本次治理河段在规划范围内。

本河段治理总体思路:本着全面规划、综合治理的原则,以防洪护岸工程为主,兼顾居民区人与自然和谐,结合工程区现状,使河道两岸防洪、护岸满足泄洪安全要求。为此,在明确堤岸线的走向和进行布置时,首先确定河道过水断面能否满足设计洪水安全承泄要求,根据两岸的地形地貌及沿岸居民房的分布情况,尽量减少占用耕地,轴线布置基本沿现状河岸走向布置。

5. 轴线布置原则

根据《堤防工程设计规范》(GB 50286—2013)、《河道整治设计规范》(GB 50707—2011)岸线布置原则,结合两岸的地形地貌及沿岸居民房的分布情况,遵循减少拆迁征地原则,本工程的岸线主要沿着现状河岸布置,岸线采用直线段、圆弧线段及曲线段相连接,力求平顺。结合现场勘查成果,工程措施分为护岸措施、植物缓冲带建设措施、污水治理措施。

护岸措施轴线布置主要遵循以下原则：

（1）岸线布置结合河段河道走向，岸坡的地形、地质条件和特点以及保护范围，做到力求平顺，避免因防护工程改变水流方向和条件，保证河道的行洪断面和流态顺畅，以免水流再次冲刷、侵蚀。

（2）岸线布置力求少占耕地，少拆迁房屋，并尽可能恢复部分受侵蚀农田的使用功能。

（3）考虑护岸建设与生态环境相适应，以生态理念为基础，尽量降低对河道周边生态环境的干扰或破坏，尽可能保留沿岸野生植物，维持河道的天然状态，避免截弯取直。

（4）在保证工程安全的前提下，尽可能做到结构简单、投资经济。

（5）护岸轴线根据中水治导线的成果，在确保河道最小行洪断面的前提下，综合河道上下游的情况，合理调整轴线布置。

经现阶段复核，项目区左右岸地势较为平坦，均为 20 年一遇洪水淹没范围，未达到兴建防洪堤的闭合条件，故不设防洪堤，仅进行岸脚防护，防止岸坡受水流冲刷而继续崩塌，造成水土流失。遵循"以自然为主，人工为辅"的生态修复标准，结合桃花江实施河段左右岸原有岸坡植被保存较好的现状，本次设计仅对治理河段不稳定岸坡先进行修坡，再进行防护，已稳定岸坡尽量保留原有植被，在原有植被基础上进行植物缓冲带建设。

6. 护岸轴线选择

根据《广西桂林市桃花江五仙闸以上防洪治理规划报告》，治理河段为向东至塘洞河段，规划包括左岸、右岸，本工程建设亦为左岸、右岸，拟建护岸均位于规划范围内，根据有无防护对象、岸坡植被生长情况、河岸的冲刷情况及地质评价情况并结合投资，拟分段选取实施。

本次设计岸线基本沿着现状河岸布置，对无居民聚居段、无耕地段、无重要设施段不进行防护，尽量保留现状岸坡。对现状岸坡水土流失严重地区进行整治，已有堤岸河段结合乡村振兴、生态理念进行绿化软化，根据实地勘踏，结合主管部门意见和当地村委迫切需要治理河段的实际，共选择了 21 段岸线进行岸线整治、水土流失防护，其中 3 段不采取护岸工程措施，仅进行生态缓冲带建设。

（1）黄塘村大桥至西干渠渡槽左岸河段

该河段左岸长为 0.400 km，起于黄塘村大桥，止于青狮潭水库西干渠渡槽上游左岸（桩号为左 0+000～左 0+400），岸顶主要为农田，岸坡均为土质岸坡，岸顶杂草植物较为茂盛，但坡脚淘刷严重，岸坡土体有进一步受侵蚀的倾向，故需对该段进行治理。该河段地势平坦，未能闭合，经技术经济比较，建防洪堤造价较高，且占地较多，故虽本段规划为建防洪堤，洪水标准为 20 年一遇，但为节约投资，减少占地，不设防洪堤，仅进行岸脚防护，防止岸坡受水流冲刷而继续崩塌，造成水土流失。本次左岸选择本段岸线进行护脚，拟在原岸坡脚布置岸轴线，可减少拆迁征地，减少开挖量，节约投资且避免破坏岸坡原有粗茎植被。

（2）毛家田村下河码头至陂头村养殖场左岸河段

该河段左岸长为 0.437 km，起于毛家田村下河码头，止于陂头村养殖场［桩号为左 0+400（上）~左 0+837（下）］。本段岸顶地类主要为农田、耕地，岸坡高 2.5~3.0 m，岸坡坡度 25°~60°，岸坡土层为粉质黏土。现状水深 2.5~3.2 m，水面以上岸坡植被覆盖较好，水面以下土层裸露，岸坡受冲刷严重。该河段地势平坦，不宜建堤防，经技术经济比较，建防洪堤造价较高，且占地较多，本段洪水标准为 20 年一遇。为节约投资，减少占地，不设防洪堤，仅进行岸脚防护，防止岸坡受水流冲刷而继续崩塌造成水土流失；本段岸线进行护脚，在原岸坡脚布置岸轴线，可减少拆迁征地，减少开挖量，节约投资且避免破坏岸坡原有粗茎植被。

（3）车田村至花江村桥至潦塘村左岸河段

该河段左岸长为 0.730 km，起于车田村至花江村桥，止于潦塘村［桩号为左 0+837（下）~左 1+567］，本段岸顶地类主要为农田、耕地，河段较弯曲，岸坡地势较平坦，地形坡度 0~40°。岸坡高 2.0~4.0 m，坡度 10°~45°。部分河岸地段冲刷淘蚀严重，临空面裸露，局部见有坍塌，故需对该段进行治理。该河段起点、终点均未能闭合，从技术经济角度比较，建防洪堤造价较高，且占地较多，故虽本段规划为建防洪堤，洪水标准为 20 年一遇，但为节约投资，减少占地，不设防洪堤，仅进行岸脚防护，防止岸坡受水流冲刷而继续崩塌，造成水土流失。本次左岸选择本段岸线进行护脚，拟在原岸坡脚布置岸轴线，可减少拆迁征地，减少开挖量，节约投资且避免破坏岸坡原有粗茎植被。

（4）兰田村至兰田村交通桥左岸河段

该河段左岸长为 0.610 km，起于兰田村，止于兰田村交通桥［桩号为左 1+567（上）~左 2+177（下）］。本段岸顶地类主要为农田、耕地，岸坡土层为粉质黏土。现状水深 2.5~3.2 m，水面以上岸坡植被覆盖较好，水面以下土层裸露，岸坡受冲刷严重。该河段地势平坦，从技术经济角度比较，建防洪堤造价较高，且占地较多，故虽本段规划为建防洪堤，洪水标准为 20 年一遇，但为节约投资，减少占地，不设防洪堤，仅进行岸脚防护，防止岸坡受水流冲刷而继续崩塌，造成水土流失。本次左岸选择本段岸线进行护脚，拟在原岸坡脚布置岸轴线，可减少拆迁征地，减少开挖量，节约投资且避免破坏岸坡原有粗茎植被。

（5）刘家村桥至沧头村桥左岸河段

该河段左岸长为 0.643 km，起于刘家村桥，止于沧头村桥［桩号为左 2+177（下）~左 2+820］。本段岸顶地类主要为农田、耕地，岸坡土层为粉质黏土。现状水深 2.5~3.2 m，水面以上岸坡植被覆盖较好，水面以下土层裸露，岸坡受冲刷严重。该河段地势平坦，终点未能闭合，从技术经济角度比较，建防洪堤造价较高，且占地较多，故虽本段规划为建防洪堤，洪水标准为 20 年一遇，但为节约投资，减少占地，不设防洪堤，仅进行岸脚防护，防止岸坡受水流冲刷而继续崩塌，造成水土流失。本次左岸选择本段岸线进行护脚，拟在原岸坡脚布置岸轴线，可减少拆迁征地，减少开挖量，节约投资且避免破坏岸坡原有粗茎植被。

（6）沧头村桥至大宅村漫水桥左岸河段

该河段左岸长为 1.115 km,起于沧头村桥,止于大宅村漫水桥[桩号为左 2+820(下)~左 3+934(上)],桩号为左 3+020~左 3+100 为凸岸,左 3+260~左 3+340 为凹岸,其余段为平顺岸。岸顶地类主要为农田、耕地,现状岸坡未做任何防护,地形坡度 0~5°。岸坡高 1.5~3 m,岸坡坡度 50°~75°,岸坡土层为粉质黏土,坡脚局部土层、树根清晰可见,岸坡土体有进一步被侵蚀的倾向。临岸农田地面标高为 156.02~157.27 m,设计水位(P=20%)157.47~158.27 m,设计水位(P=5%)157.98~158.64 m,该河段设计水位(P=20%)高于河岸 1.0~1.45 m。沧头村村址高程为 158.04~160.61 m,地势平坦,村背为沧头村大山,但大山孤立,且高程低于设计水位(P=5%),终点亦未进行闭合,本段规划为建防洪堤,洪水标准为 20 年一遇。但从技术经济角度比较,建防洪堤造价较高,且占地较多。为节约投资,减少占地,不设防洪堤,仅建护岸进行防冲,遵循"以自然为主,人工为辅"的生态修复标准,不稳定岸坡先修坡再进行防护,已稳定岸坡尽量保留原有粗径树木,清理杂草后采取植物措施。结合农田、耕地实际分布情况,拟在原岸坡脚布置岸轴线,可减少拆迁征地,减少开挖量,节约投资且避免破坏岸坡原有粗茎植被。

左 3+555 桩号为大宅村拦河坝,坝顶高程 154.85 m,大宅村拦河坝表层混凝土老化,右坝坝体已冲成一缺口,宽 2.0 m,基本丧失拦水功能,本次拟对拦河坝拆除后进行原坝顶重建。

（7）大宅村漫水桥至金龟河支流入口左岸河段

该河段左岸长为 0.572 km,起于大宅村漫水桥,止于金龟河支流入口[左 3+934(下)~左 4+506(上)],岸顶地类主要为农田、耕地,左 4+095~左 4+255 为凹岸,其余段为平顺岸,地形坡度 0~5°。岸坡高 1.5~3.0 m,岸坡坡度 55°~75°,岸坡土层为粉质黏土。现状水深 2.5~3.2 m,临岸农田地面标高为 155.89~155.97 m,设计水位(P=5%)157.77~157.98 m。岸顶大部分为农田,刀陂村址高程为 156.00~176.00 m,地势平坦,村庄后背为刀陂村大山,刀陂村高程低于设计水位(P=5%)。本段规划为建防洪堤,洪水标准为 20 年一遇,但从技术经济角度比较,建防洪堤造价较高,且占地较多。为节约投资,减少占地,不设防洪堤,仅建护岸进行防冲,遵循"以自然为主,人工为辅"的生态修复标准,不稳定岸坡先修坡再进行防护,已稳定岸坡尽量保留原有粗径树木,清理杂草后采取植物措施。为有效地保护农田,本次左岸选择本段岸线进行护脚,拟在原岸坡脚布置岸轴线,可减少拆迁征地,减少开挖量,节约投资且避免破坏岸坡原有粗茎植被。

（8）金龟河支流入口至硚头支流入口左岸河段

该河段左岸长为 0.421 km,起于金龟河支流入口,止于硚头支流入口[桩号为左 4+506(下)~左 4+927(上)],本段岸顶主要为农田、耕地、龙头村村址,岸坡土层为粉质黏土,地形坡度 0~5°,岸坡高 1.5~3 m,岸坡坡度 50°~75°。该河段桩号左 4+472~左 4+512、左 4+822~左 4+872(上)为支流入河口凸岸,其余段为平顺岸,该河段处于汇河口,汛期受桃花江回水影响,粉质黏土长期浸泡于水中,河岸下部冲刷淘蚀严重,临空面裸露,局部见有坍塌,河口淤积,河道受阻。临岸农田地面标高为 154.89~154.97 m,设计水位(P=

5%)157.62~157.77 m,该段为金龟河支流入口,龙头村村址高程为156.89~161.26 m,地势平坦,金龟河穿村而过,龙头村属常淹村庄。本段规划为建防洪堤,洪水标准为20年一遇,但起点、终点均未能闭合,从技术经济角度比较,建防洪堤造价较高,且占地较多。为节约投资,减少占地,不设防洪堤,仅建护岸进行防冲,遵循"以自然为主,人工为辅"的生态修复标准,不稳定岸坡先修坡再进行防护,已稳定岸坡尽量保留原有粗径树木,清理杂草后采取植物措施。为有效地保护农田,本次左岸选择本段岸线进行护脚,拟在原岸坡脚布置岸轴线,可减少拆迁征地,减少开挖量,节约投资且避免破坏岸坡原有粗茎植被。

(9) 硚头支流入口至道观桥上游左岸河段

该河段左岸长为0.389 km,起于硚头支流入口,止于道观桥上游。该河段前段为凹岸,后段为平顺岸,岸坡土层为粉质黏土,地形坡度0~15°,岸坡高2.5~3.0 m,岸坡坡度75°~90°,临岸农田地面标高为154.80~154.90 m,设计水位(P=5%)157.66~157.52 m,该河段设计水位(P=5%)高于河岸2.45~2.15 m。本段岸顶地类主要为农田、耕地及硚头村村址,村址高程为156.89~161.26 m。该河段原有岸坡植被保存较好,前段河岸岸顶已有路堤路基防护,后段河岸岸坡已有西二环大桥、道观桥护坡,岸顶植被较好,结构单一。本次设计不采取护岸工程措施,仅对岸坡采取点缀等绿化措施。

(10) 道观桥下游至西二环农庄左岸河段

该河段左岸长为0.090 km,起于道观桥下游,止于西二环农庄[桩号为左4+927(下)~左5+017(上)],该河段为平顺岸,该河段临岸一级阶地地面标高为155.77~156.95 m,岸顶为西二环道路,路面高程160.02 m,设计水位(P=5%)157.42~157.37 m,高于河岸一级阶地1.65~0.42 m,该段已满足防洪要求。现有河岸较窄,西二环路原护坡植被较好,故不设防洪堤,仅建护岸进行防冲。该段处于平顺岸,岸坡土层为粉质黏土,地形坡度0~15°,岸坡高2.5~3.0 m,岸坡坡度30°~60°。该段上游为原道观桥桥墩及护坡,下游为西二环农庄,农庄局部已侵占河道,农庄基础为埋石混凝土。鉴于上下游均已有护岸,本段夹在其中,水流流态复杂,造成岸坡水土流失严重,岸顶为西二环路,有必要对该河段进行闭合,使挡墙连续。

(11) 西二环农庄至加油站左岸河段

该河段左岸长为0.285 km,起于西二环农庄,止于西二环加油站,既在河道规划范围,又属山水林田规划范围。本段左岸已建有挡墙,水土流失较少,岸顶为西二环农庄、私人住宅,西二环农庄及私人住宅已建挡墙基础,本次不采取工程措施。

(12) 西二环加油站至龙头村下游800 m左岸河段

该河段左岸长为0.412 km,起于西二环加油站,止于龙头村下游800 m[桩号为左5+017(下)~左5+429],该河段前段左5+018(下)~左5+258为平顺岸,后段左5+258~左5+429为凹岸段,该河段临岸地面标高为155.59~156.95 m,设计水位(P=5%)157.10~157.23 m,该河段设计水位(P=5%)高于河岸0.28~1.51 m,岸坡土层为粉质黏土,岸上为农田和建筑区,地形坡度0~5°。岸坡高1.5~3 m,岸坡坡度50°~75°。下部冲刷淘蚀,水土流失严重,损毁农田。本段规划为建防洪堤,洪水标准为20年一遇,但从技术经济角度比较,建防洪堤造价较高,且占地较多,为节约投资,减少占地,不设防洪堤,仅建护岸进行防冲。桃花江治理河段左右岸原有岸坡植被保存较好,遵循"以自然为主,人工为辅"的生态修复标准,不稳定岸坡先修坡再进行防护,已稳定岸坡尽量在已有护坡植被的基础上增种、补种乔木、灌木等植物。结合农田、耕地实际分布情况,本次左岸选择该岸线进行治理,拟在原岸坡脚布置岸轴线,可减少拆迁征地,减少开挖量,节约投资且避免破坏岸坡原有粗茎植被。

（13）车田村至花江村桥至潦塘村右岸河段

该河段右岸长为 0.460 km,起于车田村至花江村桥,止于潦塘村(桩号为右 0+000～右 0+460)。该河段前段为凹岸,岸顶地类主要为农田、耕地,岸坡土层为粉质黏土,地形坡度 0～15°,岸坡高 1.5～3.0 m,岸坡坡度 30°～65°,岸坡土体有进一步受侵蚀的倾向,故需对该段进行治理。该河段地势平坦,终点未能闭合,本段规划为建防洪堤,洪水标准为 20 年一遇,但从技术经济角度比较,建防洪堤造价较高,且占地较多。为节约投资,减少占地,不设防洪堤,仅进行岸脚防护,防止岸坡受水流冲刷而继续崩塌,造成水土流失。本次左岸选择本段岸线进行护脚,拟在原岸坡脚布置岸轴线,可减少拆迁征地,减少开挖量,节约投资且避免破坏岸坡原有粗茎植被。

（14）兰田村至兰田村交通桥右岸河段

该河段右岸长为 0.535 km,起于兰田村,止于兰田村交通桥[桩号为右 0+460(下)～右 0+995],本段岸顶地类主要为农田、耕地,岸坡土层为粉质黏土。现状水深 2.5～3.2 m,水面以上岸坡植被覆盖较好,水面以下土层裸露,岸坡受冲刷严重。该河段地势平坦,终点未能闭合,本段规划为建防洪堤,洪水标准为 20 年一遇,但从技术经济角度比较,建防洪堤造价较高,且占地较多。为节约投资,减少占地,不设防洪堤,仅进行岸脚防护,防止岸坡受水流冲刷而继续崩塌,造成水土流失。本次左岸选择本段岸线进行护脚,拟在原岸坡脚布置岸轴线,可减少拆迁征地,减少开挖量,节约投资且避免破坏岸坡原有粗茎植被。

（15）刘家村桥至沧头村桥右岸河段

该河段右岸长为 0.604 km,起于刘家村桥,止于沧头村桥[桩号为右 0+995(下)～右 1+599]。本段岸顶地类主要为农田、耕地,岸坡土层为粉质黏土。现状水深 2.5～3.2 m,水面以上岸坡植被覆盖较好,水面以下土层裸露,岸坡受冲刷严重。该河段地势平坦,终点未能闭合,本段规划为建防洪堤,洪水标准为 20 年一遇,但从技术经济角度比较,建防洪堤造价较高,且占地较多。为节约投资,减少占地,不设防洪堤,仅进行岸脚防护,防止岸坡受水流冲刷而继续崩塌,造成水土流失。本次左岸选择本段岸线进行护脚,拟在原岸坡脚布置岸轴线,可减少拆迁征地,减少开挖量,节约投资且避免破坏岸坡原有粗茎植被。

（16）沧头村桥至大宅村漫水桥右岸河段

该河段右岸长为 1.190 km,起于沧头村桥,止于大宅村漫水桥[桩号为右 1+599(下)～右 2+779(上)],桩号右 1+799～右 1+879、右 2+039～右 2+119 为凹岸,其余各段为平顺岸,本河段右岸保护对象主要为农田、村庄。已建防洪堤地面标高为 158.02～158.77 m,设计水位($P=5\%$)157.98~158.64 m。河段弯曲,地形坡度 0~5°。岸坡高 2.5~4.5 m,岸坡坡度 50°~75°。河岸下部冲刷淘蚀严重,局部见有坍塌,岸坡土层为粉质黏土,岸坡稳定性较差,局部土层、树根清晰可见,岸脚土体有进一步受侵蚀的倾向。经比较,堤顶高程已在 20 年一遇洪水位高程以上,且原有堤岸植被较好,故本次设计仅对堤脚进行抗冲防护,岸坡尽量保留,在已有护坡植被的基础上增种、补种乔木、灌木等。

右 2+389 桩号处为大宅村拦河坝,坝顶高程 154.85 m,大宅村拦河坝表层混凝土老化,右坝坝身已冲成一缺口,宽 2.0 m,基本丧失拦水功能,本次拟对拦河坝拆除后进行原坝顶重建。

（17）大宅村漫水桥至道观村排洪闸右岸河段

该河段右岸长为 0.683 km,起于大宅村漫水桥,止于道观村排洪闸[桩号为右 2+779（下）~右 3+462（上）],岸上为农田,桩号右 2+789（下）~右 3+149 为凸岸,右 3+069~右 3+189、右 3+309~右 3+349 为凹岸,其余为平顺岸。已建防洪堤地面标高为 156.12~156.57 m,相应的 5 年一遇设计洪水位 157.34~157.04 m,设计水位（$P=5\%$）157.62~157.98 m。右 2+789（下）~右 3+149 段为凸岸,由于本段位于大宅村漫水桥下游,汛期流速较大（3.6 m/s）,岸坡为粉质黏土层,抗冲刷能力弱,加之本次对凹岸已采用"格宾网石笼+生态混凝土护坡"等工程措施防护,洪水来临时势必对该岸形成反冲刷。为防止水流继续冲刷土堤岸脚,提高土堤的耐久性及安全性,并且达到连续整治的生态效果,本次亦对该段堤脚进行防护。其余段地形坡度 0~5°,岸坡高 2.5~4.5 m,岸坡坡度 50°~75°,其余段右岸已建土堤坡脚受侵蚀严重,岸顶植被较茂密,该河段淤积已严重影响右岸岸坡安全。该河段后半段为金龟河支流汇入口,对桃花江右岸形成直冲,致使桃花江右岸防洪堤堤脚被冲成局部凹岸。经复核,堤顶高程已在 20 年一遇洪水位高程以上,且原有堤岸植被较好,故本次设计仅对堤脚进行抗冲防护,岸坡尽量保留,在已有护坡植被的基础上增种、补种乔木、灌木等。拟在原岸坡脚布置岸轴线,可减少拆迁征地,减少开挖量,节约投资且避免破坏岸坡原有粗茎植被。实施该河段工程,既能保障老堤运行安全,又能提高河道行洪、纳洪能力。

（18）道观村排洪闸至道观桥右岸河段

该河段右岸长为 0.556 km,起于道观村排洪闸,止于道观桥,该河段前段 100 m 为平顺岸,中部 60 m 为凸岸,后段为平顺岸。右岸岸顶主要为耕地、道观村村址,已建防洪堤地面标高为 157.77~158.34 m,农田地面标高为 154.80~156.90 m,设计水位（$P=5\%$）157.66~157.52 m。右岸已建防洪堤堤顶高程已在 20 年一遇洪水位高程以上,土堤迎水面坡脚已建挡墙护脚,挡墙呈二层阶梯分布,挡墙表面完好,未发现开裂、老化现象,西二环桥至道观桥已有硬化护坡。护岸挡墙及护坡结构单一,白化现象严重。设计结合乡村振兴战略规划,以及建设幸福美丽河湖构想,采取绿化及增加小型建筑物措施。

（19）道观桥至龙头村右岸河段

该河段右岸长为 0.638 km,起于道观桥,止于龙头村下游 800 m,全段桩号右 3+462（下）~右 4+100 为平顺岸,中段为凸岸,长 0.360 km。该河段已建防洪堤地面标高为

157.90~158.38 m,临岸地面标高为 155.98~156.31 m,设计水位（$P = 5\%$）157.10~157.23 m,河段弯曲,岸上为农田、耕地,局部为旱地,地形坡度 0~5°。岸坡高 2.5~4.5 m,岸坡坡度 50°~75°。前段水较深,水深为 2.1~2.8 m,土堤长期受水流侵蚀,堤脚冲刷淘蚀严重,局部见有坍塌,中段弯曲段为淤积岸,淤积已高出水面 0.3~0.5 cm。前段水土流失较大,中段淤泥较厚,河道中水草茂密;尾段岸坡土层为粉质黏土,局部土层、树根清晰可见,岸坡土体有进一步被河水侵蚀的倾向。为节省工作投资,本次变更仅对前段的凹岸及尾段平顺岸进行护脚防冲设计。经复核,已建堤顶高程已在 20 年一遇洪水位高程以上,且原有岸坡植被较好,故本次设计仅对堤脚进行抗冲防护,岸坡尽量保留,在已有护坡植被的基础上增种、补种乔木、灌木等。故本次拟选择本段岸线进行护脚,拟在原土堤坡脚布置岸轴线。

（20）支流麻枫河左岸河段

该河段左岸长为 1.260 km,起于五拱桥渡槽,止于与桃花江汇合口处上游桥墩（桩号为麻左 0+000~麻左 1+262）,本段岸顶主要为居住区以及养殖场园区,岸坡土层为粉质黏土。现状水深 2.5~3.2 m,水面以上岸坡植被覆盖较好,水面以下土层裸露,岸坡受冲刷严重。该河段地势平坦,终点未能闭合,本段规划为建防洪堤,洪水标准为 20 年一遇,但从技术经济角度比较,建防洪堤造价较高,且占地较多。为节约投资,减少占地,不设防洪堤,仅进行岸脚防护,防止岸坡受水流冲刷而继续崩塌,造成水土流失。本次左岸选择本段岸线进行护脚,拟在原岸坡脚布置岸轴线,可减少拆迁征地,减少开挖量,节约投资且避免破坏岸坡原有粗茎植被。

（21）支流麻枫河右岸河段

该河段右岸长为 0.380 km,起于门家桥,止于已建护岸挡墙（桩号为麻右 0+000~麻右 0+380）,本段岸顶地类主要为耕地,岸坡土层为粉质黏土。现状水深 2.5~3.2 m,水面以上岸坡植被覆盖较好,水面以下土层裸露,岸坡受冲刷严重。该河段地势平坦,终点未能闭合,本段规划为建防洪堤,洪水标准为 20 年一遇,但从技术经济角度比较,建防洪堤造价较高,且占地较多。为节约投资,减少占地,不设防洪堤,仅进行岸脚防护,防止岸坡受水流冲刷而继续崩塌,造成水土流失。本次左岸选择本段岸线进行护脚,拟在原岸坡脚布置岸轴线,可减少拆迁征地,减少开挖量,节约投资且避免破坏岸坡原有粗茎植被。

9.1.9 主要建筑物形式

1. 原可研的护岸形式

《桂林市临桂区桃花江黄塘村至龙头村段生态修复工程可行性研究报告》中确定护岸形式为松木桩护脚+网垫/叠石护坡+植物措施护坡。护岸结构形式 1（可研断面）如图 9.1 所示,护岸结构形式 2（可研断面）如图 9.2 所示。

前期可研设计断面有利于抵抗洪水冲刷,不损毁岸坡植被,同时对河岸的开挖量较小,施工难度较小,故本次设计采用原规划断面进行护岸。

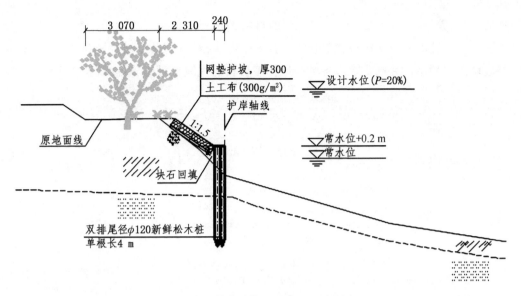

图 9.1 护岸结构形式 1（可研断面）

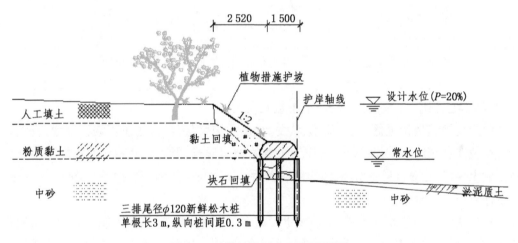

图 9.2 护岸结构形式 2（可研断面）

2. 护岸比选原则

护岸除需满足防洪要求外,还应满足河岸生态建设要求。护岸布置和护岸结构应体现生态性,护岸设计应与环境协调,因此堤线布置和堤型结构应体现原生态性。总体设计展示环境适应性,治理目标立足建设可达性,结构措施满足景观生态性,工程规模符合经济合理性,同时护岸应满足防洪、岸坡治理和环境综合整治建设的需要。

护岸形式应按照因地制宜、就地取材的原则,根据河段所在的地理位置、河段重要程度、地质、材料、水流及风浪特性、施工条件、运用和管理要求、环境景观、工程造价等因素,经过技术经济比较,综合确定。

3. 护岸挡墙材料选择

目前河道护岸常用的护岸挡墙材料有尾径 $\phi 120$ mm 新鲜松木桩、埋石混凝土、生态砌块挡墙、固宾笼(格宾网石笼)等。护岸挡墙材料的选择还要结合本次河道整治河段的实际情况。本次整治河段河床坡度较陡,洪水暴涨暴落,对岸脚及岸坡冲刷影响较大,护岸的基础埋深要满足抗冲刷要求。各种护岸挡墙材料的优缺点对比、造价如表9.5所示。

表9.5　护岸挡墙材料对比

序号	挡墙材料	优点	造价	缺点
1	生态砌块挡墙	柔性化、生态化,安全可靠,经济性好,生态环保	1 725 元/m³	本地厂家少,运输较远,投资大
2	固宾笼挡墙	施工简单、快捷、环保,地基适应性好,浅水施工不需要围堰,有利于生态环境保护,两栖生物的水陆迁徙活动,运行期有利于植被修复	335 元/m³	抗冲能力稍差,网笼被破坏后,铁丝毛刺易扎伤人
3	尾径 φ120 mm 新鲜松木桩	施工简单、快捷、环保,地基适应性好,浅水施工不需要围堰,有利于生态环境保护,两栖生物的水陆迁徙活动,运行期有利于植被修复	2 616 元/m³	抗冲能力一般,松木桩露出水面会受到腐蚀
4	叠石护脚挡墙	抗水流冲刷力较强,较适合于流速大的河道,耐久性好,利于生态建设和恢复	3 676 元/m³	施工工艺复杂,叠石安装复杂

　　通过技术及经济性综合分析,生态砌块挡墙柔性化、生态化,安全可靠,经济性好,有利于生态环境保护,融合环境性能好,应作为主要的护岸形式,但耐久性和抗冲刷能力不如埋石混凝土挡墙,本地厂家少,运输较远,投资大。

　　固宾笼挡墙造价最低,施工简单、快捷,地基适应性好,浅水施工不需要围堰,有利于生态环境保护,融合环境性能好,应作为主要的护岸形式,但耐久性和抗冲刷能力不如埋石混凝土挡墙,且对材料要求高,镀锌层磨损后易锈蚀,扎丝、网笼破损后易伤人,不安全,亲水性较差。

　　尾径 φ120 mm 新鲜松木桩,仅适用于岸坡土层较厚的地方,施工方便、快捷,经济效益明显,能避免大量土方开挖。缺点是需要附近种植松木林,且不能大面积砍伐,造成环境影响。

　　叠石护脚挡墙具有较强的抗冲刷能力和抵御风浪袭击的能力。其具有良好的生态功能,叠好的石头之间会留很多孔隙,草等植物容易从缝隙中长出来,再加上水的自由流动,有利于藻类植物的生长和鱼虾的繁衍,从而形成简单的生态网,实现水体的净化,有利于生态建设和生态恢复。叠石施工采用机械施工,操作简单,施工速度快,节约人力投入,但叠石对施工的工艺要求较高,叠石的吊装需要修建临时道路,造价较高。

　　由于本次设计岸坡主要为土层,且建设临时施工道路困难,围堰施工工程量较大,故结合现场实际地形、地质情况、施工条件,本次主要选择松木桩护脚形式。

4. 岸坡防护措施比选

　　护坡结构形式应安全实用、便于施工和维护,临水侧护坡形式应根据风浪、近岸水流情况,结合护岸级别、护岸高度、护岸基础地质等因素确定。工程上常用的护坡有草皮护坡、干砌石护坡、格宾网垫护坡等形式。根据《堤防工程设计规范》(GB 50286—2013),对临水侧 4 级以下风浪和流速 2 m/s 以下的水流冲刷,可用造价较低的草皮护坡,对抗风浪和流速标准要求较高的护坡可采用干砌石、格宾网垫形式。各类护坡优缺点、造价对比如表 9.6 所示。

表 9.6 护坡形式对比

序号	护坡形式	优点	缺点	造价
1	干砌石护坡	能适应沉降变形,施工简单,容易维护,适用于水流流速不大、石料丰富地区	抗水流冲刷能力较弱,整体性较差,需经常维修,不能满足生态护坡要求	约 180 元/m³
2	草皮护坡	造价低,施工简单,容易维护,满足生态护坡要求,适用于土堤	抗水流冲刷能力弱,水流流速较大时易被冲刷走	10 元/m³ 左右
3	格宾网垫护坡	能适应沉降变形,施工简单,抗水流冲刷能力较强,满足生态护坡要求	网垫铁丝有一定抗锈蚀年限,受破坏后维修不方便	160 元/m³

从生态、施工难易程度、造价、适应水流条件等各方面考虑,护坡形式应优先考虑使用草皮护坡形式,但草皮护坡抗水流冲刷能力弱,允许抗冲刷流速不应大于 2 m/s。根据现场勘查,桃花江岸坡土层多为粉质土层,原土回填后经一年植被方可自然恢复。本次护坡设计原则:对扰动岸坡尽量防护,对未扰动岸坡尽量保留原有护坡。为确保岸坡稳定,对基础沉降可能较大的松木桩护脚河段采用格宾网垫护坡。

9.1.10 工程总体布置

经现阶段复核,根据《堤防工程设计规范》(GB 50286—2013)岸线布置原则,结合两岸的地形地貌及沿岸居民房的分布情况,遵循减少拆迁征地原则,本工程的岸线主要沿着现状河岸布置,岸线采用直线段、圆弧线段及曲线段相连接,力求平顺。

本次设计轴线基本沿着岸线布置,河段治理范围为黄塘村至沧头村河段,总治理河长 12.439 km,其中桃花江主河道治理河长 11.192 km,支流治理河长 1.247 km,岸线布置基本沿原河岸走向布置,护岸总长 11.18 km。其中桃花江主河道护岸总长 9.54 km,左岸 5.43 km,右岸 4.11 km;支流护岸总长 1.640 km,左岸 1.260 km,右岸 0.380 km。其中附属建筑物主要有下河码头 19 座、排水涵管 7 座、生态堰坝改造 2 座。建设生态缓冲带 13.61 hm²;21 个村庄新建农村生活污水收集管网,新建处理站点 17 个。

1. 护岸工程措施

根据实际地形,护岸轴线大多布置于河岸陡坎线位置,即在岸坡坡脚易受水流冲刷处设置松木桩护脚,提高岸坡的抗冲能力,局部不稳定岸坡在修整后铺设网垫护坡。

本次设计的护岸总长 11.18 km,各分段工程布置如下:

(1)桃花江黄塘村至龙头村河段(塔山段)

护岸详细情况见表 9.7。

工程建设内容分为岸线生态修复工程、农村污水处理工程。

（2）支流麻枫河五拱桥至桃花江汇合口河段

支流麻枫河五拱桥至桃花江汇合口河段，护岸总长 1.640 km，左岸 1.260 km，右岸 0.380 km。护岸详细情况见表9.7。

表9.7　护岸基本情况表

河道	工程措施	名称	起点	终点	长度（km）
桃花江	护岸措施	左岸	黄塘村大桥	西干渠渡槽	0.400
			毛家田村下河码头	陂头村养殖场附近	0.437
			车田村至花江村桥	潦塘村	0.730
			兰田村	兰田村交通桥	0.610
			刘家村桥	沧头村桥	0.643
			沧头村桥	大宅村漫水桥	1.115
			大宅村漫水桥	金龟河支流入口	0.572
			金龟河支流入口	硚头支流入口	0.421
			道观桥下游	西二环农庄	0.090
			西二环加油站	龙头村	0.412
		小计			5.43
桃花江	护岸措施	右岸	车田村至花江村桥	潦塘村	0.460
			兰田村	兰田村交通桥	0.535
			刘家村桥	沧头村桥	0.604
			沧头村桥	大宅村漫水桥	1.190
			大宅村漫水桥	道观村排洪闸	0.683
			道观桥	龙头村	0.638
		小计			4.11
麻枫河	护岸措施	左岸	五拱桥	汇合口	1.260
		右岸	门家桥	已建护岸挡墙	0.380
		合计			11.18

2. 附属工程

附属建筑物包含下河码头19座，过水涵洞7处。

9.1.11　护岸措施工程设计

1. 防护原则及范围

本次设计治理范围为桃花江主河道、桃花江支流麻枫河河段，其中桃花江黄塘村至龙头村河段，设计护岸总长11.18 km；支流麻枫河五拱桥至桃花江汇合口河段，设计护岸长1.640 km。

（1）防护原则

建设项目沿岸村庄有黄塘村、毛家田村、陂头村、花江村、潦塘村、兰田村、刘家村、沧头村、龙头村等，保护范围为上述村庄和农田、耕地以及岸坡。

（2）挡墙顶高程、网垫顶高程的确定

通过以上分析，并结合《自治区水利厅关于印发广西中小河流治理工程初步设计指导意见的通知》可知，为使项目实施后看不出明显的工程措施痕迹，松木桩护脚顶高程采用常水位+0.1 m 的方法确定。

护岸的原则根据现场河道河岸的冲刷程度及岸坡的稳定、水流流速等地质情况确定。护坡形式主要遵循"以自然为主，人工为辅"的生态修复标准，桃花江实施河段左右岸原有岸坡植被保存较好，本次设计仅对治理河段不稳定岸坡先修坡再进行防护，已稳定岸坡尽量保留原有植被。

2. 主要建筑物设计

（1）黄塘村大桥至西干渠渡槽左岸河段

该河段左岸长为 0.400 km，起于黄塘村大桥，止于青狮潭水库西干渠渡槽上游左岸（桩号为左 0+000～左 0+400），岸顶主要为农田、耕地，岸坡均为土质岸坡，岸顶杂草植物较为茂盛，但坡脚淘刷严重，岸坡土体有进一步受侵蚀的倾向，故需对该段进行治理。本段规划为建防洪堤，洪水标准为 20 年一遇，但该河段地势平坦，未进行闭合，经技术经济比较，建防洪堤造价较高，且占地较多。为节约投资，减少占地，不设防洪堤，仅进行岸脚防护，防止岸坡受水流冲刷而继续崩塌，造成水土流失。本次左岸选择本段岸线进行护脚，拟在原岸坡脚布置岸轴线，可减少拆迁征地，减少开挖量，节约投资且避免破坏岸坡原有粗茎植被。

本段采用双排松木桩进行岸坡坡脚防护，轴线沿岸坡坡脚布置，松木桩尾径不小于 ϕ120 mm，桩长 3.0 m，松木桩顶高程高出常水位 0.1 m，松木桩背面回填块石齐平桩顶，沿现状坡面布置宾格网垫，网垫规格为 3.0 m×1.0 m×0.3 m，网垫下布置 300 g/m^2 的土工布进行反滤，防止渗漏破坏。在施工时对细径树木、杂木进行清除，对竹林及粗径树木进行保留，若遇较大树木，可适当偏移护岸轴线或断开施工（靠近树木半径 1 m 范围内不进行施工）；对树根扰动较大的树木进行树枝裁剪，避免树木脱水枯萎；为维持原河道的绿色生态环境，在岸顶增种、补种夹竹桃等。双排尾径 ϕ120 mm 松木桩护岸典型断面图 1 如图 9.3 所示。

（2）毛家田村下河码头至陂头村养殖场左岸河段

该河段左岸长为 0.437 km，起于毛家田村下河码头，止于陂头村养殖场［桩号为左 0+400（上）～左 0+837（下）］。本段岸顶地类主要为农田、耕地，岸坡高 2.5～3.0 m，岸坡坡度 25°～60°，岸坡土层为粉质黏土。现状水深 2.5～3.2 m，水面以上岸坡植被覆盖较好，水面以下土层裸露，岸坡受冲刷严重。为防止岸坡崩塌，使农田不受洪水侵蚀，需对该段进行治理。本段规划为建防洪堤，洪水标准为 20 年一遇，但该河段地势平坦，未进行闭合，经技术经济比较，建防洪堤造价较高，且占地较多。为节约投资，减少占地，不设防洪堤，

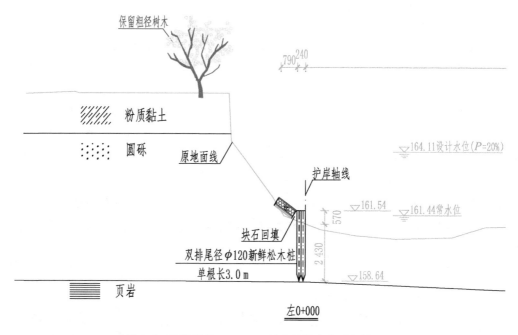

图 9.3　双排尾径 $\phi120$ mm 松木桩护岸典型断面图 1

仅进行岸脚防护,防止岸坡受水流冲刷而继续崩塌,造成水土流失。本次左岸选择本段岸线进行护脚,拟在原岸坡脚布置岸轴线,可减少拆迁征地,减少开挖量,节约投资且避免破坏岸坡原有粗茎植被。

桩号左 0+400(上)~左 0+540 段为河道洪水对冲段,岸坡遭受洪水冲刷较强,现状岸坡坡度为 75°~90°,岸坡高度为 2.5~3.0 m。由于洪水冲刷能力强,岸坡高陡,本段采用 C20 阶梯式混凝土挡墙进行防护,挡墙基础布置在弱风化页岩层,基础厚 1.0 m,挡墙顶高程高出常水位 0.2 m,墙顶宽 0.8 m,采用直立式挡墙。墙背根据现状坡度进行修坡,成 1:2 坡度,并布置阶梯式直立挡墙,挡墙长、宽分别为 1.0 m、0.5 m,挡墙间距 0.5 m。挡墙之间回填土方,并种植草皮。C20 混凝土阶梯式挡墙典型断面图如图 9.4 所示。

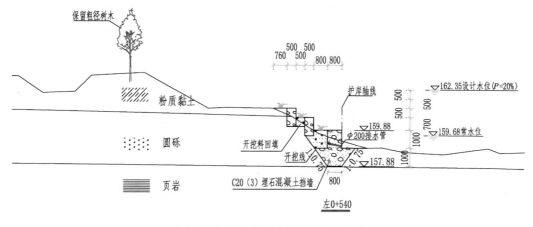

图 9.4　C20 混凝土阶梯式挡墙典型断面图

桩号左 0+540～左 0+837（下）段为河道平顺岸，岸坡坡度为 45°～60°，岸坡高度为 2.5～3.0 m。本段采用双排松木桩进行岸坡坡脚防护，轴线沿岸坡坡脚布置，松木桩尾径不小于 ϕ120 mm，桩长 3.0 m，松木桩顶高程高出常水位 0.1 m，松木桩背面回填块石齐平桩顶，沿现状坡面布置宾格网垫，网垫规格为 3.0 m×1.0 m×0.3 m，网垫下布置 300 g/m² 的土工布进行反滤，防止渗漏破坏。在施工时对细径树木、杂木进行清除，对竹林及粗径树木进行保留，若遇较大树木，可适当偏移护岸轴线或断开施工（靠近树木半径 1 m 范围内不进行施工）；对树根扰动较大的树木进行树枝裁剪，避免树木脱水枯萎；为维持原河道的绿色生态环境，岸顶增种、补种夹竹桃等。

（3）车田村至花江村桥至潦塘村左岸河段

该河段左岸长为 0.730 km，起于车田村至花江村桥，止于潦塘村［桩号为左 0+837（下）～左 1+567］，本段岸顶地类主要为农田、耕地，河段较弯曲，岸坡地势较平坦，地形坡度 0～40°。岸坡高 2.0～4.0 m，坡度 10～45°。部分河岸地段冲刷淘蚀严重，临空面裸露，局部见有坍塌，故需对该段进行治理。本段规划为建防洪堤，洪水标准为 20 年一遇，但该河段起点、终点均未能闭合，从技术经济角度比较，建防洪堤造价较高，且占地较多。为节约投资，减少占地，不设防洪堤，仅进行岸脚防护，防止岸坡受水流冲刷而继续崩塌，造成水土流失。本次左岸选择本段岸线进行护脚，拟在原岸坡脚布置岸轴线，可减少拆迁征地，减少开挖量，节约投资且避免破坏岸坡原有粗茎植被。双排尾径 ϕ120 mm 松木桩护岸典型断面图 2 如图 9.5 所示。

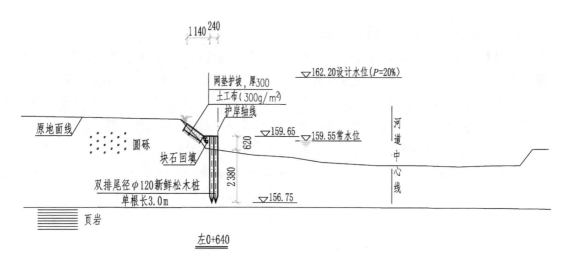

图 9.5 双排尾径 ϕ120 mm 松木桩护岸典型断面图 2

本段为河道平顺岸，岸坡坡度为 10°～45°，岸坡高度为 2.0～4.0 m，本段采用双排松木桩进行岸坡坡脚防护，轴线沿岸坡坡脚布置，松木桩尾径不小于 ϕ120 mm，桩长 3.0 m，松木桩顶高程高出常水位 0.1 m，松木桩背面回填块石齐平桩顶，沿现状坡面布置宾格网垫，网垫规格为 3.0 m×1.0 m×0.3 m，网垫下布置 300 g/m² 的土工布进行反滤，防止渗漏破坏。在施工时对细径树木、杂木进行清除，对竹林及粗径树木进行保留，若遇较大树木，可适当偏移护岸轴线或断开施工(靠近树木半径 1 m 范围内不进行施工);对树根扰动较大的树木进行树枝裁剪,避免树木脱水枯萎;为维持原河道的绿色生态环境,岸顶增种、补种夹竹桃等。双排尾径 ϕ120 mm 松木桩护岸典型断面图 3 如图 9.6 所示。

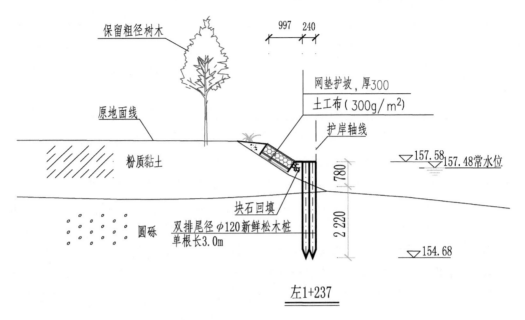

图 9.6　双排尾径 ϕ120 mm 松木桩护岸典型断面图 3

(4) 兰田村至兰田村交通桥左岸河段

该河段左岸长为 0.610 km,起于兰田村,止于兰田村交通桥[桩号为左 1+567(上)~左 2+177(下)]。本段岸顶地类主要为农田、耕地,岸坡土层为粉质黏土。现状水深 2.5~3.2 m,水面以上岸坡植被覆盖较好,水面以下土层裸露,岸坡受冲刷严重。本段规划为防洪堤,洪水标准为 20 年一遇,但该河段地势平坦,终点未能闭合,从技术经济角度比较,建防洪堤造价较高,且占地较多。为节约投资,减少占地,不设防洪堤,仅进行岸脚防护,防止岸坡受水流冲刷而继续崩塌,造成水土流失。本次左岸选择本段岸线进行护脚,拟在原岸坡脚布置岸轴线,可减少拆迁征地,减少开挖量,节约投资且避免破坏岸坡原有粗茎植被。

桩号左 1+567(下)~左 2+105(上)为河道平顺岸,岸坡坡度为 25°~65°,岸坡高度为 1.0~2.0 m,本段采用双排松木桩进行岸坡坡脚防护,轴线沿岸坡坡脚布置,松木桩尾径不小于 ϕ120 mm,桩长 4.0 m,松木桩顶高程高出常水位 0.1 m,松木桩背面回填块石齐平桩顶,沿现状坡面布置宾格网垫,网垫规格为 3.0 m×1.0 m×0.3 m,网垫下布置 300 g/m² 的土工布进行反滤,防止渗漏破坏。在施工时对细径树木、杂木进行清除,对竹林及粗径树木进行保留,若遇较大树木,可适当偏移护岸轴线或断开施工(靠近树木半径 1 m 范围内不进行施工);对树根扰动较大的树木进行树枝裁剪,避免树木脱水枯萎;为维持原河道的绿色生态环境,岸顶增种、补种夹竹桃等。双排尾径 ϕ120 mm 松木桩护岸典型断面图 4 如图 9.7 所示。

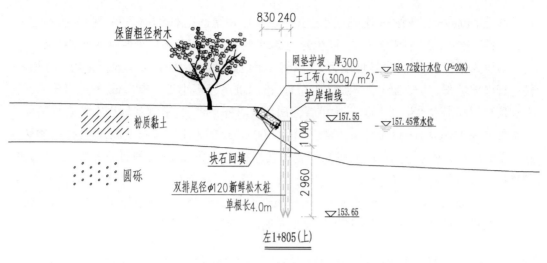

图 9.7 双排尾径 ϕ120 mm 松木桩护岸典型断面图 4

桩号左 2+105(下)~左 2+177(下)为兰田堰坝下游河道,现状岸坡已采用浆砌石衬砌,由于堰坝壅水作用,堰坝下游跌水产生较大流速,加之堰坝消能措施过于简单,对堰坝下游挡墙基础产生较严重的淘刷。本次主要采用 C20 埋石混凝土贴坡挡墙进行基础加固,挡墙基础埋深 1.2 m,基础厚 0.5 m,挡墙顶高程与常水位齐平,墙顶宽 0.50 m,迎水面采用 1:0.3 坡度,背水面按现状挡墙坡度,挡墙前采用抛石护脚。挡墙基础加固典型断面图 1 如图 9.8 所示。

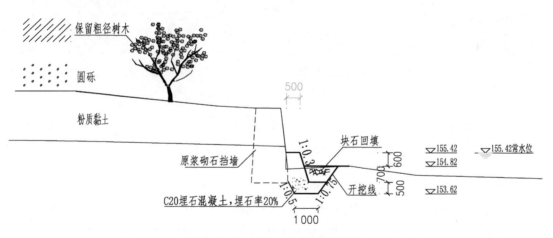

图 9.8 挡墙基础加固典型断面图 1

(5)刘家村桥至沧头村桥左岸河段

该河段左岸长为 0.643 km,起于刘家村桥,止于沧头村桥[桩号为左 2+177(下)~左 2+820]。本段岸顶地类主要为农田、耕地,岸坡土层为粉质黏土。现状水深 2.5~3.2 m,水面以上岸坡植被覆盖较好,水面以下土层裸露,岸坡受冲刷严重。本段规划为建防洪堤,洪水标准为 20 年一遇,但该河段地势平坦,终点未能闭合,从技术经济角度比较,建防洪堤造价较高,且占地较多。为节约投资,减少占地,不设防洪堤,仅进行岸脚防护,防止岸坡受水流冲刷而继续崩塌,造成水土流失。本次左岸选择本段岸线进行护脚,拟在原岸坡脚布置岸轴线,可减少拆迁征地,减少开挖量,节约投资且避免破坏岸坡原有粗茎植被。

本段为河道平顺岸,岸坡坡度为25°~65°,岸坡高度为1.0~2.0 m,本段采用双排松木桩进行岸坡坡脚防护,轴线沿岸坡坡脚布置,松木桩尾径不小于 ϕ120 mm,桩长4.0 m,松木桩顶高程高出常水位0.1 m,松木桩背面回填块石齐平桩顶,沿现状坡面布置宾格网垫,网垫规格为3.0 m×1.0 m×0.3 m,网垫下布置300 g/m² 的土工布进行反滤,防止渗漏破坏。在施工时对细径树木、杂木进行清除,对竹林及粗径树木进行保留,若遇较大树木,可适当偏移护岸轴线或断开施工(靠近树木半径1 m范围内不进行施工);对树根扰动较大的树木进行树枝裁剪,避免树木脱水枯萎;为维持原河道的绿色生态环境,岸顶增种、补种夹竹桃等。双排尾径 ϕ120 mm 松木桩护岸典型断面图5如图9.9所示。

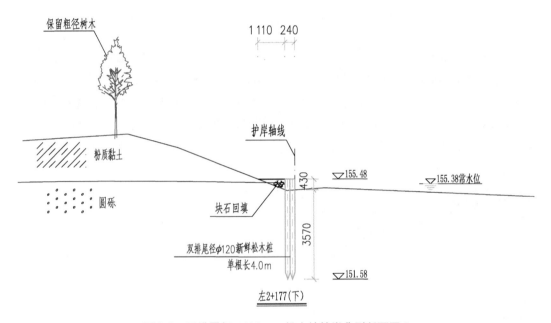

图9.9 双排尾径 ϕ120 mm 松木桩护岸典型断面图5

(6) 沧头村桥至大宅村漫水桥左岸河段

本河段左岸岸顶主要为农田、耕地,临岸农田地面标高为156.02~157.27 m,相应的5年一遇设计洪水位为156.02 m。洪水对左岸坡脚形成漩涡淘刷,使局部岸坡垮塌,岸坡均为土质岸坡,抗冲刷能力差,容易失稳。对本河段实施整治工程,及时对河岸坡脚冲刷、水土流失严重地段进行防护,可以防止坡脚被进一步侵蚀,保护基本农田及基础设施安全。本段为平顺岸,设计水位(P=5%)157.98~158.64 m,经计算,设计水位(P=5%)对应流速为2.79 m/s,该河段流速较小。

该河段左2+820(下)~左3+480,岸上为农田、耕地,河段弯曲呈S形,河岸地势平坦,地形坡度0~5°。岸坡高1.5~2.0 m,岸坡坡度50°~60°。岸坡土层结构为粉质黏土层+中砂层,岸坡基本稳定。本次设计遵循"以自然为主,人工为辅"的生态修复标准,采用"尾径

ϕ120 mm 松木桩+植物措施护坡"方式,尾径 ϕ120 mm 松木桩护脚,长为 3.0 m 或 4.0 m,桩顶高出常水位 0.25 m,为防止桩后土体长期浸泡形成流土,松木桩背采用块石回填。因块石回填内边线已覆盖原植物底线,不再另设护坡措施,最后根据绿化措施布置情况增种、补种绿化植物。

桩号左 3+480~左 3+540、左 3+580~左 3+590,岸上为农田、耕地,河段弯曲,河岸地势平坦,地形坡度 0~5°。岸坡高 2.5~3 m,岸坡坡度 60°~75°。岸坡土层结构为粉质黏土层+中砂层,稳定性较差,本次设计采用"尾径 ϕ120 mm 松木桩+网垫护坡+植物措施护坡"方式。尾径 ϕ120 mm 松木桩护脚,长为 3.0 m 或 4.0 m,桩顶高出常水位 0.25 m,为防止桩后土体长期浸泡形成流土,松木桩背采用块石回填,岸坡以 1:1.5 修坡后采用"雷诺网垫护坡+草皮护坡"方式,网垫规格为 2 m×1 m×0.3 m(长×宽×厚),后用"开挖料回填+草皮护坡"方式回填原岸坡。

桩号左 3+540~左 3+580,岸上为农田、耕地,河段弯曲,河岸地势平坦,地形坡度 0~5°。岸坡高 2.5~3 m,岸坡坡度 60°~75°。本河段地质为粉质黏土,下伏基岩,若采用松木桩护岸,松木前嵌固深度不足,难以稳定,故该河段采用格宾网石笼护脚,墙顶宽度 1.0 m,墙体背水面直立。网笼规格有 1.5 m×1 m×1 m(长×宽×高)、1.0 m×1 m×0.5 m(长×宽×高),网笼置于最下层,依次放一层后退 0.5 m,即本层笼比下层笼后退 0.5 m。这样设计护脚使临水面坡度放缓,避免网笼出现鼓肚现象,有利于网笼的整体稳定,更有利于水生动物的繁衍生息。网笼护岸典型断面图 1 如图 9.10 所示。

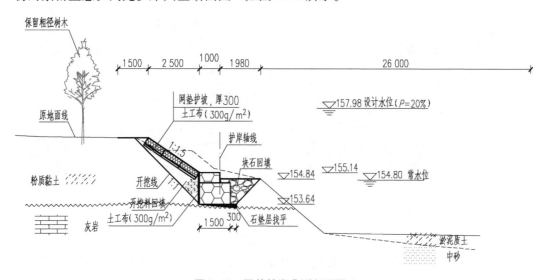

图 9.10 网笼护岸典型断面图 1

桩号左 3+590~左 3+820,岸上为农田、耕地,河段较顺直,河岸地势平坦,地形坡度 0~5°。岸坡高 1.5~2.5 m,岸坡坡度 50°~55°。本河段地质为粉质黏土,下层为中砂层。为达到固脚和生态修复的效果,本次设计拟采用尾径 ϕ120 mm 松木桩护脚,长为 3.0 m 或 4.0 m,桩顶高出常水位 0.25 m,为防止桩后土体长期浸泡形成流土,松木桩背采用块石回填。因块石回填内边线已覆盖原植物底线,且该段岸坡较为稳定,故遵循"以自然为主,人工为辅"的生态修复标准,不再另设护坡措施,最后根据绿化措施布置情况增种、补种绿化植物。

桩号左 3+820~左 3+934(上),岸上为农田、耕地,河段弯曲呈 U 形,河岸地势平坦,地形坡度 0~5°。岸坡高 2.0~3 m,岸坡坡度 65°~75°。为协调景观需求,本次设计双排尾径 ϕ120 mm 松木桩护脚,长为 3.0 m 或 4.0 m。桩顶高出常水位 0.25 m,为防止桩后土体长期浸泡形成流土,松木桩背采用块石回填。岸坡存在不稳定因素,设计岸坡以 1∶1.5 修坡后采用"雷诺网垫护坡+草皮护坡"方式,网垫规格为 2 m×1 m×0.3 m(长×宽×厚),后用"开挖料回填+草皮护坡"方式回填原岸坡。

对于本段岸坡附近稀疏的植被,在施工时对细径树木、杂木进行清除,对竹林及粗径树木进行保留,若遇较大树木,可适当偏移护岸轴线或断开挡墙施工(靠近树木半径 1 m 范围内不进行平台施工);对树根扰动较大的树木进行树枝裁剪,避免树木脱水枯萎;为维持原河道的绿色生态环境,岸顶增种、补种夹竹桃等。双排尾径 ϕ120 mm 松木桩护岸典型断面图 6 如图 9.11 所示。

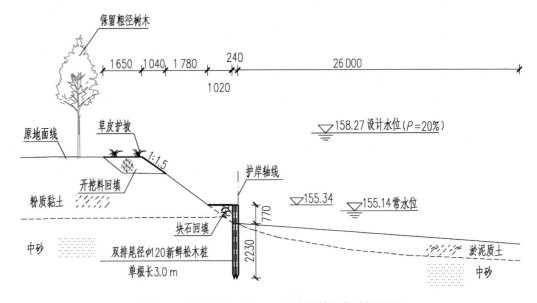

图 9.11 双排尾径 ϕ120 mm 松木桩护岸典型断面图 6

(7)大宅村漫水桥至金龟河支流入口左岸河段

本河段左岸岸顶主要为农田、耕地,临岸农田地面标高为 155.89~155.97 m,相应的 5 年一遇设计洪水位 157.06~157.47 m。左岸遭遇洪水时,该河段为冲刷岸,岸坡均为土质岸坡,土质岸坡抗冲刷能力差,容易失稳,岸顶为农田,每逢降雨,农田雨水汇集至河道,加剧了河岸的水土流失。对本河段实施整治工程,及时对河岸坡脚冲刷、水土流失严重地段进行防护或固脚,防止河岸坡体进一步崩塌,保护基本农田及基础设施安全。经计算,设计水位(P=5%)对应流速为 2.74 m/s,大宅村漫水桥下游左岸为冲刷岸,流速应大于 2.74 m/s。

桩号左 3+934(下)~左 4+094,岸上为农田、耕地,河段弯曲呈 U 形,河岸地势平坦,地形坡度 0~5°。岸坡高 2.0~3 m,岸坡坡度 60°~70°。本河段地质为粉质黏土,下伏基岩。本河段采用格宾网石笼护脚,墙顶宽度 1.0 m,墙体背水面直立。网笼规格有 1.5 m×1.0 m×1.0 m(长×宽×高)、1.0 m×1 m×0.5 m(长×宽×高),网笼置于最下层,依次放一层后退 0.5 m,即本层笼比下层笼后退 0.5 m,这样设计护脚使临水面坡度放缓,避免网笼出现鼓肚现象,有利于网笼的整体稳定,更有利于水生动物的繁衍生息,岸坡采用阶梯形 C20 现浇混凝土生态护坡。网笼护岸典型断面图 2 如图 9.12 所示。

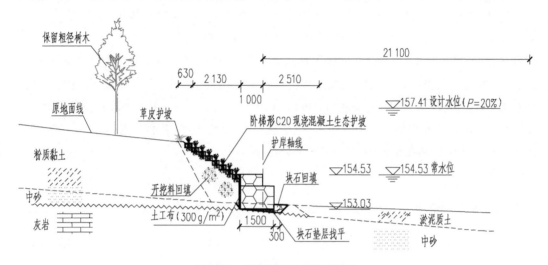

图 9.12　网笼护岸典型断面图 2

桩号左 4+094~左 4+154,本河段地质为粉质黏土,下层为中砂层。本次设计采用双排尾径 ϕ120 mm 松木桩护脚,桩顶高出常水位 0.25 m,为防止桩后土体长期浸泡形成流土,松木桩背采用块石回填。该段岸坡稳定性较差,岸坡以 1∶1.5 修坡,采用"雷诺网垫护坡+草皮护坡"方式,网垫规格为 2 m×1 m×0.3 m(长×宽×厚),后用"开挖料回填+草皮护坡"方式回填原岸坡。

桩号左 4+154~左 4+214,本河段地质为粉质黏土,下层为中砂层,岸上为农田、耕地,河段顺直,河岸地势平坦,地形坡度 0~5°。岸坡高 1.5~2.5 m,岸坡坡度 55°~60°。本次设计采用双排尾径 ϕ120 mm 松木桩护脚,桩顶高出常水位 0.25 m,为防止桩后土体长期浸泡形成流土,松木桩背采用块石回填。因块石回填内边线已覆盖原植物底线,且该段岸坡较为稳定,故遵循"以自然为主,人工为辅"的生态修复标准,不再另设护坡措施,最后根据绿化措施布置情况增种、补种绿化植物。

桩号左 4+214~左 4+234,岸上为农田、耕地,河段弯曲,河岸地势平坦,地形坡度 0~5°。岸坡高 2.5~3 m,岸坡坡度 65°~75°。本河段地质为粉质黏土,下层为中砂层。本次设计采用双排尾径 ϕ120 mm 松木桩护脚,桩顶高出常水位 0.25 m,为防止桩后土体长期浸泡形成流土,松木桩背采用块石回填。该段岸坡稳定性较差,岸坡以 1∶1.5 修坡,采用"雷诺网垫护坡+草皮护坡"方式,网垫规格为 2 m×1 m×0.3 m(长×宽×厚),后用"开挖料回填+草皮护坡"方式回填原岸坡。

桩号左4+234~左4+454,岸上为农田、耕地,河段弯曲呈S形,河岸地势平坦,地形坡度0~5°。岸坡高1.5~2.0 m,岸坡坡度55°~60°。本次设计采用双排尾径ϕ120 mm松木桩护脚,桩顶高出常水位0.25 m,为防止桩后土体长期浸泡形成流土,本次松木桩背采用块石回填。因块石回填内边线已覆盖原植物底线,且该段岸坡较为稳定,故遵循"以自然为主,人工为辅"的生态修复标准,不再另设护坡措施,最后根据绿化措施布置情况增种、补种绿化植物。

左4+454~左4+506(上),岸上为农田、耕地,河段弯曲,河岸地势平坦,地形坡度0~5°。岸坡高2.5~3 m,岸坡坡度65°~72°。地质为粉质黏土,下层为中砂层。本次设计采用双排尾径ϕ120 mm松木桩护脚,桩顶高出常水位0.20 m,为防止桩后土体长期浸泡形成流土,松木桩背采用块石回填。该段岸坡稳定性较差,岸坡以1:1.5修坡,采用"雷诺网垫护坡+草皮护坡"方式,网垫规格为2 m×1 m×0.3 m(长×宽×厚),后用"开挖料回填+草皮护坡"方式回填原岸坡。最后根据绿化措施布置情况增种、补种绿化植物。双排尾径ϕ120 mm松木桩护岸典型断面图7如图9.13所示。

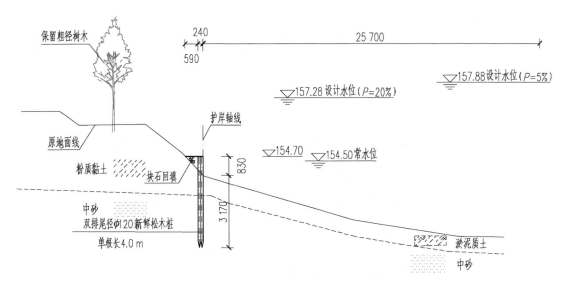

图9.13 双排尾径ϕ120 mm松木桩护岸典型断面图7

该河段流速较小,结合本河段地质为粉质黏土层,对杂木进行清除,对竹林及粗径树木进行保留,若遇较大树木可适当偏移护岸轴线或断开挡墙施工(靠近树木半径1 m范围内不进行平台施工),对树根扰动较大的树木进行树枝裁剪,避免树木脱水枯萎;阶梯形C20现浇混凝土生态护坡施工时,遇竹木及粗径树木时,先清理坡面上细小杂木,然后铺种草皮,把竹林或树木包裹在其中,为维持原河道的生态绿色环境,岸顶增种、补种夹竹桃等。

(8)金龟河支流入口至矶头支流入口左岸河段

该河段岸顶主要为农田、耕地、龙头村村址,岸坡土层为粉质黏土,临岸农田地面标高为154.89~154.97 m。该段为金龟河支流入口,经计算,本段流速为4.05 m/s,受支流汇入主河道影响,流态复杂。对本河段实施整治工程,及时对河岸坡脚冲刷、水土流失严重地段进行防护或固脚,防止河岸坡体进一步崩塌,保护基本农田及基础设施安全。

桩号左 4+506(下)~左 4+545(上),岸上为农田、耕地,河段弯曲呈凸岸,河岸地势平坦,地形坡度 0~5°,岸坡高 2.5~3 m,岸坡坡度 65°~72°。地质为粉质黏土,下层为中砂层。本次设计采用双排尾径 ϕ120 mm 松木桩护脚,桩顶高出常水位 0.25 m,为防止桩后土体长期浸泡形成流土,松木桩背采用块石回填。该段岸坡稳定性较差,岸坡以 1:1.5 修坡,采用"雷诺网垫护坡+草皮护坡"方式,网垫规格为 2 m×1 m×0.3 m(长×宽×厚),后用"开挖料回填+草皮护坡"方式回填原岸坡。最后根据绿化措施布置情况增种、补种绿化植物。

桩号左 4+545(下)~左 4+625,岸上为农田、耕地,河段弯曲呈 S 形,河岸地势平坦,地形坡度 0~5°。岸坡高 1.5~2.5 m,岸坡坡度 50°~60°。地质为粉质黏土,下层为中砂层,河岸为竹林,岸坡抗冲刷能力较强。本次设计采用双排尾径 ϕ120 mm 松木桩护脚,桩顶高出常水位 0.25 m,为防止桩后土体长期浸泡形成流土,本次松木桩背采用块石回填。因块石回填内边线已覆盖原植物底线,且该段岸坡较为稳定,故遵循"以自然为主,人工为辅"的生态修复标准,不再另设护坡措施,最后根据绿化措施布置情况增种、补种绿化植物。

桩号左 A1+808.00~左 A1+878.00,岸上为农田、耕地,河段弯曲呈 S 形,河岸地势平坦,地形坡度 0~5°,岸坡高 2.5~3 m,岸坡坡度 65°~75°。地质为粉质黏土,下层为中砂层。本次设计采用双排尾径 ϕ120 mm 松木桩护脚,桩顶高出常水位 0.25 m,为防止桩后土体长期浸泡形成流土,松木桩背采用块石回填。该段岸坡稳定性较差,岸坡以 1:1.5 修坡,采用"雷诺网垫护坡+草皮护坡"方式,网垫规格为 2 m×1 m×0.3 m(长×宽×厚),后用"开挖料回填+草皮护坡"方式回填原岸坡。最后根据绿化措施布置情况增种、补种绿化植物。

桩号左 4+625~左 4+695,岸上为农田、耕地,河段较顺直,河岸地势平坦,地形坡度 0~5°。岸坡高 1.5~2 m,岸坡坡度 50°~65°。地质为粉质黏土,下层为中砂层。本次设计采用双排尾径 ϕ120 mm 松木桩护脚,桩顶高出常水位 0.25 m,为防止桩后土体长期浸泡形成流土,松木桩背采用块石回填。因块石回填内边线已覆盖原植物底线,且该段岸坡较为稳定,故遵循"以自然为主,人工为辅"的生态修复标准,不再另设护坡措施,最后根据绿化措施布置情况增种、补种绿化植被。

(9)道观桥下游至西二环农庄左岸河段

本河段左岸岸顶主要为西二环道路,临岸地面标高为 155.77~156.95 m,相应的 5 年一遇设计洪水位 154.93~155.02 m。该段上游为道观桥下游,下游为西二环农庄基础(已建埋石混凝土挡墙),经计算,本段流速为 4.76 m/s,因属道观桥下游,流态复杂,为与已有建筑物贴切吻合,本设计采用常水位+0.5 m 作为岸顶高程,墙背采用开挖料回填。墙顶宽度 0.5 m,墙体迎水面直立,背坡坡比为 1:0.4,挡墙基础采用 1:1.0 坡比开挖,挡墙及基础均采用 C15 埋石混凝土(埋石率 20%),挡墙基础为淤积层。三排尾径 ϕ120 mm 松木桩以梅花形布置,沿轴线方向间距 50 cm 排列,桩顶填筑块石至基础高程,墙背夯填开挖料,优先采用开挖料回填并压实,黏性土回填压实度不小于 0.91,无黏性土回填相对密度不小于 0.60,埋石混凝土挡墙内布置 ϕ50 mm PVC 排水管,间距 2 m,管口采用粗砂反滤袋挡口,护坡采用阶梯形 C20 现浇混凝土生态护坡。埋石混凝土护岸典型断面图如图 9.14 所示。

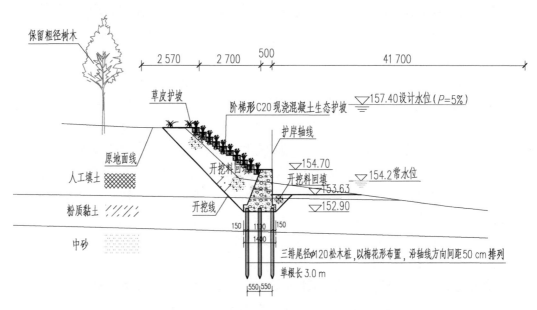

图 9.14 埋石混凝土护岸典型断面图

（10）西二环加油站至龙头村处左岸河段

本河段左岸岸顶主要为农田和建筑区，临岸地面标高为 155.59～156.95 m，相应的 5年一遇设计洪水位 155.61～156.12 m。该段前部为平顺岸，后段为凹岸，岸坡较高，经计算，本段流速为 5.27 m/s，因对岸河道淤积，缩窄河道断面，该河段桩号左 5+044～左 5+124 出水位较浅，属凹岸前段。

桩号左 5+010（下）～左 5+150，岸上为农田和建筑区，地形坡度 0～5°。岸坡高 1.5～3 m，岸坡坡度 60°～75°。该段为冲刷岸，下部冲刷淘蚀严重。地质为粉质黏土，下伏基岩，该河段采用格宾网石笼护脚，墙顶宽度 1.0 m，墙体背水面直立。网笼规格有 1.5 m×1.0 m×1.0 m（长×宽×高）、1.0 m×1 m×0.5 m（长×宽×高），网笼置于最下层，依次放一层后退 0.5 m，即本层笼比下层笼后退 0.5 m，这样设计护脚使临水面坡度放缓，避免网笼出现鼓肚现象，有利于网笼的整体稳定，更有利于水生动物的繁衍生息，岸坡采用阶梯形 C20 现浇混凝土生态护坡。

桩号左 5+150～5+260，岸上为农田和建筑区，地形坡度 0～5°。岸坡高 1.5～2 m，岸坡坡度 55°～65°。地质为粉质黏土，下伏中砂，本次设计采用"尾径 φ120 mm 松木桩+网垫护坡+植物措施护坡"方式，用双排尾径 φ120 mm 松木桩护脚，桩顶高出常水位 0.25 m，为防止桩后土体长期浸泡形成流土，本次松木桩背采用块石回填。该段岸坡稳定性较差，岸坡以 1∶1.5 修坡，采用"雷诺网垫护坡+草皮护坡"方式，网垫规格为 2 m×1 m×0.3 m（长×宽×厚），后用"开挖料回填+草皮护坡"形式回填原岸坡。最后根据绿化措施布置情况增种、补种绿化植物。

桩号左 5+260～左 5+422，岸上为农田，河段顺直，地形坡度 0～5°。岸坡高 2.0～

3.0 m,岸坡坡度 50°~75°。河岸下部冲刷淘蚀严重,临空面裸露,地质为粉质黏土,下伏中砂。本次设计采用双排尾径 ϕ120 mm 松木桩护脚,桩顶高出常水位 0.20 m,为防止桩后土体长期浸泡形成流土,松木桩背采用块石回填。因块石回填内边线已覆盖原植物底线,且该段岸坡较为稳定,故遵循"以自然为主,人工为辅"的生态修复标准,不再另设护坡措施,最后根据绿化措施布置情况增种、补种绿化植物。

该河段流速较小,结合本河段地质为粉质黏土,对杂木进行清除,对竹林及粗径树木进行保留,若遇较大树木,可适当偏移护岸轴线或断开挡墙施工(靠近树木半径 1 m 范围内不进行平台施工),对树根扰动较大的树木进行树枝裁剪,避免树木脱水枯萎,岸顶增种、补种夹竹桃等。双排尾径 ϕ120 mm 松木桩护岸典型断面图 8 如图 9.15 所示。

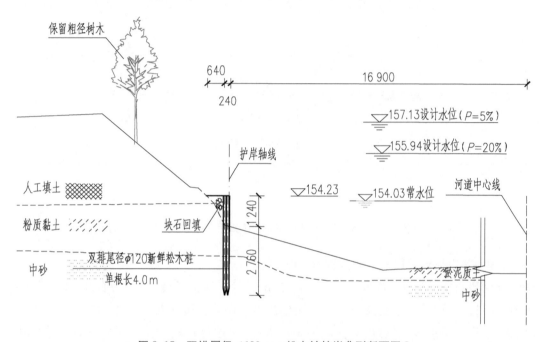

图 9.15　双排尾径 ϕ120 mm 松木桩护岸典型断面图 8

(11) 车田村至花江村桥至潦塘村右岸河段

该河段右岸长为 0.460 km,起于车田村至花江村桥,止于潦塘村(桩号为右 0+000~右 0+460)。该河段前段为凹岸,岸顶地类主要为农田、耕地,岸坡土层为粉质黏土,地形坡度 0~15°,岸坡高 2.5~3.0 m,岸坡坡度 45°~65°,岸坡土体有进一步受侵蚀的倾向,故需对该段进行治理。本段规划为建防洪堤,洪水标准为 20 年一遇,但该河段地势平坦,终点未能闭合,从技术经济角度比较,建防洪堤造价较高,且占地较多。为节约投资,减少占地,不设防洪堤,仅进行岸脚防护,防止岸坡受水流冲刷而继续崩塌,造成水土流失。本次左岸选择本段岸线进行护脚,拟在原岸坡脚布置岸轴线,可减少拆迁征地,减少开挖量,节约投资且避免破坏岸坡原有粗茎植被。

本段为河道凹岸,岸坡坡度 75°~90°,岸坡高 2.5~3.0 m。本段采用双排松木桩进行岸坡坡脚防护,轴线沿岸坡坡脚布置,松木桩尾径不小于 ϕ120 mm,桩长 3.0 m,松木桩顶高程高出常水位 0.1 m,松木桩背面回填块石齐平桩顶,沿现状坡面布置宾格网垫,网垫规格为 3.0 m×1.0 m×0.3 m,网垫下布置 300 g/m² 的土工布进行反滤,防止渗漏破坏。在施工时对细径树木、杂木进行清除,对竹林及粗径树木进行保留,若遇较大树木,可适当偏移护岸轴线或断开施工(靠近树木半径 1 m 范围内不进行施工);对树根扰动较大的树木进行树枝裁剪,避免树木脱水枯萎;为维持原河道的绿色生态环境,岸顶增种、补种夹竹桃等。双排尾径 φ120 mm 松木桩护岸典型断面图 9 如图 9.16 所示。

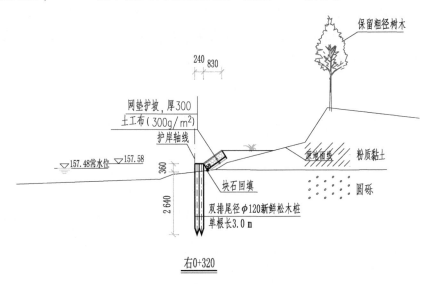

图 9.16　双排尾径 φ120 mm 松木桩护岸典型断面图 9

（12）兰田村至兰田村交通桥右岸河段

该河段右岸长为 0.535 km,起于兰田村,止于兰田村交通桥[桩号为右 0+460(下)~右 0+995],本段岸顶地类主要为农田、耕地,岸坡土层为粉质黏土。现状水深 2.5~3.2 m,水面以上岸坡植被覆盖较好,水面以下土层裸露,岸坡受冲刷严重。本段规划为建防洪堤,洪水标准为 20 年一遇,但该河段地势平坦,终点未能闭合,从技术经济角度比较,建防洪堤造价较高,且占地较多。为节约投资,减少占地,不设防洪堤,仅进行岸脚防护,防止岸坡受水流冲刷而继续崩塌,造成水土流失。本次左岸选择木段岸线进行护脚,拟在原岸坡脚布置岸轴线,可减少拆迁征地,减少开挖量,节约投资且避免破坏岸坡原有粗茎植被。

桩号右 0+460(下)~右 0+926(上)为河道平顺岸,岸坡坡度为 25°~65°,岸坡高度为 1.0~2.0 m,本段采用双排松木桩进行岸坡坡脚防护,轴线沿岸坡坡脚布置,松木桩尾径不小于 φ120 mm,桩长 4.0 m,松木桩顶高程高出常水位 0.1 m,松木桩背面回填块石齐平桩顶,沿现状坡面布置宾格网垫,网垫规格为 3.0 m×1.0 m×0.3 m,网垫下布置 300 g/m² 的土工布进行反滤,防止渗漏破坏。在施工时对细径树木、杂木进行清除,对竹林及粗径树木进行保留,若遇较大树木,可适当偏移护岸轴线或断开施工(靠近树木半径 1 m 范围内不进行施工);对树根扰动较大的树木进行树枝裁剪,避免树木脱水枯萎;为维持原河道的绿色生态环境,岸顶增种、补种夹竹桃等。双排尾径 φ120 mm 松木桩护岸典型断面图 10 如图 9.17 所示。

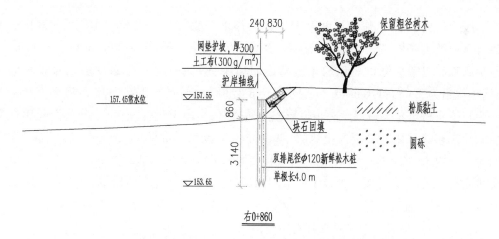

图 9.17 双排尾径 ϕ120 mm 松木桩护岸典型断面图 10

桩号右 0+926（下）~右 0+995 为兰田堰坝下游河道，现状岸坡已采用浆砌石衬砌，由于堰坝壅水作用，堰坝下游跌水产生较大流速，加之堰坝消能措施过于简单，对堰坝下游挡墙基础产生较严重的淘刷。本次主要采用 C20 埋石混凝土贴坡挡墙进行基础加固，挡墙基础埋深 1.2 m，基础厚 0.5 m，挡墙顶高程与常水位齐平，墙顶宽 0.50 m，迎水面采用 1∶0.3 坡度，背水面按现状挡墙坡度，挡墙前采用抛石护脚。挡墙基础加固典型断面图 2 如图 9.18 所示。

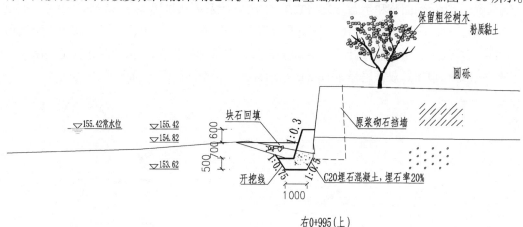

图 9.18 挡墙基础加固典型断面图 2

（13）刘家村桥至沧头村桥右岸河段

该河段右岸长为 0.604 km，起于刘家村桥，止于沧头村桥［桩号为右 0+995（下）~右 1+599］。本段岸顶地类主要为农田、耕地，岸坡土层为粉质黏土。现状水深 2.5~3.2 m，水面以上岸坡植被覆盖较好，水面以下土层裸露，岸坡受冲刷严重。本段规划为建防洪堤，洪水标准为 20 年一遇，但该河段地势平坦，终点未能闭合，从技术经济角度比较，建防洪堤造价较高，且占地较多。为节约投资，减少占地，不设防洪堤，仅进行岸脚防护，防止岸坡受水流冲刷而继续崩塌，造成水土流失。本次左岸选择本段岸线进行护脚，拟在原岸坡脚布置岸轴线，可减少拆迁征地，减少开挖量，节约投资且避免破坏岸坡原有粗茎植被。

本段为河道平顺岸,岸坡坡度为 35°~85°,岸坡高度为 1.5~2.8 m,本段采用双排松木桩进行岸坡坡脚防护,轴线沿岸坡坡脚布置,松木桩尾径不小于 ϕ120 mm,桩长 4.0 m,松木桩顶高程高出常水位 0.1 m,松木桩背面回填块石齐平桩顶。沿现状坡面布置宾格网垫,网垫规格为 3.0 m×1.0 m×0.3 m,网垫下布置 300 g/m² 的土工布进行反滤,防止渗漏破坏。为与沧头村至龙头村段生态步道形成连通道路,本段增设堤顶生态步道(至兰田村交通桥),生态步道采用 C20 混凝土垫层,厚 60 mm,上铺 55 mm 厚透水砖,步道宽 2 m。在施工时对细径树木、杂木进行清除,对竹林及粗径树木进行保留,若遇较大树木,可适当偏移护岸轴线或断开施工(靠近树木半径 1 m 范围内不进行施工);对树根扰动较大的树木进行树枝裁剪,避免树木脱水枯萎;为维持原河道的绿色生态环境,岸顶增种、补种夹竹桃等。

(14)沧头村桥至大宅村漫水桥右岸河段

本河段右岸岸顶主要为农田、村庄,已建防洪堤地面标高为 158.02~158.77 m,相应的 5 年一遇设计洪水位 157.47~157.85 m。右岸遭遇洪水时,洪水对右岸坡脚形成漩涡淘刷,使局部岸坡垮塌。岸坡均为土质岸坡,土质岸坡抗冲刷能力差,容易失稳,水土流失严重。工程地质评价为易失稳岸坡。对本河段实施整治工程,及时对河岸坡脚冲刷、水土流失严重地段进行防护或固脚,可以防止河岸坡体进一步崩塌,保护基本农田及基础设施安全。本段为平顺岸,经计算,设计水位(P=5%)对应流速为 2.79 m/s,因该河段流速较小,结合本河段地质为粉质黏土,为达到固脚和生态修复的效果,本次设计采用双排尾径 ϕ120 mm 松木桩,桩顶高出常水位 0.2 m,为防止桩后土体长期浸泡形成流土,桩背采用块石回填。该河段岸坡稳定已满足要求,岸坡植被较好,且块石回填内边线已覆盖原植物底线,故按绿化措施在岸坡上增种、补种绿化植物。双排尾径 ϕ120 mm 松木桩护岸典型断面图 11 如图 9.19 所示。

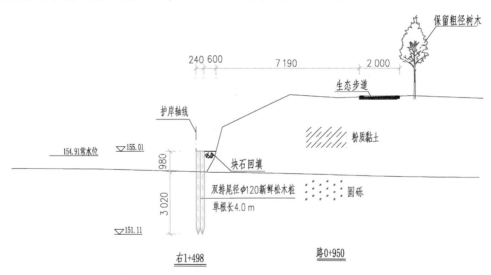

图 9.19　双排尾径 ϕ120 mm 松木桩护岸典型断面图 11

在施工时对细径树木、杂木进行清除,对竹林及粗径树木进行保留,若遇较大树木,可适当偏移护岸轴线或断开挡墙施工(靠近树木半径 1 m 范围内不进行平台施工);对树根扰动较大的树木进行树枝裁剪,避免树木脱水枯萎;为维持原河道的绿色生态环境,岸顶增种、补种夹竹桃等。

（15）大宅村漫水桥至道观村排洪闸右岸河段

本河段右岸岸顶主要为耕地，已建防洪堤地面标高为 156.12~156.57 m，相应的 5 年一遇设计洪水位 157.34~157.04 m。该段前部为淤积岸，河岸淤积程度较高，影响河道行洪。对本河段实施整治工程，保护基本农田及基础设施安全。经计算，该段前部设计水位（$P=5\%$）对应流速为 3.3 m/s，后段因金龟河入口形成冲击，原有堤脚已形成垂直面，河流流态复杂，流速较大。

桩号右 2+779（下）~右 3+379，岸上为农田和村庄，河段弯曲，地形坡度 0~5°。岸坡高 2.5~4.5 m，岸坡坡度 50°~75°。地质层自上而下分为人工填土层、粉质黏土层、中砂层。本次采用"尾径 ϕ120 mm 松木桩+植物措施护坡"方式，设计双排尾径 ϕ120 mm 松木桩护脚，桩顶高出常水位 0.25 m，为防止桩后土体长期浸泡形成流土，松木桩背采用块石回填。因块石回填内边线已覆盖原植物底线，且该段岸坡较为稳定，故遵循"以自然为主，人工为辅"的生态修复标准，不再另设护坡措施，最后根据绿化措施布置情况增种、补种绿化植物。双排尾径 ϕ120 mm 松木桩护岸典型断面图 12 如图 9.20 所示。

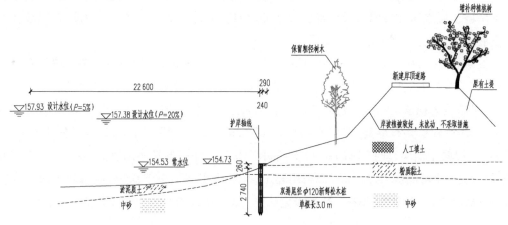

图 9.20　双排尾径 ϕ120 mm 松木桩护岸典型断面图 12

桩号右 3+379~右 3+462（上），岸上为农田和村庄，河段弯曲，地形坡度 0~5°。岸坡高 2.5~4.5 m，岸坡坡度 50°~75°。地质层自上而下分为人工填土层、粉质黏土层、中砂层，岸坡较为稳定，位于高铁桥上下游，本次设计采用"叠石护岸+植物措施护坡"方式，双层叠石堆叠，单块叠石厚度 600 mm，叠石基础采用 C15(3)埋石混凝土挡墙，埋石率 20%，挡墙采用 1:1 开挖坡度开挖，因涉及原土堤堤脚开挖，故挡墙背采用黏土回填，压实度不小于 0.93，回填后种植草皮护坡，再按绿化措施在岸坡上增种、补种绿化植物。叠石护岸典型断面图 1 如图 9.21 所示。

在施工时，对细径树木、杂木进行清除，对竹林及粗径树木进行保留，若遇较大树木，可适当偏移护岸轴线或断开挡墙施工（靠近树木半径 1 m 范围内不进行平台施工）；对树根扰动较大的树木进行树枝裁剪，避免树木脱水枯萎；草皮护坡施工时，若遇竹木及粗径树木，先清理坡面上的细小杂木，然后铺种草皮，把竹林或树木包裹在其中。

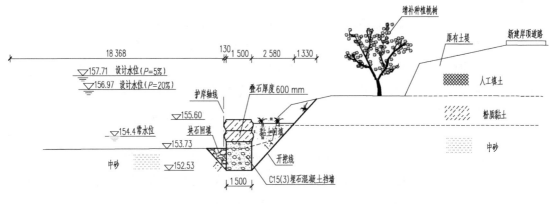

图 9.21　叠石护岸典型断面图 1

（16）道观桥至龙头村右岸河段

本河段右岸岸顶主要为农田及耕地,已建防洪堤地面标高为 157.90～158.38 m,相应的 5 年一遇设计洪水位 157.04～156.65 m。该段前部为冲刷岸,水位较深,岸坡较高,水位以下岸坡土层裸露,经计算,设计水位($P=5\%$)对应流速为 5.23 m/s。本河段右岸涉及城市发展规划,结合景观需求进行建设。

桩号右 3+462(下)～右 3+622,河段弯曲,岸上为农田,局部为旱地。地形坡度 0～5°,岸坡高 2.5～4.0 m,岸坡坡度 50°～75°。地质层自上而下分为人工填土层、粉质黏土层、中砂层,岸坡较为稳定。本设计采用"叠石护岸+植物措施护坡"方式。叠石顶高出常水位 1.20 m,采用双层叠石堆叠,单块叠石厚度 600 mm,基础采用三排 ϕ120 mm 松木桩+C15 (3)埋石混凝土挡墙,埋石率 20%,松木桩间距 0.5 m,并排布置,挡墙采用 1∶1 开挖坡度开挖,因涉及原土堤堤脚开挖,挡墙背采用黏土回填,压实度不小于 0.93,回填后种植草皮护坡,再按绿化措施在岸坡上增种、补种绿化植物。叠石护岸典型断面图 2 如图 9.22 所示。

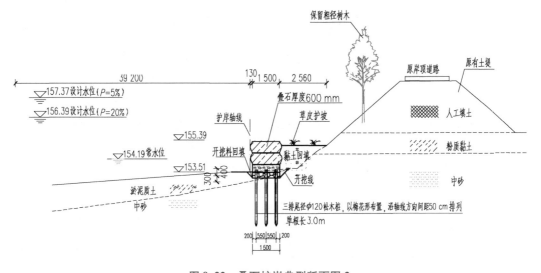

图 9.22　叠石护岸典型断面图 2

桩号右3+622~右4+100,河段微凹,岸上为鱼塘、农田,局部为旱地。地形坡度0~5°,岸坡高2.5~4.5 m,岸坡坡度50°~75°。地质层自上而下分为人工填土层、粉质黏土层、中砂层。本次采用"尾径ϕ120 mm 松木桩+植物措施护坡"方式,设计双排尾径ϕ120 mm 松木桩护脚,桩顶高出常水位0.25 m,为防止桩后土体长期浸泡形成流土,松木桩背采用块石回填。因块石回填内边线已覆盖原植物底线,且该段岸坡较为稳定,故遵循"以自然为主,人工为辅"的生态修复标准,不再另设护坡措施,最后根据绿化措施布置情况增种、补种绿化植物。双排尾径ϕ120 mm 松木桩护岸典型断面图13如图9.23所示。

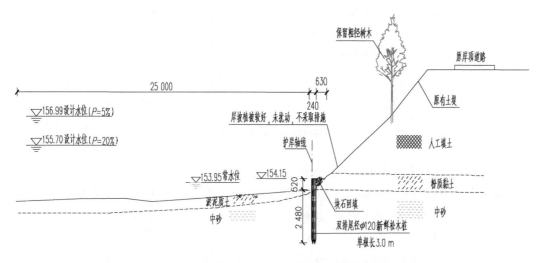

图9.23 双排尾径ϕ120 mm 松木桩护岸典型断面图13

本段岸坡附近的植被稀疏,在施工时,对细径树木、杂木进行清除,对竹林及粗径树木,进行保留,若遇较大树木,可适当偏移护岸轴线或断开挡墙施工(靠近树木半径1 m 范围内不进行平台施工);对树根扰动较大的树木进行树枝裁剪,避免树木脱水枯萎;草皮护坡施工时,若遇竹木及粗径树木,先清理坡面上的细小杂木,然后铺种草皮,把竹林或树木包裹在其中。

(17)支流麻枫河左岸河段

该河段左岸长为1.260 km,起于五拱桥渡槽,止于与桃花江汇合口处上游桥墩(桩号为麻左0+000~麻左1+260),本段岸顶主要为居住区以及养殖场园区,岸坡土层为粉质黏土。现状水深2.5~3.2 m,水面以上岸坡植被覆盖较好,水面以下土层裸露,岸坡受冲刷严重。本段规划为建防洪堤,洪水标准为20年一遇,但该河段地势平坦,终点未能闭合,从技术经济角度比较,建防洪堤造价较高,且占地较多。为节约投资,减少占地,不设防洪堤,仅进行岸脚防护,防止岸坡受水流冲刷而继续崩塌,造成水土流失。本次左岸选择本段岸线进行护脚,拟在原岸坡脚布置岸轴线,可减少拆迁征地,减少开挖量,节约投资且避免破坏岸坡原有粗茎植被。

本段岸坡坡度为25°~65°,岸坡高度为1.0~2.0 m。本段位于乐和工业园区内,考虑附近居民需要,且对岸河段已建有叠石挡墙护岸,本段采用C20 埋石混凝土基础+叠石挡墙进行防护,基础墙顶高程与常水位齐平,墙顶上布置叠石挡墙,叠石挡墙高度高出常水位 1.6 m,叠石宽 1.5 m、厚 0.8 m,沿轴线间隔布置两层,间距 1.0 m。挡墙后回填开挖的砂卵石料,回填时应逐层填筑压实,每层厚度 20~30 cm,压实后相对密度不小于 0.60。C20 埋石混凝土基础+叠石护岸典型断面图 1 如图 9.24 所示。

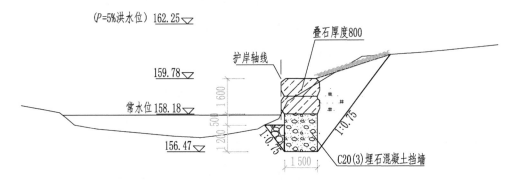

图 9.24　C20 埋石混凝土基础+叠石护岸典型断面图 1

(18)支流麻枫河右岸河段

该河段右岸长为 0.380 km,起于门家桥,止于已建护岸挡墙(桩号为麻右 0+000~麻右 0+380),本段岸顶地类主要为耕地,岸坡土层为粉质黏土。现状水深 2.5~3.2 m,水面以上岸坡植被覆盖较好,水面以下土层裸露,岸坡受冲刷严重。本段规划为建防洪堤,洪水标准为 20 年一遇,但该河段地势平坦,终点未能闭合,从技术经济角度比较,建防洪堤造价较高,且占地较多。为节约投资,减少占地,不设防洪堤,仅进行岸脚防护,防止岸坡受水流冲刷而继续崩塌,造成水土流失。本次左岸选择本段岸线进行护脚,拟在原岸坡脚布置岸轴线,可减少拆迁征地,减少开挖量,节约投资且避免破坏岸坡原有粗茎植被。

本段岸坡坡度为 25°~65°,岸坡高度为 1.0~2.0 m,本段位于乐和工业园区内,考虑附近居民需要,且上下游河段已建有叠石挡墙护岸,本段采用 C20 埋石混凝土基础+叠石挡墙进行防护,基础墙顶高程与常水位齐平,墙顶上布置叠石挡墙,叠石挡墙高度高出常水位 1.6 m,叠石宽 1.5 m、厚 0.8 m,沿轴线方向间隔布置两层,间距 1.0 m。挡墙后回填开挖的砂卵石料,回填时应逐层填筑压实,每层厚度 20~30 cm,压实后相对密度不小于 0.60。C20 埋石混凝土基础+叠石护岸典型断面图 2 如图 9.25 所示。

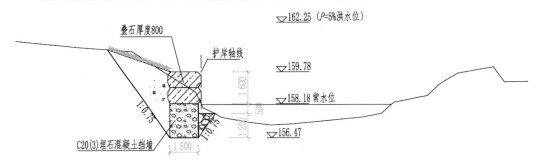

图 9.25　C20 埋石混凝土基础+叠石护岸典型断面图 2

3. 附属建筑物

桂林市临桂区桃花江黄塘村至龙头村段(塔山段)生态修复工程附属建筑物主要有下河码头、过水涵洞。

(1)下河码头

为方便当地村民生活、生产之用,对原有码头进行局部改建或新建,总计19座。码头采用料石砌筑,砌筑前先浇筑一层C20混凝土垫层,厚200 mm,码头宽5.0 m,两侧挡墙采用C20埋石混凝土浇筑,埋石率20%,挡墙宽0.5 m。

(2)过水涵洞

为使塘洞村至榄头村(五仙闸)河段右岸生态步道贯通,方便村民生活,在右0+508(上)低洼处设置箱涵2座,箱涵采用C25钢筋混凝土浇筑,箱涵混凝土厚度为0.3 m。

4. 有关计算

(1)局部冲刷计算——抗冲刷深度计算

护脚挡墙冲刷深度计算采用规范《堤防工程设计规范》(GB 50286—2013)附录D.2方法计算,公式如下:

$$h_s = H_0 \left[\left(\frac{U_{cp}}{U_c} \right)^n - 1 \right]$$

$$U_c = 1.08 \sqrt{g d_{50} \frac{\gamma_s - \gamma}{\gamma}} \left(\frac{H_0}{d_{50}} \right)^{1/7}$$

$$U_{cp} = U \frac{2\eta}{1 + \eta}$$

式中: h_s ——局部冲刷深度,m;

H_0 ——冲刷处水深,m;

U_{cp} ——近岸垂线平均流速,m/s;

n ——与防护岸坡在平面上的形状有关;

η ——水流流速不均匀系数;

U_c ——泥沙起动流速,m/s;

U ——行近流速,m/s;

g ——重力加速度,m/s²;

d_{50} ——沙的中值粒径,m;

γ_s、γ ——泥沙与水的容重,kN/m³。

选取局部河段护岸进行基础抗冲刷深度计算,见表9.8。

经计算,本工程治理河段护岸局部冲刷深度为1.05~1.49 m。根据《水工挡土墙设计规范》(SL 379—2007)4.2.8中的第1条,"当挡土墙墙前有可能被水流冲刷的土质地基,挡土墙墙趾埋深宜为计算冲刷深度以下0.5~1.0 m",本次设计采用的挡墙已在埋设深度以下。

表 9.8 局部河段护岸基础抗冲刷深度计算成果表

河段护岸	冲刷处的水深 H_0（m）	近岸垂线平均流速 U_{cp}（m/s）	行近流速 U（m/s）	水流流速不均匀系数 η	水流流向与岸坡交角 α（°）	泥沙起动流速 U_c（m/s）	n	局部冲刷深度 h_s（m）	适用河段桩号
黄塘桥（0+000）	2.90	3.58	3.58	1	<15	0.296 3	0.17	1.49	左 0+000~左 0+400（上）
毛家田村（1+431）	2.66	3.93	3.93	1	<15	0.291 6	0.17	1.44	左 0+400（下）~左 0+837（上）
潦塘村漫水桥（5+058）	2.00	3.62	3.62	1	20	0.277 4	0.17	1.07	中 5+059~中 5+748
泉南高速公路桥（6+560）	3.00	1.81	1.81	1	<15	0.298 1	0.17	1.05	中 6+088~中 6+208
沧头村桥（7+724）	2.92	1.96	1.96	1	<15	0.296 7	0.17	1.08	中 7+088~中 7+692
G321 箱涵出口上（P0+622）	3.68	2.26	2.03	1.25	20	0.309 9	0.17	1.44	P0+000~P1+227

注：根据 20 年一遇洪水标准计算。

（2）护脚块石、叠石的抗冲粒径计算

护脚块石、叠石的抗冲粒径计算采用规范《堤防工程设计规范》（GB 50286—2013）附录 D.3.4 方法计算，公式如下：

$$d = \frac{V^2}{C^2 2g \dfrac{\gamma_s - \gamma}{\gamma}}$$

$$W = \frac{\pi}{6} \gamma_s d^3$$

式中：d ——折算粒径，m，按球形折算；

W ——石块重量，kN；

V ——水流流速，m/s（本次计算取 3.5 m/s）；

g ——重力加速度，m/s²（本次计算取 9.81 m/s²）；

C ——石块运动的稳定系数，水平底坡 $C = 1.2$，倾斜底坡 $C = 0.9$（本次计算取 $C = 1.2$）；

γ_s ——石块的容重，kN/m³（本次计算取 24 kN/m³）；

γ ——水的容重，kN/m³（本次计算取 10 kN/m³）。

计算成果见表 9.9。

表 9.9　护岸基础抗冲刷深度计算成果表

桩号	冲刷处的水深 H_0(m)	行近流速 V(m/s)	水的容重 γ(kN/m³)	石块的容重 γ_s(kN/m³)	石块运动的稳定系数 C	重力加速度 g(m/s²)	折算粒径 d(m)	石块重量 W(kN)	石块质量(kg)
左 1+805（下）	1.90	5.05	10	24	1.2	9.81	0.64	3.36	0.34
麻左 0+600	2.10	4.74	10	24	1.2	9.81	0.57	2.30	0.23
左 0+600	1.65	2.74	10	24	1.2	9.81	0.21	0.09	0.01
左 1+621	2.10	2.79	10	24	1.2	9.81	0.25	0.10	0.01

根据本次计算成果，叠石护岸的单块粒径应大于 0.64 m，本次设计取 0.8 m，块石回填粒径应大于 0.25 m，本次取值 0.3 m。

（3）松木桩结构计算

① 竖向承载力计算

本工程护岸措施设计主要采用"松木桩护脚+网垫护坡"的形式，该形式护岸的松木桩按双排布置，松木桩尾径 ϕ120 mm，长度为 3 m 或 4 m，松木桩后回填块石，本次松木桩计算选取桩号右 1+538 作为计算典型。松木桩承载力计算简图如图 9.26 所示。

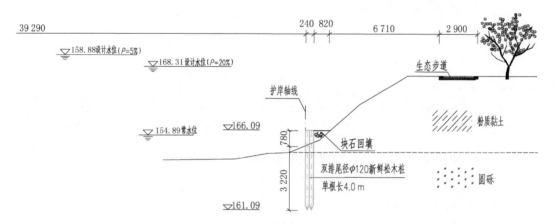

图 9.26　松木桩承载力计算简图

根据《建筑桩基技术规范》（JGJ 94—2008）5.2.1 条规定，桩基竖向承载力计算应符合下列要求：

$$N_k \leq R$$

式中：N_k——荷载效应标准组合轴心竖向力作用下，桩基或复合桩基的平均竖向力，kN；

　　　　R——桩基或复合桩基竖向承载力特征值。

在轴心竖向力作用下，桩基或复合桩基的平均竖向力 N_k 按下式计算：

$$N_k = \frac{F_k + G_k}{n}$$

式中：F_k——荷载效应标准组合下，作用于桩顶的竖向力，kN；

G_k——桩基自重标准值,对稳定的地下水位以下部分应扣除水的浮力,kN;

n——桩基中的桩数。

本工程松木桩底部为中砂层,仅按单桩计算竖向承载力。单桩竖向承载力特征值 R_a 按下式计算:

$$R_a = \frac{1}{k}Q_{uk}$$

$$Q_{uk} = Q_{sk} + Q_{pk} = u\sum q_{sik}l_i + q_{pk}A_P$$

式中:R_a——单桩竖向承载力特征值;

k——安全系数,取 $k = 2$;

Q_{uk}——单桩竖向极限承载力标准值;

Q_{sk}——总极限侧阻力标准值;

Q_{pk}——总极限端阻力标准值;

q_{sik}——桩侧第 i 层土的极限侧阻力标准值,取 15 kPa(地质提供计算参数);

q_{pk}——极限端阻力标准值,取 150 kPa(地质提供计算参数);

u——桩身周长,m;

l_i——桩周第 i 层土的厚度,m;

A_p——桩端面积,m^2。

计算成果见表 9.10。

表 9.10　桩基竖向承载力计算成果表

桩号	N_k	R_a	备注
右 1+538	14.14 kN	21.5	松木桩

经计算,满足 $N_k \leqslant R$,因此桩基竖向承载力满足规范要求。

② 嵌固深度计算

嵌固深度计算简图见图 9.27。

根据《建筑基坑支护技术规程》(JGJ 120—2012)中 4.12 节,双排桩的嵌固深度应当符合下式嵌固稳定性的要求:

$$\frac{E_{pk}a_p + Ga_G}{E_{ak}a_\alpha} \geqslant K_e$$

式中:K_e——嵌固稳定安全系数,安全等级为一级、二级、三级的双排桩,K_e 分别不应小于 1.25、1.2、1.15。本工程护岸建筑物级别为 4 级,安全等级取三级,取 1.15。

E_{ak}、E_{pk}——基坑外侧主动土压力、基坑内侧被动土压力标准值,kN。

a_α、a_p——基坑外侧主动土压力、基坑内侧被动土压力合力作用点至双排桩底端的距离,m。

G——双排桩、钢架梁和桩间土的自重之和,kN。

a_G——双排桩、钢架梁和桩间土的重心至前排桩边缘的水平距离,m。

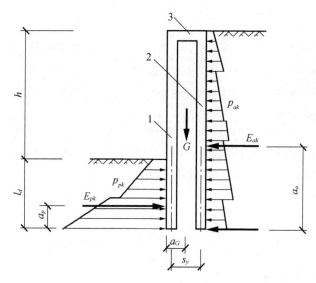

图 9.27 双排桩嵌固深度计算简图
1—前排桩;2—后排桩;3—钢架梁。

双排松木桩的嵌固稳定性计算结果如表 9.11 所示。

表 9.11 双排松木桩嵌固稳定性计算成果表

桩号	基坑深度 (m)	松木桩嵌 固深度(m)	外侧主动 土压力(kN)	内侧被动 土压力(kN)	嵌固稳定 安全系数	规范 要求值	备注
右 1+538	4.15	1.65	29.0	36.50	1.823	1.20	

根据以上计算结果,在本次设计的双排桩桩径、排距、间距、嵌固深度条件下,嵌固稳定性满足规范要求。

③ 松木桩桩身强度验算

根据《建筑地基处理技术规范》(JGJ 79—2012)中 7.1.6,桩身强度应满足下式要求:

$$f_{cu} \geqslant 4 \frac{\lambda R_a}{A_P}$$

式中:f_{cu}——桩体抗压强度平均值,kPa,松木桩取 3.5 MPa;

λ——单桩承载力发挥系数,取 0.6;

R_a——单桩竖向承载力特征值,kN;

A_p——桩的截面积,m^2。

经计算,$R_a = 2\,480$ kN,$f_{cu} \geqslant \dfrac{4\lambda R_a}{A_P}$,故松木桩桩身强度满足要求。

(4) 挡墙结构稳定计算

① 埋石混凝土重力式挡墙护岸稳定计算

工况及荷载组合表如表 9.12 所示。

表 9.12　工况及荷载组合表

序号	荷载组合	计算工况	设计计算水位	备注
1	基本组合	常水位工况	常水位	
2	特殊组合	施工完工工况	无水位	墙前墙后无水
3	特殊组合	设计洪水水位骤降工况	设计水位	墙后排水失效

本工程部分河段护岸采用混凝土挡墙,挡墙顶部宽度 0.50 m,顶部高程为常水位+0.3 m,墙后回填砂卵石。按最不利断面进行工况计算。埋石挡墙受力简图如图 9.28 至图 9.30 所示。

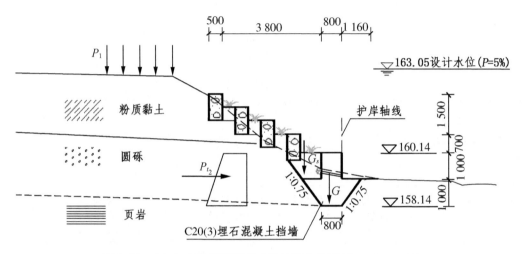

图 9.28　(左 0+400)埋石混凝土挡墙受力简图(施工完工工况)

(G 为埋石混凝土挡墙自重;G_s 为墙背土重;P_{t_2} 为墙后土压力;P_1 为作用于墙背外部荷载)

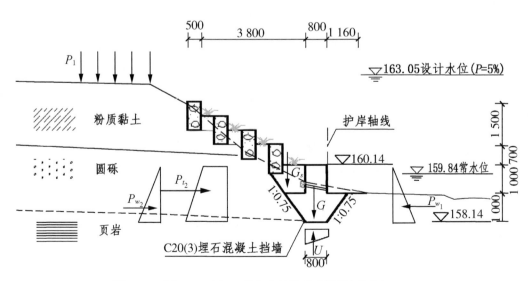

图 9.29　(左 0+400)埋石混凝土挡墙受力简图(常水位工况)

(G 为埋石混凝土挡墙自重;G_s 为墙背土重;P_{t_2} 为墙后土压力;P_{w_1} 为墙前水压力;P_{w_2} 为墙后水压力;U 为扬压力)

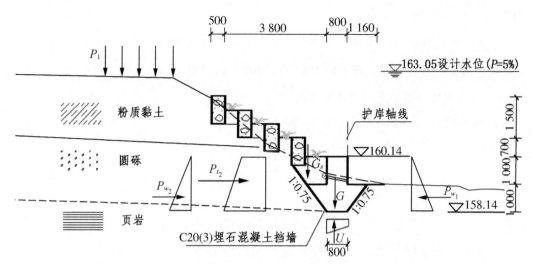

图 9.30 （左 0+400）埋石混凝土挡墙受力简图（设计洪水位骤降工况）

（G 为埋石混凝土挡墙自重；G_s 为墙背土重；P_{t_2} 为墙后土压力；P_{w_1} 为墙前水压力；P_{w_2} 为墙后水压力；U 为扬压力）

a. 抗倾覆安全系数 K_0 按下式计算：

$$K_0 = \frac{\sum M_V}{\sum M_H}$$

式中：K_0——挡土墙抗倾覆稳定安全系数，正常运用条件下，$K_0 \geqslant 1.4$，非正常运用条件下，$K_0 \geqslant 1.3$；

$\sum M_V$——对挡土墙基底前趾的抗倾覆力矩，kN·m；

$\sum M_H$——对挡土墙基底前趾的倾覆力矩，kN·m。

b. 生态格网石笼挡墙沿基底面的抗滑稳定安全系数 K_c 按下式计算：

$$K_c = \frac{f \sum G}{\sum H}$$

式中：K_c——挡土墙沿基底面的抗滑稳定安全系数；

f——挡土墙基底与地基之间的摩擦系数；

$\sum G$——作用在挡墙上全部垂直于水平面的荷载，kN；

$\sum H$——作用在挡墙上全部平行于基底面的荷载，kN。

c. 土质地基上挡土墙沿基底面的抗滑稳定安全系数 K_C 按下式计算：

$$K_C = \frac{f \sum G}{\sum H}$$

式中：K_c——抗滑稳定安全系数；

$\sum G$——作用在挡土墙上所有垂直于水平面的荷载，kN；

$\sum H$——作用在挡土墙上所有平行于基底面的荷载，kN；

f——底板与堤基之间的摩擦系数。

d. 埋石混凝土挡墙基底应力按下式计算：

$$P_{\max,\min} = \frac{\sum G}{A} \pm \frac{\sum M}{W}$$

式中：$P_{\max,\min}$——挡土墙基底应力的最大值或最小值，kPa；

$\sum G$——作用在挡土墙上全部垂直于水平面的荷载，kN；

A——挡土墙基底面的面积，m^2；

$\sum M$——作用在挡土墙上的全部荷载对于水平面平行于前墙墙面方向形心轴的力矩之和，kN·m；

W——挡土墙基底面对于基底面平行于前墙墙面方向形心轴的截面矩，m^3。

② 地质参数

挡土墙基础位于圆砾层上，地基允许承载力为 160 kPa，摩擦系数 $f = 0.42$；内摩擦角 30°，天然容重 19.9 kN/m^3。挡土墙稳定计算及应力分析成果表如表 9.13 所示。

表 9.13　挡土墙稳定计算及应力分析成果表

桩号	结构形式	计算工况	墙高 (m)	顶宽 (m)	基底应力（kPa）		抗滑安全系数		抗倾覆安全系数	
					最大值	最小值	计算值	允许值	计算值	允许值
左 0+400	埋石混凝土挡墙	常水位工况	2.0	0.5	78.73	54.65	1.47	1.05	5.80	1.40
		施工完工工况	2.0	0.5	59.80	46.00	1.30	1.00	3.13	1.30
		设计洪水位骤降工况	2.0	0.5	76.74	53.46	1.56	1.00	2.56	1.30

从表 9.13 计算成果可知，重力式挡墙的抗滑、抗倾覆安全系数均大于规范规定值，满足规范要求。重力式挡墙基础最大应力为 78.73 kPa，最小应力为 46.00 kPa，均小于土质地基允许承载力 160 kPa，满足规范要求；最大应力与最小应力之比最大值为 2.10，小于允许值 2.5，满足规范要求。

（5）护岸边坡整体稳定计算

根据《水利水电工程边坡设计规范》（SL 386—2007）第 3.3 节"边坡运用条件划分"要求的计算工况进行边坡整体稳定计算时，需要对原来的自然岸坡和采取措施后的岸坡分别进行边坡稳定复核及计算。本次岸坡稳定计算断面，根据测量现状断面坡度以及地质土层构造选取典型剖面进行稳定性计算。

计算断面选择桩号右1+538典型断面进行稳定复核及计算,挡墙典型剖面图(桩号:右1+538)如图 9.31 所示。

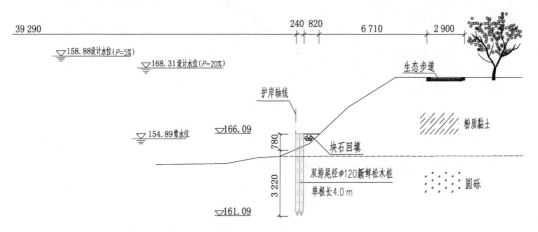

图 9.31 挡墙典型剖面图(桩号:右1+538)

① 计算工况

经分析,本工程岸坡最危险的运用条件是洪水过后水位迅速下降,这种情况时有发生,故将水位骤降工况作为控制工况进行计算。

② 计算公式

依据《堤防工程设计规范》(GB 50286—2013),水位骤降工况下岸坡抗滑稳定安全系数 K 按总应力法计算,计算公式如下:

$$K = \frac{\sum \left\{ \left[(W \pm V)\cos \alpha - ub\sec \alpha - Q\sin \alpha \right] \tan \varphi' + c'b\sec \alpha \right\}}{\sum \left[(W \pm V)\sin \alpha + M_c/R \right]}$$

式中:W ——土条重量,kN;

Q、V ——分别为水平和垂直地震惯性力(向上为负、向下为正),kN;

u ——作用于土条底面的孔隙压力,kN/m²;

α ——条块重力线与通过此条块底面中点的半径之间的夹角,°;

b ——土条宽度,m;

c' ——土条底面的有效凝聚力,kN/m²;

φ' ——有效内摩擦角,°;

M_c ——水平地震惯性力对圆心的力矩,kN·m;

R ——圆弧半径,m。

③ 计算结果

计算结果简图如图 9.32 至图 9.34 所示。

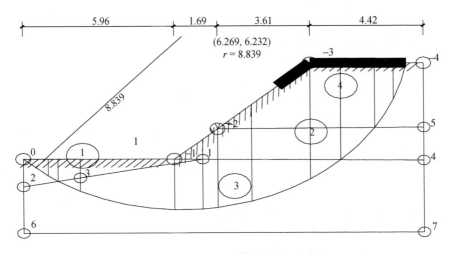

图 9.32　右 1+538 岸坡稳定计算结果简图（未施工工况）

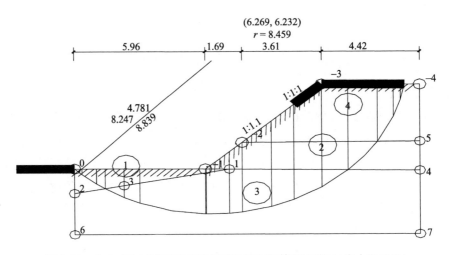

图 9.33　右 1+538 采取措施后岸坡整体稳定计算结果简图（常水位工况）

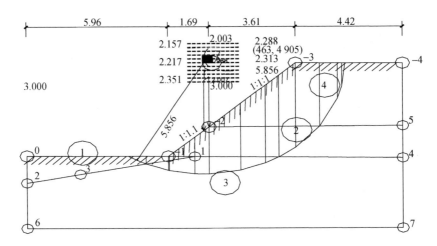

图 9.34　右 1+538 采取措施后岸坡整体稳定计算结果简图（设计洪水位骤降至常水位工况）

护岸典型断面现状抗滑稳定计算成果表如表9.14所示。

表9.14 护岸典型断面现状抗滑稳定计算成果表

桩号	计算工况	计算水位（m）	边坡稳定安全系数（整治前）	边坡稳定安全系数（整治后）	规范安全系数
右1+538	未施工工况	154.26 m	1.03	—	1.10~1.15
	常水位工况	154.89 m	2.44	2.63	1.1~1.05
	设计洪水位骤降至常水位工况	154.89~158.88 m	2.12	1.279	1.00~1.05

根据规范要求,4级堤防工程的抗滑安全稳定系数为:正常运用条件下1.15。经计算,在水位骤降工况下,右1+538断面原始自然岸坡临水侧的抗滑稳定安全系数为1.03,未满足规范要求,采取工程措施后的岸坡临水侧抗滑稳定安全系数为1.279,满足规范要求。

9.1.12 工程安全监测

1. 安全监测设计目的

(1)通过监测数据的采集、分析及处理,掌握建筑物情况,及时发现异常现象和可能危及建筑物安全的不良因素,并及时对其稳定性和安全度做出评价,以确保河岸及建筑物在施工期、运用期的安全。

(2)检验设计方案和施工工艺的效果,并指导施工。

(3)为以后的类似工程提供河道防护整治经验。

2. 安全监测设计原则

针对本工程及有关建筑物的结构特点,参照《水利水电工程安全监测设计规范》(SL 725—2016)等国家有关安全监测规范,确定该工程安全监测系统的设计原则为:

(1)安全监测系统应统一规划,突出重点、兼顾一般;

(2)安全监测断面应选择护岸及箱涵中有代表性的部位,能准确反映建筑物的工作状况;

(3)仪器选型在满足精度要求的前提下,应做到可靠、耐久、经济、实用;

(4)对所测资料应及时进行整理、分析和评价,以便对工程中存在的不安全因素能及时发现、报警,并采取处理措施;

(5)除用仪器、仪表进行监测外,还必须重视人工巡视检查。

3. 安全监测设计项目

根据本工程的具体特点,设置的观测项目如下:

(1)沉降、水平位移观测点:在整治河段,每500 m护岸段布置一个观测断面。位移测量中误差限值≥±3 mm。监测频率:施工期1次/月,汛期4次/月,非汛期1次/2月。

(2)环境监测:为了监测河道上下游水位变化情况,在渡头大桥设水尺1把,在樟塘堰坝设水尺 1 把。

主要观测设备如表 9.15 所示。

表 9.15　主要观测设备

序号	名称	单位	数量
1	全站仪	台	1
2	J3 水准仪	台	1
3	水位尺	把	2

4. 工程监测

工程竣工后交由临桂镇人民政府农业服务中心负责运行管理,临桂区水利局给予技术指导。为了能及时发现和预报建筑物的异常现象,消除隐患,确保工程安全,管理人员需进行经常性的及特殊情况下的巡视检查工作,并根据巡视检查情况,定期对护岸的工作状态(分为正常、异常和险情三类)提出分析和评估,如遇异常情况,及时上报主管部门并研究抢险处理措施或进行加固除险。

9.2　生态缓冲带建设工程

9.2.1　设计依据及规范

(1)《中华人民共和国城乡规划法》;

(2)《公园设计规范》(GB 51192—2016);

(3)《风景园林制图标准》(CJJ/T 67—2015);

(4)《城市绿地设计规范》(GB 50420—2007);

(5)《风景名胜区总体规划标准》(GB/T 50298—2018);

(6)《园林绿化工程施工及验收规范》(CJJ 82—2012);

(7)《绿化种植土壤》(CJ/T 340—2016);

(8)《城市绿化条例》(2017 年国务院令第 676 号);

(9)《山水林田湖草沙一体化保护和修复工程实施方案(编制大纲)》;

(10)《自然资源部办公厅 财政部办公厅 生态环境部办公厅关于印发〈山水林田湖草生态保护修复工程指南(试行)〉的通知》(自然资办发〔2020〕38 号);

(11)《广西中小河流治理生态技术运用指南》;

(12)国家及当地政府现行的有关法律、法规、条例及规范等。

9.2.2　设计理念

全面贯彻落实习近平生态文明思想,坚持人与自然和谐共生的基本方略,树立"山水林田湖草沙是一个生命共同体"的思想,翔实勘察当地气候、地质、水文、植被等要素,并结合当地风土人情,统筹兼顾,以"生态规划、生态设计、生态治理、生态管理、生态运维"的理念,统筹山水林田湖草沙系统综合治理,采取"以自然恢复为主,人工适度干预促进恢复为辅"的近自然方式进行修复。

9.2.3 现状植物分析

桃花江临桂段地处中亚热带与南亚热带交界的区域,在植被区划上位于亚热带常绿阔叶林区域、东部湿润阔叶林亚区、中亚热带常绿阔叶林南部亚地带的三江流域山地栲类、木荷林、石灰岩植被区和南岭山地栲类、蕈树林区的过渡地带,地带性原生植被为常绿阔叶林。桃花江临桂段植被总体上可分为山地植被和滨水植被两部分。由于过去受人为干扰严重,山地植被以灌丛为主,红背山麻杆、假尾包叶、黄荆是组成灌丛的优势种,白茅为最常见的草丛。原生乔木分布较广且较稀疏,近年来随着群众保护意识的提升,岸坡上出现了少量乌桕、樟、枫香、苦楝、枫杨等天然乔木林群落。人工乔木树种主要有房前屋后及河堤上种植的桃花、垂柳、桂花等。此外,河道周边的田地上人工种植了大面积的水稻等经济作物。

桃花江临桂段原生水生植被中,沉水植物组成的群落面积最大的是亚洲苦草群落,几乎遍布河道,其次为轮叶黑藻、金鱼藻、马来眼子菜、穗花狐尾藻等为优势群落。挺水植被带主要分布在河道沿岸水位线,有原生性的水蓼、芦苇、水葱植被群落。

9.2.4 设计原则

1. 因地制宜

因地制宜、科学施策,协调好治理措施与生态健康的关系,推动生态修复、绿色发展。

2. 保护优先、自然恢复为主

坚持保护优先、自然恢复为主的原则,根据生态系统退化、受损程度和恢复力,合理选择保育保护、辅助再生和生态重建等措施,避免过度修复,增强生态系统稳定性。

3. 经济合理、效益综合

按照财力可行、技术可行的原则,优化工程布局、时序,实行经济合理的修复与管护,实现生态、社会、经济综合效益。

9.2.5 工程执行可研批复情况说明

本次初步设计方案是在《桂林市临桂区桃花江黄塘村至龙头村段生态修复工程可行性研究报告》批复的基础上进行的深化,两阶段修复工程的地点、修复内容及资金等均无较大出入。

原来的桃花江临桂段环境优美,景观品位高,地域特色显著。然而后来生态受到了严重的破坏,植被退化严重,基本丧失了其优越的生态优势。因此,所批复的可研植物修复工程量为 130 600 m²,所种乔木以红花夹竹桃、黄花夹竹桃、桃花、桂花、乌桕、银杏、枫香、香樟、鸡爪槭、紫玉兰、垂柳、碧桃、杜梨、红花羊蹄甲、紫薇、晚樱、凤尾竹、枇杷、柚子、杨梅、黄皮果等为主,灌木以三角梅、苏铁、栀子、木犀榄、南天竹等为主,地被以红花酢浆草、金叶女贞、红花继木、毛杜鹃、迎春、马尼拉草等为主,滨水植物以芦苇、黄菖蒲、风车草、梭鱼草、水生美人蕉、千屈菜、再力花、香蒲、荷花、苦草等为主,其中大部分为园林植被。其主要作用为修复河道环境,尽快营造出生机勃勃的桃花江两岸生态。

然而,该方案所选植被过度园林化,其中部分树种还需长期养护,不适宜用于本河道的生态治理。因此,本次初步设计在做了详细的现场调查后,将一些零散的生态破损区也纳入了生态修复之中,例如,陂头村段靠近公路的区域生态较好,而远离公路的河滩及周边农田区域部分植被及岸坡被洪水冲毁,本次初步设计将冲毁的岸坡及河滩均纳入了修复范围,因此本方案的修复面积从可研阶段的 130 600 m² 增加到了 136 092 m²。并且在植被破坏区域补种多种本土根系发达且适应能力强的大小乔木、草灌、滨水植物,例如,取消了银杏、鸡爪槭、紫玉兰、杜梨、晚樱、枇杷、柚子、杨梅等观叶、观花、观果类景观乔木,金叶女贞、红花继木、迎春、马尼拉草等园林灌草植物,梭鱼草、再力花、千屈菜、荷花等景观水生植物,替换成了油桐、枫杨、苦楝树、栾树等本土乔木,火棘、肾蕨、水杨梅等乡土灌木,常青藤、爬山虎等本土藤蔓植物,茭白、菹草、狐尾藻等乡野水生植被。采取回归自然的设计方式,使植物融入原生环境,不刻意追求人为的园林美。

9.2.6 建设内容

桂林市临桂区桃花江黄塘村至龙头村段生态修复工程位于桂林市临桂区临桂镇黄塘村至龙头村桃花江的两岸。本次生态缓冲带建设工程综合修复河道两岸面积 136 092 m²。植物措施设计范围下限为河道常水位线,植物措施设计范围上限为河道管理范围外边线。如遇管理范围外边线超出现状农田边线的,以现状农田边线为植物措施设计范围上限,不涉及占用林地及基本农田等情况。

本方案秉承的设计理念为"自然恢复为主,人工适度干预促进恢复为辅"的近自然设计,遵循《山水林田湖草沙一体化保护和修复工程实施方案(编制大纲)》的要求,不占用农田、居民绿化用地。整个项目被划分为八个区域:

第一个区域位于建设项目的起始点,称为"桃花源"。对应区域为黄塘村黄塘大桥整治起点至泉南高速大桥主河道左岸 4.379 km、右岸 4.717 km,修复面积 43 105.67 m²。

第二个区域为"桃花春",对应区域为泉南高速大桥整治起点至大宅村漫水桥主河道左岸 1.118 km、右岸 1.263 km,修复面积 16 136.99 m²。

第三个区域为"桃花香",对应区域为大宅村漫水桥至高铁桥左岸 1.087 km、右岸 1.161 km,修复面积 17 855.86 m²。

第四个区域为"桃花醉",对应区域为高铁桥至道观桥左岸 0.966 km、右岸 1.587 km,修复面积 20 278.47 m²。

第五个区域为"桃花思",对应区域为道观桥至塘洞村(与灵川交界)左岸 0.521 km、右岸 1.079 km,修复面积 12 708.8 m²。

第六个区域为临桂区乐和工业园内西干渠,起点为五孔桥,终点为坪田村西二环桥涵处,左岸 0.374 km、右岸 0.418 km,修复面积 9 365.35 m²。

第七个区域为麻枫河乐和工业园段,起点为五孔桥,终点为麻枫河与桃花江汇合口处,左岸 0.068 km、右岸 0.167 km,修复面积 326.25 m²。

第八个区域位于桃花江"桃花醉"区内高铁桥下的老河道,总长 0.874 km,修复面积 16 314.61 m²。

9.2.7 植被修复措施

"桃花源"(黄塘大桥至泉南高速大桥):经考察,场地内的现状植被长势良好,植物生态相对完整。受人为或自然影响,局部生态系统受到破坏,植被退化。应补种一些本土小型乔木植物,恢复其生物多样性。整个区域主要种植乔木、草灌、藤蔓植物。乔木:桂花 139 株、乌桕 118 株、油桐 132 株、枫杨 147 株、桃树 226 株、垂柳 138 株、火棘 167 株、毛竹 176 丛、琴丝竹 118 丛、凤尾竹 119 丛、夹竹桃 183 株;草灌:桃金娘 277 m²、五节芒 149 m²;藤蔓植物:常春藤 3 357 株、爬山虎 3 357 株。

"桃花春"(泉南高速大桥至大宅村漫水桥):该区域步道可以一直连通到此处生态节点,成为人们的又一生态旅游胜地,因此,可以重点打造该区。种植一些水生植物,在道路两旁补种一些灌木地被及小型乔木,整体呈现乡村自然生态景观。主要增补乔木、草灌、藤蔓植物。乔木:桂花 70 株、乌桕 41 株、枫杨 12 株、桃树 96 株、垂柳 54 株、火棘 10 株、夹竹桃 36 株;草灌:映山红 185 m²、桃金娘 46 m²、肾蕨 636 m²、水杨梅 772 m²、类芦 895 m²、五节芒 79 m²、翠芦莉 145 m²;藤蔓植物:常春藤 751 株、爬山虎 751 株。

"桃花香"(大宅村漫水桥至高铁桥):因该区临近村庄,主要营造的是初春过后桃花初开的迷人场景(桃花在春风中绽放,花香四溢,招蜂引蝶)。因此植物配置以观花、观叶特色植物为主,能够为人们营造多个特色节点,供人们休憩游玩。主要增补 12 种本土乔木:桂花 40 株、银杏 15 株、枫香 20 株、杜梨 12 株、乌桕 27 株、桃花 258 株、紫玉兰 10 株、垂柳 15 株、碧桃 30 株、夹竹桃 52 株、黄花夹竹桃 90 株、紫薇 88 株;补种 4 种本土灌木及地被:红花酢浆草 139.3 m²、三角梅 207.87 m²、迎春 728.73 m²、肾蕨 266.5 m²。

"桃花醉"(高铁桥至道观桥):该区临近村庄,又处于高铁桥与公路桥之间,是整个项目最核心的部分。"桃花醉"主题呈现的是桃花争相开放,人们观赏盛开的桃花而陶醉其中的场景。植物配置多以观花、观叶以及花香植物等为主,打造四季有景、八方可观的场景。需增补 12 种本土乔木:银杏 45 株、枫香 10 株、杜梨 14 株、乌桕 40 株、枇杷 5 株、桃树 348 株、紫玉兰 47 株、垂柳 10 株、碧桃 30 株、夹竹桃 55 株、黄花夹竹桃 84 株、紫薇 80 株;补种 3 种本土灌木及地被:毛杜鹃 983.02 m²、三角梅 701 m²、肾蕨 206.14 m²。

"桃花思"[道观桥至塘洞村(与灵川交界)]:"桃花思,思桃花",本区营造桃花凋零后满地花瓣的意境。桃花凋零时节也正是果实苗壮成长的最好时节,因此本区除种植桃花与碧桃以外还点缀种植了部分观果类植物,寓意风调雨顺、丰收在望。需增补 12 种本土乔木:枫香 21 株、杜梨 12 株、乌桕 27 株、枇杷 30 株、柚子 30 株、桃树 282 株、碧桃 90 株、杨梅 20 株、黄皮果 25 株、夹竹桃 51 株、黄花夹竹桃 64 株、紫薇 22 株;补种 4 种本土灌木及地被:毛杜鹃 1 955.47 m²、迎春 1 321.26 m²、南天竹 540.25 m²、肾蕨 101.88 m²。

西干渠(五孔桥至坪田村西二环桥涵):该区域位于乐和工业园内,园区段植被稀少,生态效益极差。为了改善工业园内生态环境,对园内西干渠两岸进行生态修复,增补本土树种:桂花 106 株、乌桕 90 株、琴丝竹 55 丛、凤尾竹 38 丛、夹竹桃 62 株、栾树 187 株、苦楝子树 65 株、小叶榕 27 株,以此将西干渠打造成为乐和工业园的生态廊道和休闲廊道。

麻枫河(五孔桥至麻枫河与桃花江汇合口,该区域位于乐和工业园内):它是汇入桃花江的支流,两岸多为工业区和居民区,生态环境极差。为了改善工业园内生态环境,对园内麻枫河两岸进行生态修复,增补本土树种:桂花 64 株、桃树 96 株、夹竹桃 32 株。

老河道(高铁桥下):该区域位于"桃花醉"区内,村庄人口较密集,根据现场调查,仅生活污水排放口就有 15 处之多,而该段河道通过闸门与桃花江相连通,是桃花江水环境污染的"定时炸弹"。因此,考虑通过补种水生植物的方式对其进行生态修复,在种植上选择了生命力强、净化效果好的本土水生植物,具体包括:水生美人蕉 683.9 m²、旱伞草346.1 m²、菖蒲 89.65 m²、茭白 41.47 m²、芦苇 1 577.51 m²、菹草 6 257.25 m²、苦草3 682.41 m²、狐尾藻 1 976.86 m²。修复后的高铁桥老河道再也不是臭水沟了,其不仅能够净化水质、美化环境,还能够固碳、降碳,增加桂林市的碳汇。

9.2.8　苗木规格指标

严格按照苗木规格购苗,应选择枝干健壮、形体完美、无病虫害的苗木。大苗移植,尽量减少截枝量,严禁出现没枝的单干乔灌木,乔木主枝不少于 3 个。主要树种的苗木选择应获得建设单位及设计单位的认同。

1. 苗木规格

(1)苗木汇总表中的项目包括植物的特性、尺寸及规格、数量等。

(2)高度:指苗木经常规处理后的自然高度。乔木保留顶端生长点,3 个分枝以上;自然形状的树要保留其完整的冠幅。行道树高差不大于 50 cm,且枝下高度高差小于20 cm,分枝要求 3~5 个,最低分枝点保持在 200~230 cm,力求列植后整齐划一。广场及树池中的乔木分枝点高度不得低于 2.2 m。靠近园路的乔木分枝点高度不得低于 2.0 m。

(3)胸径:指种植乔木离地面 1.3 m 处的平均直径,有上限和下限,种植时最小不能小于下限,最大不能超过上限 3 cm(主景树可达 5 cm)。

(4)冠幅:指种植时植株经常规处理后,交叉垂直两个方向上的树冠平均直径。在保证植株移植成活和满足交通运输的前提下,应尽量保持树木的原有冠幅,这有利于绿化尽快见效。

(5)土球直径:树木移植时其根部所带土球的平均直径。所带土球应保证到放于植穴时完好不散。如苗木为假植苗或容器苗,可在保证苗木正常移植成活和迅速生长的前提下,确定所带的土球规格。土球高度依植株的根系分布情况确定。对在苗木规格中列明种植容器类型者,可在保证苗木质量的前提下,按如下顺序确定:指定盆苗则用盆苗,指定袋苗则用袋苗(亦可用盆苗);指定假植苗可用盆苗、袋苗;指定地苗则用盆苗、袋苗、假植苗。以此类推,反之则不行。

(6)净干高:指乔木树干从地面至树冠最低分枝处的高度。

(7)裸干高:植株从地面到最低叶鞘以下裸干的高度。

(8)头径:植物茎干痕处的平均直径。

(9)假植苗:要求假植时间达3个月以上,土球完好,根系完整,且有新根萌发;地上部分生长正常,无缺营养和老化现象。

(10)容器苗:直接栽植于容器内或由地栽移植到容器内,在容器内生长至少半年,已形成完整根系的各种花卉和苗木。

2. 苗木质量

(1)所有苗木必须健康、新鲜、无病虫害、无缺乏矿物质症状,生长旺盛而不老化,树皮无人为损伤或虫眼。

(2)所有苗木应生长茂盛、分枝均衡、整冠饱满,能充分体现个体的自然景观美。

(3)严格按设计规格选苗,灌木选用袋苗,地苗用假植苗,应保证移植系完好,带好土球,包装结实牢靠。

(4)乔木锯口处要干净、光滑,无撕裂或分裂,正常截口应用蜡或漆封盖。

(5)开花乔木及主景树在种植时必须尽量保留原有的自然生长冠形。

(6)片植的植物要树形丰满,花叶茂盛,同一种类的规格要相同,误差不应大于5%,种植要紧凑,表面平坦,在正常的视距内不应看见地表土。

3. 本地无苗源的树种

对本地无苗源或苗源不足的树种,应提前在苗源地对苗木进行技术处理,以保证移植的苗木有较好的绿化初期效果。

4. 植株的包装、运输

按园林市场常规处理,保证苗木质量。

5. 按设计配植

为保证施工能充分体现植物造景,要求施工时有的放矢,依设计认真配植。对孤植树,应突出其最佳树姿;对自然丛植树,应高低搭配有致,反映树丛的自然生长景观;对林植树,应注意不同种之间的共生共荣,体现密林景观;对密植花木,应注意冠与冠之间的连接、错落和裸土的覆盖,显示群植的最佳绿化效果。

9.2.9　种植要求

1. 种植要点

(1)种植时首先检查各种植点的土质是否符合设计要求。

(2)定点放线:按施工平面图所标具体尺寸定点放线,如苗木为不规则造型,应采用图中比例尺寸定点放线。

(3)苗木种植:按园林绿化常规方法施工,基肥应与碎土充分混匀;成列的乔木应成一直线,并按种植苗木的自然高依次排列;点植的花草树木应自然种植,高低错落有致。种植土应捣碎,使植物根系与土充分接触,最后用木棍插实起土圈、浇足定根水,扶正并固定树木。大乔木移植,应注意新种植点树木的东西南北朝向,最好能与原苗木培植点的朝向相同(结合苗木的观赏面),并讲究大乔木移植的其他方法,以保证大树移植成活率。植物栽植后需要辅助支撑,固定树木。

2. 主要绿化分类种植要点

(1)孤立树栽植选用树木,要求树冠广阔或树形雄伟,或是树形优美、开花繁盛。种植时,树穴比一般树木栽植时挖得更大,土壤要更肥沃一些。根据构图要求,要调整好树冠的朝向,把最美的一面向着空间最宽、最深的一方。树木栽好后,要用护树架支撑树干,以防树木倾斜及倒下。护树架支撑高度宜为树高的$1/3 \sim 1/2$。

(2)树丛栽植。风景树丛一般是用几株或十几株乔、灌木配植在一起。选择构成树丛的材料时,要注意选树形有对比的树木。一般来说,树丛中央要栽最高的和直立的树木,树丛外沿可配较矮的伞形和球形植株。树丛内植株间的株距不应一致,要有近有远,有散有聚。

(3)地被应按品字形种植,种植密度以不露黄土为宜,且植物带边缘种植密度大于设计规定密度,以利于形成流畅边线,使相邻两种植物过渡自然。

(4)种植草坪前,应确保地表无洼地,表土无大于1 cm的土块或碎石。草坪移植平整度误差小于1 cm,草皮边缘与路面或路基石交界处应保持齐平,统一低于路面或路基石3 cm。

(5)修剪整形。因种植前修剪主要是为了运输和减少水分损失等,所以花草树木种植后,应考虑植物造景以及植物基本形态,重新进行造型、修剪残枝等,并对剪口做处理,使植物种植后的初始冠形既能体现初期效果,又有利于将来形成优美冠形,达到设计目的和效果。

3. 大树种植

(1)大树种植前

① 准备好各种机械设备、材料并确定种植方案、步骤及人员组织。

② 按照大树实际情况,依特大乔木种植穴剖面示意图掘好树坑,并布设好部分排水设施,如埋透水管。

(2)大树种植过程中

① 大树种植过程中应尽量避免损伤大树的相关部位。

② 大树种植顺序:先垫底层中沙,后吊入大树,再一边填土团,一边回填混合种植土,直至所需高度。

③ 种植的树体应垂直,最好的视线方向需有最好的观赏面,确保最好的观赏效果。

④ 大树需用固定拉绳、角钢等材料做四个方向的防护处理。

⑤ 为确保大树成活,要求在大树上布设软管,采用喷雾喷头喷淋,喷雾喷头要比树冠高,喷头数量因树而异,可依具体情况合理布置喷头。

⑥ 对大树损伤的部位采用绿色油漆涂抹,涂两道。

（3）大树种植后

① 派专人进行养护,观察大树状态,如给排水、病虫害、安全防护等情况。针对大树的不同情况,采取有针对性的养护方案。

② 做好大树遮阳工作,可采用搭建遮阴网的方法。

9.2.10 土壤、树穴及基肥的要求

1. 土壤要求

土壤应疏松湿润,排水良好,pH 5~7,含有机质,应对强酸碱、盐土、重黏土、沙土等不良土壤进行改良,使其符合植物生长的要求。种植区现有土壤不适宜种植时,应将表面换为种植土,适宜植物生长的最低种植土层厚度应符合表 9.16 规定。

表 9.16 园林绿化种植必需的最低土层厚度

植被类型	草本花卉	草坪地被	小灌木	大灌木	浅根乔木	深根乔木
土层厚度（cm）	30	15~30	45	60	90	150

草地要求面层土 15 cm 内含直径大于 1 cm 的杂物石块少于 3%;花灌木要求有厚度大于 50 cm 的合格土层;乔木则要求在种植土球周围有厚度大于 80 cm 的合格土层;乔木要求土坑内的面层土含直径大于 3 cm 的杂物石块少于 5%。

2. 树穴要求

树穴应符合设计要求,位置要准确。土层干燥地区应在种植前浸润树穴。树穴应根据苗木根系、土球直径和土壤情况而定,树穴应垂直下挖,树穴开挖上口、下底规格应符合设计要求及相关的规范。

3. 基肥要求

施工时对各种花草树木均应施足基肥,以弥补绿地土壤肥力的不足,改良土壤,从而使花、草、树恢复生长。按目前的园林施工要求,基肥主要成分标准如下：有机质含量>30%,腐殖质>15%,含氮（N）1%~1.5%,含磷（P205）0.5%~1.0%,含钾（K20）0.5%~15%,酸碱度（pH 值）6.5~7.2。基肥应通透性好,保水力强,有利于土壤改良,使土壤无有害虫卵及幼虫,清洁、卫生、环保等。常见基肥有以下几种。

（1）垃圾堆烧肥：将垃圾焚烧场生产的垃圾堆烧肥过筛,且充分沤熟后施用。

（2）堆沤蘑菇肥：将蘑菇生产厂生产所剩的废蘑菇种植基质掺入 3%~5% 的过磷酸钙后堆沤,充分腐熟后施用。具体施工时,可根据实际需要及市场供给做相应调整,但必须经该工程施工主管单位同意后施用,用量依实际情况而定。

（3）塘泥：塘泥为鱼池沉积淤泥晒干后结构良好的优质泥块,含丰富的有机质和氮、磷、钾等肥料元素,将其捣成直径为 3~5 cm 的碎块施用。

（4）其他厩肥或有机肥必须经过该工程主管部门同意后施用,用量依实际情况而定。

9.2.11 施工要求

1. 土地平整、施基肥、耕翻要求

对清除了杂草、杂物后的地面应进行土地平整。顺应地形和周围环境,按设计地形要求平整出初步地形,边缘要低于路面或道牙 3~5 cm,无坑洼,平整后撒施基肥,用量控制在 10 kg/m² 左右。施肥后进行一次约 30 cm 深的耕翻,使肥与土充分混匀,做到肥土相融,起到既提高土壤养分,又使土壤疏松、通气良好的作用。

2. 挖穴要求

以所定灰点为中心沿四周向下挖坑,坑的大小依土球规格及根系情况而定,应比土球大 16~20 cm,保证根系充分舒展。坑的深度应比土球高度深 10~20 cm。坑的形状一般为圆形,且须保证上下口径大小一致。

3. 栽植要求

(1)回填底部植土:以施有基肥的土为树坑底部植土,使穴深与土球高度相符,尽量避免深度不符合要求而来回搬动。

(2)摆放苗木:将苗木土球放到穴内。土球较小的苗木应拆除包装材料再放到穴内;土球较大的苗木,要先放到穴内,把长势好的一面朝外,竖直看齐后垫土固定土球,再剪除包装材料。

(3)填土插实:在接触根部的地方要铺放一层没有拌肥的干净植土。填土至树穴的一半时,用木棍将土壤四周的松土插实,然后继续用土填满种植沟并插实,使填土均匀、密实地分布在土球的周围。

(4)淋定根水、立支架:栽植后,必须在当天淋透定根水。要求每株乔木用长 3~5 m、尾径大于 4 cm 的 3 根毛竹扶固。大型乔木在树干 2/3 高处用橡皮胶捆绑,从橡皮胶处向四周引 3 根铁丝(φ3 mm),铁丝末端用 1 m 长角铁固定深深钉入地下(角铁露出地面 15 cm 左右),固定其树干,确保树木不倾斜、不倒伏。

4. 草地种植要求

(1)草皮边缘与路面或路基石交界处应保持水平,统一低于路面或路基石 3 cm 左右。

(2)草块的选择:规格一致,边缘平直,草长势好,杂草率不超过 2%,草块土层厚度 3~5 cm。

(3)地面要求:草地上设计种植的绿地地面必须符合土质要求,清除杂物,平整至所需坡度,与土拌匀。

(4)铺设草块间隙小于 2 cm,不重叠,铺后浇足水,待半天后夯实,使草与土壤充分接触。

(5)铺植后一周,隔天连续拍打 3 次以上,使草地紧实、平整,显示出地形。

9.2.12 绿化养护

根据常规要求,绿化养护管理时间为 6 个月(或由建设单位确定)。养护从所有绿化种植全部完成、初检合格后起。养护期内,应及时更新复壮、受损苗木等,并能按设计意图、植物生态特性及生物学特性科学养护,保持丰富的植物景观层次和群落结构,达到桂林市绿化养护二级以上标准。

(1)追肥:主要追施氮肥和复合肥。草地追肥多为氮肥,在养护期内,按面积计算,以每月每平方米 50 g(2~3 次)尿素作为追肥,可撒施或水施;花木和乔、灌木最好施用复合肥,花坛每月每平方米 100 g(2~3 次)左右,灌木每株每月 25 g 左右,乔木每株每月 150 g 左右。施用时的具体用量可依据施工方案依实确定。

(2)抹不定芽及保主枝:乔木成活后萌芽不规则,这时应该在设计冠高以下将全部不定芽抹掉,在设计树形内则依设计造景要求去掉枝干上的萌芽。灌木则依据造景需要去留新芽或修剪,以利于形成优美树型为准。

9.2.13 树木与现有地下管线外缘的最小水平距离

树木与现有地下管线外缘的最小水平距离如表 9.17 所示。

表 9.17 树木与现有地下管线外缘的最小水平距离

管线名称	距乔木中心距离(m)	距灌木中心距离(m)
电力电缆	1.0	1.0
电信电缆(直埋)	1.0	1.0
电信电缆(管道)	1.5	1.0
给水管道	1.5	—
雨水管道	1.5	—
污水管道	1.5	—
燃气管道	1.2	1.2
热力管道	1.5	1.5
排水盲沟	1.0	—
道路侧石边缘	0.75	0.5

9.2.14 树木支护要求

(1)需设置护树架的种植类型有:以行列式规则种植的乔木,如行道树、树阵等;超大规格的孤植树、名木古树等大树。

(2)护树架为圆木、竹竿或拉索等形式,支撑范围为树高 1/3~2/3 处。

(3)重点景观区域可采用地下支撑树木的方式,即以井字形与地锚型支撑,可避免树木的完整形态受影响,充分展现树木优美的姿态。

9.2.15 绿化施工注意事项

(1)绿化种植应在主要建筑、地下管线、道路工程等主体工程完成后进行。

（2）绿化施工时,如发现电缆、管道、障碍物等要停止操作,及时与有关部门协商解决。

（3）如遇图纸与现场不符的情况,应及时反馈给设计单位,以便及时处理。

9.2.16　其他

（1）施工中若与其他市政设施冲突,应按照实际情况、国家有关规范及当地有关条例就间距进行协调处理,以不影响设计效果为原则。

（2）设计种植效果需养护一段时间才能达到。

（3）未尽事宜,应以《园林绿化工程施工及验收规范》（CJJ 82—2012）为准进行施工及验收。

9.3　农村生活污水处理工程

9.3.1　设计依据及规范

1. 法律法规

（1）《中华人民共和国环境保护法》；

（2）《中华人民共和国水污染防治法》；

（3）《中华人民共和国水污染防治法实施细则》；

（4）《中华人民共和国土地管理法》；

（5）《中华人民共和国建筑法》；

（6）《中华人民共和国城乡规划法》；

（7）《中华人民共和国环境影响评价法》。

2. 技术规范及资料

（1）《室外给水设计标准》（GB 50013—2018）；

（2）《室外排水设计标准》（GB 50014—2021）；

（3）《农村生活污水处理设施水污染物排放标准》（DB 45/2413—2021）；

（4）《地表水环境质量标准》（GB 3838—2002）；

（5）《镇（乡）村排水工程技术规程》（CJJ 124—2008）；

（6）《农田灌溉水质标准》（GB 5084—2021）；

（7）《农用污泥污染物控制标准》（GB 4284—2018）；

（8）《泵站设计标准》（GB 50265—2022）；

（9）《给水排水管道工程施工及验收规范》（GB 50268—2008）；

（10）《桂林漓江生态保护和修复提升工程方案（2019—2025 年）》；

（11）《桂林漓江风景名胜区总体规划》；

（12）《混凝土结构设计标准》（GB/T 50010—2010）；

（13）《给水排水工程构筑物结构设计规范》（GB 50069—2002）；

（14）《建筑地基基础设计规范》（GB 50007—2011）；

（15）《建筑结构荷载规范》（GB 50009—2012）；

（16）《地下工程防水技术规范》（GB 50108—2008）；

（17）《人工湿地污水处理工程技术规范》（HJ 2005—2010）；

（18）《污水自然处理工程技术规程》（CJJ/T 54—2017）；

（19）《人工湿地水质净化技术指南》（2021 年版）；

（20）《恶臭污染物排放标准》（GB 14554—93）。

9.3.2 排水现状及问题

1. 排水现状

本项目涉及村庄包括桃花江临桂区临桂镇段沿岸的大陂头村、小陂头村、车渡村、力冲村、莫边村和门家村在内的 24 个自然村。根据现场勘查，其中毛家田村、回龙村及刀陂村已建有完善的污水处理设施，另外 21 个村尚未有对居民生活污水进行集中处理的设施，缺乏完善的污水收集系统。这 21 个村目前主要污水为餐厨废水、洗涤废水、卫生间污水和少量散养家禽养殖废水等，水中的有机物含量较高。

村民的生活污水大部分通过村民家中所接管道，随意排放至村屯硬化路面或周围地势较低的沟渠；有少量散养家禽的粪便混入污水中，长时间淤积后散发出异味，在雨季随雨水排放至桃花江。生活污水大量排入附近水体，已超出水体自身净化能力，造成桃花江水质污染，不仅使下游村民的居住环境恶化，而且易造成地表水及地下水污染，严重威胁水域环境，应及时开展生态环境保护工作。村屯排水典型情况如图 9.35 所示。

图 9.35　村屯排水典型调研情况

2. 存在问题

经过现场实地勘察,农村污水污染主要集中在以下两个方面:

(1) 农村居民区目前没有生活污水收集和处理设施。生活污水大部分是通过房前屋后的水沟排入自然水体,严重影响了周围水环境质量。

(2) 农村污水无序直接排放至排水沟,排水沟内垃圾、杂物堆积,造成排水沟堵塞;同时污水的长期排放严重污染沟渠,使沟渠内淤泥黑臭,卫生条件较差。

9.3.3 污水量测算

1. 服务年限设计

污水处理工程位于临桂区临桂镇,按远期规划、近远期结合、以近期为主的原则进行设计。近期设计年限宜采用 5~10 年,远期规划设计年限宜采用 10~15 年。同时考虑项目实际情况,结合临桂镇总体规划及排水专项规划,本项目近期按 2025 年设计,远期按 2035 年设计。

2. 人口数量

根据第七次人口普查数据,截至 2020 年,临桂镇常住人口为 298 100 人。对比第六次全国人口普查数据(2010 年临桂镇常住人口为 134 519 人),10 年共增加 163 581 人,年平均增长率为 12.16%。考虑到人口流动情况,综上取项目区的人口自然增长率为 8‰。

3. 污水量测算

本工程涉及的 24 个村庄有 3 个村已建有完整的污水收集管网和污水处理站区,分别为毛家田村、回龙村和刀陂村,故本项目只对其余 21 个村进行污水处理相关设计。剩余 21 个村的用水方式现状大多数为村民自打井,因地形限制,各村房屋都较为分散凌乱,结合工程中各村的实际情况,各村庄污水治理模式采用集中式污水处理。农村地区生活污水量及污水排放系数参照《广西农村生活污水处理技术指南(试行)》有关规定,详见表 9.18。

表 9.18　广西农村生活污水用水量及排污系数

区域	人均用水量[L/(人·d)]	污水排放系数
桂东、桂南	80~120	0.6~0.7
桂中、桂北	60~100	0.5~0.6
桂西	50~80	0.4~0.6

临桂区位于广西壮族自治区东北部,结合临桂镇实际情况,本次设计服务范围内的人口自然增长率取 8‰,日人均用水定额取 100 L/(人·d),本工程各村屯的污水排放系数均按 0.6 计算,污水收集率均按 85% 计算,则村庄生活污水设计水量计算公式如下:

$$污水收集量=远期人口数×人均用水量×污水排放系数×污水收集率$$

根据《广西农村生活污水处理技术指南(试行)》所取的各参数及上述公式计算,以毛家田村为例,村庄每日产生污水量如下:

$$污水收集量 = 266 人 \times 100 \, L/(人 \cdot d) \times 0.6 \times 85\% = 13.57 \, t/d$$

为提高集中式污水处理设施的抗冲击能力,按远期污水处理能力规划,现将毛家田村集中式污水处理设施处理规模取 15 t/d,确保后期集中式污水处理设施能有效处理村庄污水。

各村屯污水量预测如表 9.19 所示。

表 9.19　各村屯污水量预测一览表

序号	自然村	户数	现状人口（人）	设计人口（人）	用水定额[L/（人·d）]	排放系数	污水收集率	计算污水量（t/d）	建设规模（t/d）	备注
1	大陂头村	45	200	217	100	0.6	0.85	11.07	20	
	小陂头村	23	68	74	100	0.6	0.85	3.77		
2	车渡村	73	280	303	100	0.6	0.85	15.45	20	
3	力冲村	40	157	170	100	0.6	0.85	8.67	10	
4	莫边村	141	595	644	100	0.6	0.85	32.84	35	
5	门家村	64	261	283	100	0.6	0.85	14.43	15	接入市政管网
6	车田村	123	567	614	100	0.6	0.85	31.31	35	
7	花江村	55	254	275	100	0.6	0.85	14.03	15	
8	培村	61	261	283	100	0.6	0.85	14.43	15	
9	潦塘村	22	78	84	100	0.6	0.85	4.28	5	
10	兰田村	50	223	241	100	0.6	0.85	12.29	15	
11	刘家村	60	254	275	100	0.6	0.85	14.03	25	
	官田村	41	179	194	100	0.6	0.85	9.89		
12	沧头村	91	406	440	100	0.6	0.85	22.44	25	
13	熊家村	108	421	456	100	0.6	0.85	23.26	25	
14	大宅村	60	263	285	100	0.6	0.85	14.54	15	
		5	20	22	100	0.6	0.85	1.12	2	
15	炉家头村	60	302	327	100	0.6	0.85	16.68	20	
16	田心村	104	437	473	100	0.6	0.85	24.12	25	
17	道观村	62	325	352	100	0.6	0.85	17.95	20	
18	龙头村	59	226	245	100	0.6	0.85	12.50	25	
	桥头村	32	155	168	100	0.6	0.85	8.57		
合　计		1 379	5 932	6 425				327.65	367.00	

注:本项目沿岸涉及 24 个自然村,已有 3 个村建有完善的污水处理设施,分别为毛家田村、回龙村和刀陂村,另外 21 个村未建有完善的污水处理设施。

9.3.4 排水体制

1. 排水体制选择

排水体制是指收集、输送污水和雨水的方式。在一个区域内可用一个管渠系统或采用两个或两个以上各自独立的管渠系统来排放生活污水、工业废水和雨水,它一般分为合流制和分流制两种基本方式。合理地选择排水体制,是排水系统规划和设计的重要方面。合流制和分流制两者的具体情况如表9.20所示。

表9.20 合流制和分流制的比较

比较项目	合流制		分流制	
	合流式排水	截流式排水	完全分流式	不完全分流式
适用条件	(1)市政排水管道为雨污合流形式,下水道系统远期规划也不分流; (2)经管道排出的雨水量较大		(1)排水管道为分流系统,或目前虽为合流,但规划为分流系统; (2)经管道排出的雨水量较大	
环保	排污口多,水未处理,不满足环保要求	晴天污水可以全部处理,雨天存在溢流	污水全部处理,初降雨水未处理,但可以采取收集措施	污水全部处理,初降雨水未处理,且不易采取收集措施
工程造价	造价比完全分流系统低20%~40%,不建污水处理站,投资较低	管渠系统造价低,泵站污水厂造价高	管渠系统造价高,泵站污水厂造价低	初期低,长期高
维护管理	不便	容易	容易	容易

通过上述比较,完全分流系统(管渠系统)工程造价虽然稍高,但是环保效果好,管理方便。

通过上述比较并结合项目所在地排水现状,本工程优先推荐采用完全分流式排水体制,新建生活污水收集管网,同时利用农村原有的明沟或暗渠排水系统,经适当修缮作为雨水排水系统。排水方式示意图如图9.36所示。

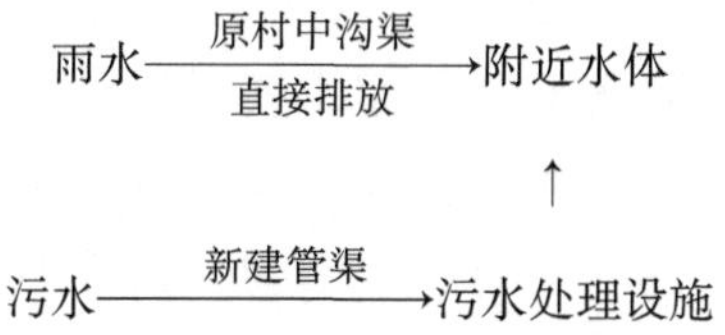

图9.36 排水方式示意图

2. 排水系统布局

排水系统的布局应根据地形(等高线、分水线等)、地面的大型障碍物(如铁路等),以及村镇面积大小等众多因素而定。

本工程范围内各村庄高程不同,污水处理站位于项目区各村庄地势低洼处。污水收集管网则沿村中道路顺地势而敷设,根据测量所得的实际地形图,沿村里的主路和支路分别设置排水主干管与支管,对项目区各家各户排放的污水进行收集。根据《镇(乡)村排水工程技术规程》(CJJ 124—2008)要求,村镇排水采用雨污分流制,本次设计采用雨污完全分流制,即只有污水排水系统,没有完整的雨水排水系统。各种污水通过污水排水系统送至污水处理站,经过处理后排入水体;雨水沿已有的路边排水沟或天然水沟、河溪,排入较大的天然水体中。尾水则由管道排入附近水体。

9.3.5 进水、出水水质

1. 进水水质

(1) 进水水质预测原则

污水处理站进水水质的确定,应以各排污口实测水质资料为依据,参照附近地区同类型农村污水处理站的实际进水水质,还应考虑到城镇自身的特点、经济条件和地方的远期规划。

(2) 进水水质预测

根据《广西农村生活污水处理技术指南(试行)》,不同区域农村生活污水水质指标参考值如表 9.21 所示。

表 9.21 不同区域农村生活污水水质指标参考值 单位:mg/L

区域	pH	COD_{Cr}	BOD_5	NH_3-N	TP
桂东、桂南	6.5~8.0	90~350	50~210	20~30	1~4
桂中、桂北	6.5~8.0	100~400	55~240	20~35	1~4
桂西	6.5~8.0	110~450	60~260	20~35	1~5

根据实测水质资料,临桂段桃花江沿岸村庄的现状水质情况如表 9.22 所示。

表 9.22 临桂段桃花江沿岸村庄现状水质情况 单位:mg/L

测定项目	COD_{Cr}	TN	NH_3-N	TP
数据	220	35	30	3.5

(3) 进水水质确定

本工程服务范围主要为村庄,村庄的污水主要以居民生活废水为主,生活废水主要包括粪便水、洗浴水、洗涤水和冲洗水等。生活废水中杂质很多,杂质的浓度与用水量多少有关,废水中氮、磷、硫含量高,同时含有纤维素、淀粉、糖类、脂肪、蛋白质、尿素等能被微生物利用的营养物质,具有很强的可生化性。根据桂林市临桂区已有农村污水处理站建设项目的农村污水水质并参考以上要求,确定本次项目中各村屯污水处理站的进水水质,如表 9.23 所示。

表 9.23 污水处理站进水水质表 单位:mg/L

项 目	SS	COD_{Cr}	BOD_5	NH_3-N	TP	TN
数据	150	220	180	30	3.5	35

2. 出水水质

根据项目服务区内村屯的水系分布情况和污水处理站选址条件，本工程受纳水体最终部分汇入村屯附近的农田灌溉渠，部分直接排放至桃花江。针对排水去向和水功能要求，各村污水处理站尾水执行《农村生活污水处理设施水污染物排放标准》（DB 45/2413—2021）规定，规模大于或等于 5 m^3/d 且出水排入《地表水环境质量标准》（GB 3838—2002）地表水Ⅲ类功能水域（划定的饮用水水源保护区除外）、《海水水质标准》（GB 3097—1997）海水二类海域（珍稀水产养殖区除外）的处理设施排放水污染物执行一级标准。本项目最终排入桃花江的水体水质状况为Ⅲ类水体，故污水处理站出水水质需达到《农村生活污水处理设施水污染物排放标准》（DB 45/2413—2021）一级标准。污水排放口应设有永久性"污水排放口"标牌。

根据《农村生活污水处理设施水污染物排放标准》（DB 45/2413—2021），污水经处理达到一级标准后再排放，其出水水质如表 9.24 所示。

表 9.24　出水水质主要指标一览表　　　　　　　　　　　　　　单位：mg/L

序号	污染物或项目名称	一级指标	二级指标	三级指标
1	pH 值（无量纲）	6~9		
2	化学需氧量	60	100	120
3	悬浮物	20	30	50
4	氨氮	8（15）	25（30）	—
5	总氮	20		—
6	总磷	1.5	3	5
7	动植物油	3	5	20

注：（1）括号外的数值为水温>12℃的控制指标，括号内的数值为水温≤12℃的控制指标。
　　（2）出水排入封闭水体或氨、磷不达标水体的处理设施执行总氮或总磷检测指标。
　　（3）动植物油指标仅针对含提供餐饮服务的农村旅游项目生活污水的处理设施执行。

根据确定的污水处理站进水水质和镇区具体情况，确定出水水质指标，如表 9.25 所示。

表 9.25　出水水质主要指标一览表　　　　　　　　　　　　　　单位：mg/L

项　　目	SS	COD_{Cr}	BOD_5	NH_3-N	TP	TN
数据	20	60	40	8（15）	1.5	20

9.3.6　污水处理工艺选择

污水处理工程是一个技术复杂、投资大、政策性强的基础设施项目，虽然无明显的经济效益，但环境效益和长远的社会效益却是无法估量的。随着农村经济的发展，农村生活污水所引起的面源污染日益严重，如何选用适合当地的农村污水处理技术越来越重要。农村污水处理技术必须根据污水量、污水水质和环境容量，在考虑经济条件和管理水平的前提下,选用安全可靠、技术先进、节能、运行费用低、投资少、占地少、操作管理方便并与当地的生态农业相结合的成熟工艺。

1. 生物脱氮除磷工艺的可行性

污水生物处理是用生物学的方法处理污水的总称,是现代污水处理应用中最广泛的方法之一,主要借助微生物的分解作用把污水中的有机物转化为简单的无机物,使污水得到净化。污水生物处理按氧气需求情况可分为厌氧生物处理和好氧生物处理两大类。厌氧生物处理是利用厌氧微生物把有机物转化为有机酸,甲烷菌再把有机酸分解为甲烷、二氧化碳和氢等,如厌氧塘、化粪池、污泥的厌气消化和厌氧生物反应器等。好氧生物处理是采用机械曝气或自然曝气(如藻类光合作用产氧等)为污水中的好氧微生物提供活动能源,促进好氧微生物的分解活动,使污水得到净化,如活性污泥、生物滤池、生物转盘、污水灌溉、氧化塘就采用这种方式。污水生物处理效果好,费用低,技术较简单,应用也比较简单。

污水生物处理的衡量指标如下:

(1) BOD_5/COD_{Cr}

污水中的 BOD_5/COD_{Cr} 值是判定污水可生化性的重要指标。一般认为,$BOD_5/COD_{Cr} > 0.4$,可生化性较好;$BOD_5/COD_{Cr} > 0.3$,可生化;$BOD_5/COD_{Cr} < 0.3$,较难生化;$BOD_5/COD_{Cr} < 0.25$,不易生化。

本工程范围内污水处理站进水主要为生活污水,$BOD_5/COD_{Cr} = 0.82 > 0.4$,可生化性好,可以采用生化处理工艺。

(2) BOD_5/TN

一般认为,$BOD_5/TN > 3.5$ 时,污水中有足够的有机物(碳源)供反硝化细菌利用;当 $BOD_5/TN < 3$ 时,由于有机物(碳源)不足而影响反硝化细菌,降低脱氮效率。本工程进水水质 $BOD_5/TN = 5.14$,满足生物脱氮的要求。

(3) BOD_5/TP

该指标是鉴别能否采用生物除磷工艺的主要指标,较高的 BOD_5 负荷可以取得较好的除磷效果,进行生物除磷的底限是 $BOD_5/TP = 20$。有机基质不同对除磷也有影响。一般低分子、易降解的有机物诱导磷释放的能力较强,高分子、难降解的有机物诱导磷释放的能力较弱。而磷释放得越充分,其被摄取的量也就越大,本工程进水水质 $BOD_5/TP = 51.43$,采用生物除磷可以取得较好的效果。

根据以上分析,可以采用生物法对污水进行脱氮除磷处理。本工程中的污泥龄较长,污泥负荷较低,停留时间较长,农村生活污水的使用变化较小,故不另设初沉池,这样也为生物处理过程保留必需的碳源。

2. 污染物去除机理

(1) SS 的去除

SS 即悬浮物,污水中 SS 的去除主要靠沉淀作用。污水中的无机颗粒和大直径的有机颗粒靠自然沉淀作用就可去除;小直径的有机颗粒靠微生物的降解作用去除,而小直径的无机颗粒(包括尺度大小在胶体和亚胶体范围内的无机颗粒)则要靠活性污泥絮体的吸附、网捕作用,与活性污泥絮体同时沉淀去除。

污水厂出水中悬浮物浓度不仅关系到出水 SS 指标,BOD_5、COD_{Cr}、TP 等指标也与之有关。组成出水悬浮物的主要成分是活性污泥絮体,其本身的有机成分高,而有机物本身就含磷,较高的出水悬浮物含量会使得出水的 BOD_5、COD_{Cr} 和 TP 增加。因此,控制污水厂出水的 SS 指标是最基本的,也是很重要的。

(2) BOD_5 的去除

污水中 BOD_5 的去除是靠微生物的吸附作用和代谢作用,然后通过泥水分离来完成的。

活性污泥中的微生物在有氧条件下将污水中的一部分有机物用于合成新的细胞,将另一部分有机物进行分解代谢以便获得细胞合成所需的能量,其最终产物是 CO_2 和 H_2O 等稳定物质,其实质是将液相的有机污染物质转化为固相物质,表现为活性污泥量的增长。

(3) COD_{Cr} 的去除

污水中 COD_{Cr} 去除的原理与 BOD_5 基本相同。污水厂 COD_{Cr} 的去除率,取决于进水的可生化性,与当地污水的组成有关。

对于主要以生活污水及与生活污水成分相近的工业废水组成的当地污水,其 BOD_5/$COD_{Cr} \geqslant 0.5$,污水的可生化性较好,出水 COD_{Cr} 值可以控制在较低的水平,能够满足 $COD_{Cr} \leqslant 50$ mg/L 的要求。

(4) 氮的去除

污水除氮方法主要有物理化学法和生物法两大类,在污水处理行业中生物法除氮是主流。物理化学除氮主要有折点氯化法、选择性离子交换法、空气吹脱法等;生物除氮工艺较多,但原理大致是一样的。

生物脱氮是利用自然界氮的循环转化原理,采用人工生物方法来控制,从污水中去除氮,达到脱氮的目的。污水的生物脱氮包括三个过程:一是同化过程,污水中的一部分氨氮被同化为新细胞物质,以剩余污泥的形式去除;二是硝化过程,污水中的有机氮、蛋白质等在好氧条件下转化成氨氮,然后由硝化细菌作用转变成硝酸盐氮;三是反硝化过程,反硝化细菌在缺氧条件下,由外加碳源提供能量,将硝酸盐氮转化成氮气,然后氮气从污水中逸入大气,达到污水脱氮的目的。因此,生物脱氮系统中硝化与反硝化反应需具备如下条件。

硝化反应:足够的溶解氧以满足好氧条件(一般 DO>2 mg/L);适宜温度,一般在 20℃左右,低于 10℃硝化作用难以进行;足够长的污泥龄;足够的碱度以满足合适的 pH 条件。

反硝化反应:硝酸盐的存在;缺氧条件(DO 值应在 0.5 mg/L 以下);充足的碳源;合适的 pH 条件;等等。

按照上述原理,可组成缺氧池和好氧池,即所谓的 A/O 系统。

A/O 系统设计中需要控制的主要参数为污泥龄、碳氮比等。

(5) TP 的去除

污水除磷方法主要有化学除磷和生物除磷两大类。

① 化学除磷

化学除磷主要是向污水中投加药剂,使药剂与水中溶解性磷酸盐形成不溶性磷酸盐沉淀物,然后通过固液分离将磷从污水中除去。固液分离可单独进行,也可在初沉池或二沉池内进行。按工艺流程中化学药剂投加点的不同,磷酸盐沉淀工艺可分成前置沉淀、协同沉淀和后置沉淀三种类型。前置沉淀的药剂投加点在原污水进水处,形成的沉淀物与初沉污泥一起排除;协同沉淀的药剂投加点在曝气池进水或出水位置,形成的沉淀物与剩余污泥一起在二沉池排除;后置沉淀的药剂投加点是二级生物处理(二沉池)之后,形成的沉淀物通过另设的固液分离装置进行分离,包括澄清池或滤池。

化学除磷的主要药剂有石灰、铁盐和铝盐。化学除磷的优点是工艺简单,除加药设备外不需要增加其他设施,因此特别适用于旧厂改造。其缺点是药剂消耗量大,剩余污泥量增加,浓度降低,体积增大,使污泥处理的难度增加,同时还会降低水中碱度,影响氨氮硝化。因此,在二级生物处理工艺中,当生物除磷达不到要求时,才考虑以化学法辅助除磷。

② 生物除磷

生物除磷的原理是利用聚磷菌,在厌氧条件下释放磷,吸收有机物,在好氧条件下超量吸收磷,通过排放剩余污泥,以去除污水中的磷。

聚磷菌的特点是既能贮存磷酸盐,又能贮存碳源(以聚 β-羟基丁酸酯形式贮存,即以 PHB 形式贮存)。在厌氧条件下,进水中的有机物与细菌体内磷酸盐作用,分解菌体贮存的磷酸盐,提供能量,合成 ATP,并释放磷;在好氧条件下,聚磷菌利用体内的 ATP,吸收液相中的磷,形成磷酸盐贮存在细胞内。所谓的生物除磷仅指将液相中的磷酸盐转移到细胞中。剩余污泥的含磷量高,可达 3%~7%,而一般活性污泥含磷量仅为 1.5% 左右。影响生物除磷的主要因素是溶解氧及 P 与 COD_{Cr} 比值。

3. 污水处理工艺比选

污水处理工艺的选用应根据污水进出水水质、处理程度的要求、用地面积和工程规模等多因素综合考虑。农村生活污水处理流程可参照污水处理站流程,分为三个阶段,即预处理阶段、生化处理阶段和深度处理阶段,实际操作中可采用其中的一个阶段或多个阶段联用,各阶段处理工艺见表 9.26。

表 9.26 农村生活污水各阶段处理工艺一览表

项目	预处理	生化处理	深度处理
常用工艺	格栅、调节池、沉淀池、化粪池、沼气净化池等	厌氧-缺氧-好氧活性污泥法、污泥自回流曝气沉淀工艺、序批式活性污泥法、生物接触氧化法、生物转盘工艺、IBR 工艺、A^2/O 工艺等	人工湿地、稳定塘等
作用	去除大部分漂浮物和部分 COD_{Cr}、BOD_5 等	去除大部分 COD_{Cr}、BOD_5 和部分氮、磷等	进一步去除 COD_{Cr}、BOD_5、氮、磷及其他污染因子

（1）预处理方案比选

本工程预处理设施主要包括格栅、调节池、提升泵。

（2）格栅选型

本项目根据设计规模及实际情况选择适宜尺寸的成品人工格栅。

（3）常规二级处理工艺比选

根据《广西农村生活污水处理技术指南（试行）》集中式污水处理模式及《村庄整治技术标准》（GB/T 50445—2019），以及广西乡镇污水的水质特征，目前乡镇污水应用最多且运行成熟的二级处理工艺主要有生物转盘工艺、A^2/O 工艺、IBR 工艺以及单纯人工湿地工艺，下面针对这几个工艺展开介绍。

① 生物转盘工艺

生物转盘工艺是一种采用生物膜法对污水进行处理的生物技术，是在生物滤池的基础上发展起来的，亦称为浸没式生物滤池。生物转盘的主要组成部分有转动轴、转盘、废水处理槽和驱动装置等。

② A^2/O 工艺

A^2/O 工艺（AAO 工艺）是厌氧-缺氧-好氧生物脱氮除磷工艺的简称，该工艺在厌氧-好氧除磷工艺（A/O 工艺）中加一缺氧池，使好氧池流出的一部分混合液回流至缺氧池前端，是一种常用的二级污水处理工艺，具有同步脱氮除磷的作用，可用于二级污水处理或三级污水处理，具有良好的脱氮除磷效果。

A^2/O 工艺中的厌氧、缺氧、好氧过程可以在不同的设备中进行，也可在同一设备的不同部位完成。A^2/O 工艺具有去除有机物、硝化脱氮、通过过量摄取而去除磷等功能。脱氮的前提是 NH_3-N 完全硝化，好氧池能实现这一功能，缺氧池则实现脱氮功能，厌氧池和好氧池联合实现除磷功能。

A^2/O 工艺优点：

a. 厌氧、缺氧、好氧三种不同的环境条件和微生物菌群种类的有机配合，能同时去除有机物、脱氮除磷。

b. 在同时脱氮除磷、去除有机物的工艺中，该工艺流程最为简单，总的水力停留时间也少于同类其他工艺。

c. 在厌氧-缺氧-好氧交替运行下，丝状菌不会大量繁殖，SVI（污泥体积指数）一般小于 100，不会发生污泥膨胀。

d. 污泥沉降性较好。

A^2/O 工艺缺点：

a. 污泥中磷含量高，一般为 2.5% 以上，因此除磷主要通过排泥；由于污泥增长有一定限度，不易突破，因此除磷效果难再提高，当 P/BOD_5 值高时更是如此。

b. 脱氮效果难再进一步提高，内循环量一般以 $2Q$（Q 为进水流量）为限，不宜太高。

c. 进入沉淀池的处理水要保持一定浓度的溶解氧，减少停留时间，防止产生厌氧状态和污泥释放磷的现象，但溶解氧浓度也不宜过高，以防循环混合液对缺氧反应器产生干扰。

污水经 A^2/O 工艺脱氮除磷后进入人工湿地,进一步降低有机物含量,使污水达标排放。

③ IBR 工艺

IBR 生物处理工艺是一种集厌氧、兼氧、好氧反应及沉淀于一体的连续进出水的周期循环活性污泥法。

通过设置于池底的三相分离器将反应池分为位于池中间的反应区与位于池两侧的沉淀区。活性污泥混合液通过三相分离器完成气、固、液体的分离,沉淀区内放置斜管填料,使形成沉淀的污泥自滑回流至生物反应区内,从而使反应池实现内循环;清水由池顶出水槽收集后排放,可实现连续进水、出水。反应池内采用潜水泵+激波传质器的射流曝气方式,与传统 CASS 工艺相比,减少了鼓风机房和曝气管路系统。激波传质器是将两级射流曝气与隐形双吸搅拌技术相结合的专利技术,经激波传质器切割的活性污泥与常规活性污泥相比,具有粒径大、密度大、比表面积大、吸附能力强等特点,有效提高了生物反应器的有机物去除效果。

④ 单纯人工湿地工艺

人工湿地是一个综合的生态系统,它应用生态系统中物种共生、物质循环再生原理,以及结构与功能协调原则,在促进废水中污染物质良性循环的前提下,充分发挥资源的生产潜力,防止环境的再污染,以获得污水处理与资源化的最佳效益。

从水力学角度划分,人工湿地分为表面流人工湿地、潜流人工湿地和垂直流人工湿地。

人工湿地系统污染物去除效率如表 9.27 所示。

表 9.27　人工湿地系统污染物去除效率　　　　　　　　单位:mg/L

项　目	BOD$_5$	COD$_{Cr}$	SS	NH$_3$-N	TP
进水水质	40~70	50~60	50~60	20~50	35~70
出水水质	45~85	55~75	50~80	40~70	70~80
去除效率(%)	50~90	60~80	50~80	50~75	60~80

上述四种工艺为乡镇污水处理常用工艺,这些工艺也是广西全面推进城镇污水生活垃圾处理设施建设工作领导小组推荐采用的工艺。上述工艺各有优劣,在技术上和经济上有一定的差异,常用工艺主要技术指标对比分析如表 9.28 所示。

通过以上比较可以看出,A^2/O 工艺与单纯人工湿地工艺相对于 IBR 工艺及生物转盘工艺运行稳定、操作管理方便、施工便利。本工程污水量较少,适宜采用处理规模小、运行成本低、管理方便的污水处理工艺,A^2/O 工艺与单纯人工湿地工艺的特点完全符合要求,但还需根据村屯的处理规模及征地情况选择合适的污水处理工艺。

4. 污水处理工艺方案的确定

处理出水应以就地消纳为主,达到相应排放要求后可回用于农灌、绿化等,鼓励采用生态处理工艺。

表 9.28　常用工艺主要技术指标对比分析

处理工艺	工艺流程	优点	缺点	后期维护	占地	能耗	处理效果	投资	运行成本	结论
IBR 工艺	原水→格栅→调节池→IBR 进水缓冲装置	1. 具有生化反应池、沉淀池一体化装置; 2. 能连续进水，连续出水; 3. 采用射流曝气，搅拌-曝气交替运行	1. 动力消耗较大; 2. 设备投资较高; 3. 除磷很难达标，除氮不稳定; 4. 属专利设备，其备品备件并非标准配件	复杂，需专人维护	较少	低	较好	高	高	谨慎使用
单纯人工湿地工艺	原水→格栅→曝气→人工湿地→水平流人工湿地→消毒→排放	1. 流程简单，设备很少; 2. 无污泥，无二次污染; 3. 去除效率稳定，运行稳定; 4. 可与景观融合，美化环境	1. 占地面积大; 2. 地区温度不同，对工艺处理效果影响较大; 3. 若湿地填料设计不当，容易堵塞湿地，影响处理效果	简单，一般种植物即可	较多	较低	一般	一般	低	推荐使用
生物转盘工艺	原水→格栅→调节池→生物转盘→滤布滤池→消毒→排放	1. 流程简单，构筑物少，可以做成成套设备; 2. 后接高效滤布滤池，满足回用水标准; 3. 自动化处理; 4. 污泥生成量少	1. 盘片制作复杂; 2. 生物膜易脱落; 3. 受气候因素影响较大	复杂，需专人维护	较少	高	较好	一般	较高	谨慎使用
A^2/O+人工湿地工艺	原水→格栅→一体化 A^2/O 调料设备→人工湿地→消毒→排放	1. 去除效率较高，运行稳定; 2. 污泥中磷含量高; 3. 不会发生污泥膨胀	1. 脱氮除磷效果一般; 2. 污泥回流量大	较复杂，需专人维护	较少	较高	较好	一般	较低	推荐使用

由于村屯地势高低起伏、征地、实地勘察及村镇整体规划等方面的影响,加上部分村屯污水经处理后直接排入桃花江,为保证处理效果,本次项目区内需治理的村屯均采用预处理+A^2/O工艺,保证处理后出水水质稳定;拟增加人工湿地工艺对出水进行深度处理,使出水水质能满足《农村生活污水处理设施水污染物排放标准》(DB 45/2413—2021)一级标准。其中,由于村子间相距不远且地势满足布置污水管网的要求,大陂头村和小陂头村、刘家村和官田村、龙头村和桥头村均两村合建一个污水处理站。

另外,大宅村有部分住房高程比站区高程低约1 m,大宅村低洼处有5户房屋因地势等原因,不能很好地利用重力流将污水排入污水管网中。经技术及经济分析后,决定对其单独进行污水处理,采用2个分散式小型污水治理装置,单个处理规模为1.0 m^3/d,共计2.0 m^3/d。

综合考虑,本次设计17个污水处理站、2个分散式小型污水治理装置,选用工艺如表9.29所示。

表9.29 污水处理站选用工艺一览表

序号	自然村	户数	建设规模(t/d)	处理工艺
1	大陂头村	45	20	A^2/O一体化设备+人工湿地
	小陂头村	23		
2	车渡村	73	20	A^2/O一体化设备+人工湿地
3	力冲村	40	10	A^2/O一体化设备+人工湿地
4	莫边村	141	35	A^2/O一体化设备+人工湿地
5	门家村	64	15	接入市政管网
6	车田村	123	35	A^2/O一体化设备+人工湿地
7	花江村	55	15	A^2/O一体化设备+人工湿地
8	培村	61	15	A^2/O一体化设备+人工湿地
9	潦塘村	22	5	A^2/O一体化设备+人工湿地
10	兰田村	50	15	A^2/O一体化设备+人工湿地
11	刘家村	60	25	A^2/O一体化设备+人工湿地
	官田村	41		
12	沧头村	91	25	A^2/O一体化设备+人工湿地
13	熊家村	108	25	A^2/O一体化设备+人工湿地
14	大宅村	60	15	A^2/O一体化设备+人工湿地
		5	2	小型处理设备
15	炉家头村	60	20	A^2/O一体化设备+人工湿地
16	田心村	104	25	A^2/O一体化设备+人工湿地
17	道观村	62	20	A^2/O一体化设备+人工湿地
18	龙头村	59	25	A^2/O一体化设备+人工湿地
	桥头村	32		

注:本项目沿岸涉及24个自然村,已有3个村建有完善的污水处理设施,分别为毛家田村、回龙村和刀陂村;另外21个村未建有完善的污水处理设施。

5. 分散式小型污水治理装置

（1）工艺流程

设计方案为每一户的污水单独处理。已有化粪池的,用管道把污水从化粪池引至新建的预处理池,再从预处理池引至人工湿地处理装置进行处理;没有化粪池的,新建一个化粪池,并改造农户家中原厕所为水冲式卫生厕所,从化粪池出来的污水也进入新建的预处理池,再进入人工湿地处理装置进行处理,实现一户一治的目标。工艺流程如图9.37所示。

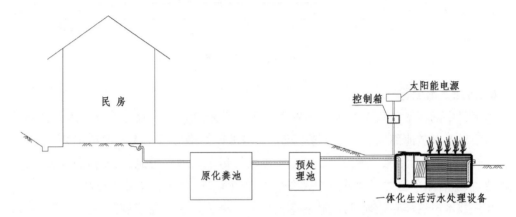

图 9.37　分散式小型污水治理装置工艺流程图

（2）分散式小型污水治理装置

化粪池及预处理池采用混凝土结构,现场施工;小型污水处理装置统一在工厂制作,现场安装。为增强处理效果,根据大宅村每户人口实际情况（4～5 人）,单个装置设计规模为 1.0 t/d。根据"均匀流人工湿地水体净化方法"原理,不同粒径基质材料的渗透性不同,应合理搭配基质的填充结构,避免短流及死区的形成,使水流在床体内部均匀分布,充分发挥填料的净化能力,扩充好氧微生物的生存空间。

根据该原理,以处理规模为 1.0 t/d 为例,设计装置尺寸为 2.5 m×1.4 m×1.0 m（长×宽×深）,采用不锈钢材质（也可为玻璃钢或其他材质）。装置设曝气池、沉淀池、生态净化池,采用太阳能电源,并配备无线远程控制系统。生态净化池有布水区、净化区与集水区。通过开孔布水管向布水区均匀分配污水,集水区用集水花管收集净化后的污水,由垂直出水管排出。垂直出水管高度可调。布水区与集水区填充粒径为 30～40 mm 的石英石,净化区由上到下分五层依次填充由细到粗的石英石,石英石粒径为 0.2～20 mm,在填料层表面种植湿生挺水植物,如美人蕉、菖蒲等,种植密度为 25 株/m²。分散式小型污水治理装置设计图如图 9.38 所示。

农村生活污水分散,加上地势原因,不易集中收集,分散式小型污水治理装置应用人工湿地原理,因地制宜,做成小装置,灵活布置,并可实现模块化生产,施工简单,以太阳能动力运行,可远程操控,维护方便,费用少,占地小,处理效果好,非常适合房屋分散且地势高低起伏的农村污水处理。

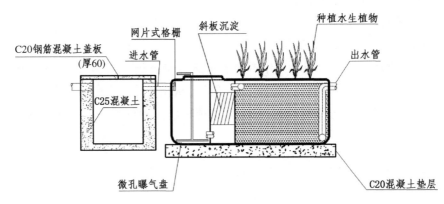

图 9.38　分散式小型污水治理装置设计图

6. 污泥处理工艺

本项目中的污水处理工艺为 A^2/O+人工湿地工艺，其中 A^2/O 工艺会产生少量污泥，即只有格栅及调节池部位会产生少量污泥，定期进行清理即可。人工湿地工艺不产生污泥，无须进行专门的污泥处理设计。综合考虑农村污水处理站污泥成分、污泥处置工艺及规模效益，适合本项目的污泥处置方式有焚烧、卫生填埋、与生活垃圾混合堆肥。

焚烧技术虽然具有处理迅速、减容率大（70%～90%）、无害化程度高、占地面积小等优点，但一次性投资巨大、操作管理复杂、能耗高、运行费用高。

污泥卫生填埋是处理农村污水处理站脱水污泥较为有效的方法之一，但其渗滤液的 COD_{Cr} 和 BOD_5 值较高，需进行处理，否则会造成二次污染。

污泥与生活垃圾混合高温堆肥，污泥熟化程度高，病原体和寄生虫卵去除较彻底，有利于污泥农用，是适合我国国情的污泥稳定处理工艺。

综合考虑上述几种处置工艺，结合污水处理站位于农村的实际情况，建议本工程将脱水泥饼堆肥、发酵后用作肥料，实现污泥的资源化利用。

7. 工艺设计

本项目服务区范围内的 24 个村庄有 3 个村庄已建有污水处理设施，另外 21 个村子共建 17 个污水处理站，污水处理站污水处理工艺均采用预处理+A^2/O+水平潜流人工湿地工艺，其工艺流程为：生活污水→收集管网→格栅→调节池→一体化 A^2/O 设备→生态人工湿地→达标排放。另外大宅村有 5 户采用分散式小型污水治理装置，其工艺流程为：生活污水→收集管网→网片格栅→厌氧预处理池→曝气+生态人工湿地→达标排放。

9.3.7　站区选择

根据村屯分布情况和周边市政管网分布情况，门家村位于庙岭街旁，近期拟实施市政污水管网，因此门家村只建设管网，不单独建设场站。大陂头村与小陂头村、刘家村与官田村、桥头村与龙头村由于村落靠近在一起，两村共建 1 个场站。因此，本项目共建设 17 处污水处理场站。

9.3.8 管网工程设计

1. 设计原则

污水管道尽量采用重力流形式,避免提升,且尽量避免与河道、铁路及各种地下构筑物交叉,并充分考虑地质条件的影响。本项目污水管道遵循以下原则:

(1)污水按重力流方式排放;管道流向和坡度尽量与道路一致,以减小埋深;污水管线过耕地时应适当加深埋深,坡度尽量与地面一致,节约投资。

(2)排水管线应有一定的埋设深度,以保证次级排水管及排水支管能顺利地接入,确保污水支管出路畅通。

(3)处理好敷设的污水管道与其他地下管线的矛盾,为管线综合协调提供最佳条件。

(4)污水管道过街或过公路时应采取混凝土包裹保护;充分利用地形地貌,尽可能减小埋深,降低投资。

2. 管道平面布置方案

(1)管道位置确定

根据各村屯的既有道路、规划道路进行总体管道敷设,局部管道敷设根据住户的排水口位置确定。

(2)管道走向确定

结合村屯的地势分布,以减小管道挖填方、适当控制管道埋深为原则,污水管道平面走向参考现状地形进行布置。

(3)管道在街道上的位置

污水管道尽可能布置于路肩,避开道路旁的现状排水沟,较狭窄街道的污水管设于道路中间。

(4)管道穿越河沟

设计污水管道时尽量避免穿越河沟情况,降低工程施工难度,必须穿越时应选择在河床较浅处,一般采用围堰、开槽法施工。若出现管道高于河床标高的情况,采用倒虹管形式穿过河沟。

3. 管道竖向布置方案

(1)村屯既有管线现状

村屯电力、通信管线目前均架空敷设。给水管埋地敷设,一般埋深约 0.5 m,具体埋地敷设位置需要进一步调查确定。

(2)管道埋设控制

污水管道在村屯主要与给水管道及现有的合流管道交叉,故高程设计上主要考虑管顶覆土(尽量超过 1.0 m),使污水管道能够从既有管线下方通过。接户管在人行道下,管顶覆土 0.6 m,车行道下管顶覆土 0.7 m。管道穿越现状沟渠,污水管顶低于现状排洪渠渠底 0.5 m,以便今后渠道另外一侧的污水管道接入。污水管道位于规划道路时,现状部分为种植用地,故污水管道的埋深主要考虑管顶覆土,使其大于 1.0 m 以便复耕。

4. 污水管道工程设计

（1）水力计算公式

① 流量公式

$$Q = A \times v$$

式中：Q——管段流量，m/s；

A——水流有效断面积，m^2；

v——水流断面的平均流速，m/s。

② 流速公式

$$V = \frac{1}{n} \times R^{\frac{2}{3}} \times I^{\frac{1}{2}}$$

式中：I——水力坡降，重力流管渠按管渠底坡降计算；

R——水力半径，m，$R = A/P$，其中 P 为湿周，m；

n——粗糙系数，塑料管为 0.01。

（2）设计参数

① 污水管道设计充满度

根据《室外排水设计标准》（GB 50014—2021），重力流污水管道应按非满流设计，最大设计充满度见表 9.30。

表 9.30　最大设计充满度

管径或渠高（mm）	最大设计充满度
200~300	0.55
350~450	0.65
500~900	0.70
≥1 000	0.75

② 污水管道设计流速

根据《室外排水设计标准》（GB 50014—2021），污水管在设计充满度下的最大设计流速为：金属管道 10.0 m/s；非金属管道 5.0 m/s。最小设计流速为 0.6 m/s。

③ 最小设计坡度

根据《室外排水设计标准》（GB 50014—2021），不同管道相应管径的最小设计坡度详见表 9.31。

表 9.31　最小设计坡度

序号	管道类别	最小管径（mm）	相应最小设计坡度
1	污水管和合流管	300	0.003
2	雨水管	300	塑料管 0.002，其他管 0.003
3	压力输泥管	150	—

（续表）

序号	管道类别	最小管径（mm）	相应最小设计坡度
4	雨水口连接管	200	0.010
5	重力输泥管	200	0.010

此外,管道在坡度变陡处,管径可根据水力计算确定,由大改小,但不得超过2级,并不得小于相应条件下的最小管径。本项目管道设计最小坡度为0.003,满足标准要求。

④ 管道断面

排水管渠的断面形式必须满足静力学、水力学以及经济和养护管理上的要求。在静力学方面,管道必须有较大的稳定性,在承受各种荷载时是稳固和坚固的;在水力学方面,管道断面应具有最大的排水能力,并在最小设计流量下不产生沉淀物;在经济方面,管道造价尽可能低;在养护管理方面,管道断面应便于冲洗和清通,没有淤积。根据本项目拟建管网处实际地形地质条件,本项目采用圆形断面作为排水管道的设计断面形式。圆形断面具有较好的水力性能,在一定的坡度下,圆形断面面积具有最大的水力半径,流速大,流量也大。

（3）管网水力计算

由于各村的人口较少,污水排放流量较小,经试算,管网末端管径小于300 mm,因此不进行管网水力计算。按照《室外排水设计标准》(GB 50014—2021)要求,室外排水管管径不小于300 mm。但结合实际工程,由于污水量较小,为节约成本,各村污水主管管径采用300 mm,支管管径采用200 mm,最大充满度为0.55,最小设计坡度为0.003。

5. 管材选择

污水工程中,管道投资占工程总投资的比例较大,而管道工程总投资（一般条件下施工）中管材费用约占50%,所以合理选择管材很重要。本项目对现有常使用的钢筋混凝土管、夹砂玻璃钢管、HDPE双壁波纹管、钢带增强PE螺旋波纹管4种管材从性能、造价等方面进行综合比较,详见表9.32。

表9.32　各种管材优缺点比较

优缺点	钢筋混凝土管	夹砂玻璃钢管	HDPE双壁波纹管	钢带增强PE螺旋波纹管
优点	1. 造价低,节省金属; 2. 抗腐能力强,不需进行防腐处理; 3. 本区内有制造厂家,货源充足	1. 机修性能较好; 2. 抗腐能力强,不需进行防腐处理; 3. 重量轻,运输、施工方便; 4. 水流阻力小,接头少	1. 耐腐蚀性强; 2. 重量轻,运输、施工方便; 3. 内壁平滑,摩阻小,过流量大	1. 耐腐蚀性强; 2. 重量轻,运输、施工方便; 3. 内壁平滑,摩阻小,过流量大
缺点	1. 缺乏标准管件; 2. 对地质条件要求较高; 3. 管材笨重,运输费高	1. 管件配套不全; 2. 管材质量不好,时有玻璃纤维	1. 管件配套不全; 2. 强度较低; 3. 大口径管道造价高	1. 在硬物冲击下有破裂、断裂危险; 2. 耐内力、外力性能差

考虑施工时农村道路较为狭窄,不能进行道路分流施工,因此管道施工时应采取有利于开挖后快速回填的方式,以完成施工。根据村屯建设情况,结合国内一般排水管道选材原则及管材的成本等影响因素,考虑到 HDPE 双壁波纹管的特点,即耐腐蚀性强、重量轻、便于运输、施工方便、内壁平滑、摩阻小、过流量大、防地下水渗入能力强、价格适中,本工程推荐采用 HDPE 双壁波纹管,以承插式橡胶圈连接,采用 180°砂基础。接户管采用 UPVC De110 管,以胶粘式连接。

6. 管顶最小覆土厚度

根据《室外排水设计标准》(GB 50014—2021)中规定,管顶最小覆土深度应根据管材强度、外部荷载、土壤冰冻深度和土壤性质等条件,结合当地埋管经验确定。管顶最小覆土深度宜为:人行道下 0.6 m,车行道下 0.7 m。

7. 附属构筑物

(1)污水检查井:采用砖砌检查井,做法参照《市政排水管道工程及附属设施》(06MS201-3 标准图集)。

(2)接入支管超挖部分用级配砂石混凝土或砌砖填实。管道接入口的位置根据实际施工情况调整。

(3)根据《镇(乡)村排水工程技术规程》(CJJ 124—2008)检查井的设置,本项目设计中的 DN300 污水管道检查井按照最大间距 40 m 设置,局部位置适当调整。以下情况和位置应设置检查井:

① 管道方向转折处;

② 管道坡度改变处;

③ 管道断面(尺寸、形状、材质)及基础接口变更处;

④ 管道交会处;

⑤ 因地形限制无法设置检查井的须做管道检修口。

(4)为保障行人及行车的安全,在检查井内安装防坠网。

(5)检查井位于路面或步道上时,应完全与路面或步道相平。

(6)直线管道上检查井间距应满足污水管道的检查井间距控制值,如表 9.33 所示。

表 9.33 污水管道检查井最大间距表

管径(mm)	最大间距(m)
200~400	40
500~700	60
800~1 000	80

(7)防坠网:网绳为高强度聚乙烯等耐潮防腐材料制成;网体的网绳直径为 6 mm;所有网绳由不少于 3 股单绳制成,单绳拉力大于 1 600 N;防坠网的直径为 600~700 mm,其网目边长不大于 8 cm,承重不低于 300 kg;网绳断裂强力≥3 000 N,耐冲击力≥500 J,网绳不断裂。

① 挂钩螺栓要求:材质为 304 不锈钢,前端带挂钩;螺杆直径为 8 mm,长度不小于 125 mm。

② 安装要求:挂钩螺栓安装在距井盖 25 cm 深处;在井筒壁确定膨胀螺栓空位 8 个,沿圆周均分且在同一水平面上;钻孔至适合膨胀螺栓的长度;清孔,插入膨胀螺栓,并对膨胀螺栓做防腐处理;钩向上,膨胀螺栓钩与螺栓杆缝隙不大于 1.0 cm,挂钩空隙为 1.0 cm,拧紧固定;挂防坠网,并固定。

③ 验收标准:将 150 kg 重物置于网中,2~3 min 后取出。检查井筒壁、膨胀螺栓和防坠网,井筒壁无破损、膨胀螺栓不松不折、防坠网无破裂,为合格。

8. 管网具体布置

(1) 小陂头村、大陂头村管网

小陂头村、大陂头村房屋均较集中,拟选污水处理站位于大陂头村正西方向,主要收集 68 户 268 人产生的污水。整个村子地势自东北向西南倾斜。为充分利用重力流,减少土方开挖,主干管由东北向西南沿主干道方向布置,其余干管接入主干管,干管总长 558.5 m,采用 DN300 HDPE 双壁波纹管,布置检查井编号 W1~W20。支管总长 193.5 m,采用 DN200 HDPE 双壁波纹管。接户管采用 UPVC De110 管,长 1 360 m,小陂头村、大陂头村管道总长 2 112 m。

(2) 毛家田村管网

毛家田村已建有污水管网,本项目不再考虑毛家田村污水管网设计。

(3) 车渡村管网

车渡村站区位于村子东南方向,主要收集 73 户 280 人产生的污水。整个村子地势自西北向东南倾斜。为充分利用重力流,减少土方开挖,主干管由西北向东南沿主干道方向布置,其余干管接入主干管,干管总长 456.7 m,采用 DN300 HDPE 双壁波纹管,布置检查井编号 W1~W23。支管总长 439.7 m,采用 DN200 HDPE 双壁波纹管。接户管采用 UPVC De110 管,长 1 460 m,车渡村管道总长 2 356.4 m。

(4) 力冲村管网

力冲村站区位于村子东南方向,主要收集 40 户 157 人产生的污水。整个村子地势自西北向东南倾斜,为充分利用重力流,减少土方开挖,主干管由西北向东南沿主干道方向布置,其余干管接入主干管,干管总长 740.2 m,采用 DN300 HDPE 双壁波纹管,布置检查井编号 W1~W24。支管总长 221.6 m,采用 DN200 HDPE 双壁波纹管。接户管采用 UPVC De110 管,长 800 m,力冲村管道总长 1 761.8 m。

(5) 莫边村管网

莫边村整个村子房屋比较集中,站区位于村子正南方向,主要收集 141 户 595 人产生的污水。整个村子地势自西北向东南倾斜,为充分利用重力流,减少土方开挖,主干管由西北向东南沿主干道方向布置,其余干管接入主干管,干管总长 913.8 m,采用 DN300 HDPE 双壁波纹管,布置检查井编号 W1~W28。支管总长 1 004 m,采用 DN200 HDPE 双壁波纹管。接户管采用 UPVC De110 管,长 2 820 m,莫边村管道总长 4 737.8 m。

（6）门家村管网

门家村整个村子房屋比较集中,靠近国道 G321,可由重力流就近接入拟建市政污水管网。新建污水管网主要收集 64 户 261 人产生的污水。整个村子地势自西北向东南倾斜,为充分利用重力流,减少土方开挖,主干管由西北向东南沿主干道方向布置,其余干管接入主干管,干管总长 379.9 m,采用 DN300 HDPE 双壁波纹管,布置检查井编号 W1~W17。支管总长 331.3 m,采用 DN200 HDPE 双壁波纹管。接户管采用 UPVC De110 管,长 1 280 m,门家村管道总长 1 991.2 m。

（7）回龙村管网

回龙村已建有污水管网,本项目不再考虑回龙村污水管网设计。

（8）车田村管网

车田村站区位于村子东南方向,主要收集 123 户 567 人产生的污水。整个村子地势自西向东倾斜,为充分利用重力流,减少土方开挖,主干管由西向东沿主干道方向布置,其余干管接入主干管,干管总长 1 100.6 m,采用 DN300 HDPE 双壁波纹管,布置检查井编号 W1~W52。支管总长 436.7 m,采用 DN200 HDPE 双壁波纹管。接户管采用 UPVC De110 管,长 2 460 m,车田村管道总长 3 997.3 m。

（9）花江村管网

花江村整个村子房屋比较集中,站区位于村子西南方向,主要收集 55 户 254 人产生的污水。整个村子地势东北高,其余低,为充分利用重力流,减少土方开挖,主干管由东北向东南沿主干道方向布置,其余干管接入主干管,干管总长 132.5 m,采用 DN300 HDPE 双壁波纹管,布置检查井编号 W1~W7。支管总长 217.3 m,采用 DN200 HDPE 双壁波纹管。接户管采用 UPVC De110 管,长 1 100 m,花江村管道总长 1 449.8 m。

（10）培村管网

培村整个村子房屋比较集中,站区位于村子西南方向,主要收集 61 户 261 人产生的污水。整个村子地势自东北向西南倾斜,为充分利用重力流,减少土方开挖,主干管由东北向西南沿主干道方向布置,其余干管接入主干管,干管总长 344.6 m,采用 DN300 HDPE 双壁波纹管,布置检查井编号 W1~W20。支管总长 406.7 m,采用 DN200 HDPE 双壁波纹管。接户管采用 UPVC De110 管,长 1 220 m,培村管道总长 1 971.3 m。

（11）潦塘村管网

潦塘村站区位于村子东南方向,主要收集 22 户 78 人产生的污水。整个村子地势自西向东倾斜,为充分利用重力流,减少土方开挖,主干管由西向东沿主干道方向布置,其余干管接入主干管,干管总长 118.7 m,采用 DN300 HDPE 双壁波纹管,布置检查井编号 W1~W8。支管总长 70.6 m,采用 DN200 HDPE 双壁波纹管。接户管采用 UPVC De110 管,长 440 m,潦塘村管道总长 629.3 m。

（12）兰田村管网

兰田村整个村子房屋比较集中,站区位于村子西南方向,主要收集 50 户 223 人产生的污水。整个村子地势自北向南倾斜,为充分利用重力流,减少土方开挖,主干管由北向南沿主干道方向布置,其余干管接入主干管,干管总长 362 m,采用 DN300 HDPE 双壁波纹管,布置检查井编号 W1~W56。支管总长 500 m,采用 DN200 HDPE 双壁波纹管。接户管采用 UPVC De110 管,长 1 000 m,兰田村管道总长 1 862 m。

（13）刘家村和官田村管网

刘家村和官田村房子分布都比较集中,站区位于刘家村北面,主要收集 101 户 433 人产生的污水。刘家村地势自西向东倾斜,官田村地势中间高四周低,为充分利用重力流,减少土方开挖,主干管由西南向东北沿主干道方向布置,其余干管接入主干管,干管总长 695 m,采用 DN300 HDPE 双壁波纹管。支管总长 1 108 m,采用 DN200 HDPE 双壁波纹管。接户管采用 UPVC De110 管,长 2 020 m,刘家村和官田村管道总长 3 823 m。

（14）沧头村管网

沧头村整个村子房屋比较集中,站区位于村子东南方向,主要收集 91 户 406 人产生的污水。整个村子地势自西北向东南倾斜,为充分利用重力流,减少土方开挖,主干管由西北向东南沿主干道方向布置,其余干管接入主干管,干管总长 650 m,采用 DN300 HDPE 双壁波纹管。支管总长 1 133 m,采用 DN200 HDPE 双壁波纹管。接户管采用 UPVC De110 管,长 1 820 m,沧头村管道总长 3 603 m。

（15）熊家村管网

熊家村整个村子房屋比较集中,站区位于村子西北方向,主要收集 108 户 421 人产生的污水。整个村子地势自东向西倾斜,为充分利用重力流,减少土方开挖,主干管由东向西沿主干道方向布置,其余干管接入主干管,干管总长 1 511 m,采用 DN300 HDPE 双壁波纹管,布置检查井编号 W1~W69。支管总长 913 m,采用 DN200 HDPE 双壁波纹管。接户管采用 UPVC De110 管,长 2 160 m,熊家村管道总长 4 584 m。

（16）大宅村管网

大宅村整个村子房屋比较集中,站区位于村子西北方向,主要收集 60 户 263 人产生的污水。整个村子地势自东向西倾斜,为充分利用重力流,减少土方开挖,主干管由东向西沿主干道方向布置,其余干管接入主干管,干管总长 1 006 m,采用 DN300 HDPE 双壁波纹管,布置检查井编号 W1~W51。支管总长 513 m,采用 DN200 HDPE 双壁波纹管。接户管采用 UPVC De110 管,长 1 260 m,另有 5 户 20 人采用分散式小型污水处理装置,共计 2 个,所需管道 UPVC De110 管 40 m,大宅村管道总长 2 819 m。

（17）刀陂村管网

刀陂村已建有污水管网,本项目不再考虑刀陂村污水管网设计。

（18）炉家头村管网

炉家头村整个村子房屋比较集中,站区位于村子正东方向,主要收集 60 户 302 人产生的污水。整个村子地势由东向西倾斜,为充分利用重力流,减少土方开挖,主干管由东向西沿主干道方向布置,其余干管接入主干管,干管总长 675 m,采用 DN300 HDPE 双壁波纹管,布置检查井编号 W1~W39。支管总长 184 m,采用 DN200 HDPE 双壁波纹管。接户管采用 UPVC De110 管,长 1 200 m,炉家头村管道总长 2 059 m。

（19）田心村管网

田心村整个村子房屋比较集中,站区位于村子东南方向,主要收集 104 户 437 人产生的污水。整个村子地势自西北向东南倾斜,为充分利用重力流,减少土方开挖,主干管由西北向东南沿村内主干道方向布置,其余干管接入主干管,干管总长 414 m,采用 DN300 HDPE 双壁波纹管,布置检查井编号 W1 ~ W21。支管总长 1 199 m,采用 DN200 HDPE 双壁波纹管。接户管采用 UPVC De110 管,长 2 080 m,田心村管道总长 3 693 m。

（20）道观村管网

道观村整个村子房屋比较集中,站区位于村子正北方向,主要收集 62 户 325 人产生的污水。整个村子地势自西南向东北倾斜,为充分利用重力流,减少土方开挖,主干管由西南向东北沿村内主干道方向布置,其余干管接入主干管,干管总长 302 m,采用 DN300 HDPE 双壁波纹管,布置检查井编号 W1 ~ W16。支管总长 590 m,采用 DN200 HDPE 双壁波纹管。接户管采用 UPVC De110 管,长 1 240 m,道观村管道总长 2 132 m。

（21）龙头村和桥头村管网

龙头村和桥头村两个村子相靠较近,合建一座污水处理站处理两村污水,站区位于龙头村西南方向,主要收集 91 户 381 人产生的污水。整个村子地势自东北向西南倾斜,为充分利用重力流,减少土方开挖,主干管由东北向西南沿村内主干道方向布置,其余干管接入主干管,干管总长 782 m,采用 DN300 HDPE 双壁波纹管,布置检查井编号 W1 ~ W43。支管总长 904 m,采用 DN200 HDPE 双壁波纹管。接户管采用 UPVC De110 管,长 1 820 m,龙头村和桥头村管道总长 3 506 m。

9. 管线施工

（1）管道放线

本工程排水管道放线均按施工图中检查井坐标表严格放线,检查井坐标点位于主线管道轴线投影与检查井横轴线交点。管道放线的同时,需对沿线特别是与现有道路交会处进行物探,确定现有管线的性质及埋深。本工程污水管道材料为 HDPE 双壁波纹管。综合工期、安全、施工质量等因素,采用开槽施工的方式。

（2）沟槽开挖与回填

① 沟槽开挖

本工程主干管位于各村的主要干道上,沟槽开挖深度 0.85 ~ 3.60 m,现场土质情况良好,故本次设计考虑沟槽不分级开挖。沟槽土方开挖采用小型反铲履带式挖掘机,土方堆积在沟槽一侧。沟侧弃土不能堆填太高,以免造成沟槽边坡失稳。当 1 台挖掘机弃土困难时,可采用 2 台挖掘机作业,1 台挖掘机挖土,1 台挖掘机在一侧倒土,弃土堆与沟槽边缘距离应保证在 2 m 以上。为了减小堆土对沟槽的侧压力,可将能作为建设场地填土使用的多余土方运至低洼地区,用于平整建设场地。

由于巷道宽 1.5 ~ 2.0 m,位于村内巷道内的管道沟槽不适宜采用机械开挖,且巷道开挖较浅,均进行了路面硬化,本次主要考虑手持式风镐加人工进行开挖。开挖土方除回填利用外,采用双胶轮车外运至主干道装车。

② 沟槽回填

污水管线闭水试验合格后,即可回填沟槽土方。填土应从场地最低处开始,有坑应先填,再水平分层整片回填碾压(或夯实)。对于布置在村庄主干道上的管道,开挖回填时路面以下部分应全部回填砂石基础,其余管道开挖回填时也采用砂石基础,上层采用回填土方,管道两侧回填土压实度达到90%以上,管顶0.5 m以内不宜用机械碾压,必须采用人工回填,管顶0.5 m以上回填土压实度应不小于90%,表层土用腐殖土覆盖复垦。沟槽内不得回填淤泥土,若沟槽内有淤泥,应将淤泥清除干净,然后用好土换填压实。

10. 地基处理

根据场地地质情况和管道埋深,从技术可行、造价最省、进度最快等方面来考虑,本工程确定采用以换填及抛石为主的地基处理方式,处理原则如下:

管道采用砂石基础。对一般土质,应在管底以下原状土地基或经回填夯实的地基上铺设一层厚度为100 mm的机制砂基础层;当地基土质较差时,可采用铺垫厚度≥200 mm的砂石基础层,也可分两层铺设,下层厚度为100~150 mm,上层厚度≥50 mm。对于软土地基,当地基承载力小于设计要求或由于施工降水等原因,地基原状土被扰动而影响地基承载能力时,必须先对地基进行加固处理,在地基达到规定的承载能力后,再铺设中粗砂基础层。

11. 竣工验收

(1)管道的竣工验收必须在各分项、分部和单位工程验收合格的基础上进行。

(2)竣工验收时,应核对竣工验收资料并进行必要的复验和外观检查。对管道的位置、高程、管材规格和整体外观等,应填写竣工验收记录。

(3)管道工程的验收应由建设单位和其他有关单位共同进行。验收合格后,建设单位应将有关设计、施工及验收的文件资料立卷归档。

12. 管网布置及工程量计算

(1)管网布置方案

本次工程涉及现状道路段、待建道路段及水田、旱地。

① 现状道路段:污水管道布置于道路人行道外侧。

② 待建道路段:污水管道布置于道路中心。

③ 水田、旱地路段:污水管道布置于水田、旱地下方。

④ 本工程污水的最终出路:本工程污水管道接入污水处理站,部分村庄站区的污水经处理达标后排放进入附近灌渠,部分站区的污水经处理达标后排入桃花江。

(2)管网工程量计算

污水管:配套建设DN300污水管11 141.96 m,DN200污水管10 364.95 m,UPVC De110接户管27 580 m,污水检查井1 119座。管网工程量如表9.34所示。

表 9.34　管网工程量

序号	自然村	污水管道长度(m)			圆形污水砖砌检查井 ϕ700 mm(座)
		DN300 双壁波纹管 (HDPE SN8)	DN200 双壁波纹管 (HDPE SN8)	De110 聚氯乙烯管 (UPVC)	
1	大陂头村	558.5	193.5	1 360.0	42
	小陂头村				
2	车渡村	456.7	439.7	1 460.0	48
3	力冲村	740.2	221.6	800.0	42
4	莫边村	913.8	1 004.0	2 820.0	86
5	门家村	379.9	331.3	1 280.0	33
6	车田村	1 100.6	436.7	2 460.0	78
7	花江村	132.5	217.3	1 100.0	25
8	培村	344.6	406.7	1 220.0	40
9	潦塘村	118.7	70.6	440.0	12
10	兰田村	362.0	500.0	1 000.0	83
11	刘家村	695.0	1 108.0	2 020.0	81
	官田村				
12	沧头村	650.0	1 133.0	1 820.0	90
13	熊家村	1 511.0	913.0	2 160.0	115
14	大宅村	1 006.0	513.0	1 300.0	79
15	炉家头村	675.0	184.0	1 200.0	47
16	田心村	414.0	1 199.0	2 080.0	88
17	道观村	302.0	590.0	1 240.0	45
18	龙头村	782.0	904.0	1 820.0	85
	桥头村				
合　计		11 142.5	10 365.4	27 580.0	1 119

注：本项目沿岸涉及 24 个自然村,已有 3 个村建有完善的污水处理设施,分别为毛家田村、回龙村和刀陂村;另外 21 个村未建有完善的污水处理设施。

9.3.9　污水处理站设计

1. 总体设计

污水站位置的选择应符合城镇总体规划和排水工程专业规划的要求,并应根据下列要求综合确定:

(1)功能分区明确,构筑物布置紧凑,减少占地面积。

（2）便于污水收集和处理再生后回用及安全排放,流程力求简短、顺畅,避免迂回重复。

（3）变配电间布置在既靠近污水厂进线,又靠近用电负荷大的构筑物处,以节省能耗。

（4）建筑物、构筑物尽可能布置在南北朝向。

（5）污水处理站的绿化宜简化,一般不设置专门的绿化用地。

（6）污水处理站的消防应符合国家防火规范的规定。

（7）交通顺畅,使施工、管理方便,有良好的工程地质条件。

（8）少拆迁、少占地,根据环境影响评价要求,有一定的卫生防护距离。

（9）厂区地形不应受洪涝灾害影响,防洪标准不应低于城镇防洪标准,有良好的排水条件。

污水处理站的总体布置除遵循上述原则外,具体应根据厂内各建筑物和构筑物的功能与要求,以及当地主导风向、地形、地质条件、进水方向、排放水体位置、工艺流程特点等因素进行,综合考虑运行成本和施工、维护、管理的便利性等因素,经技术经济比较后确定。

污水处理站站区内各建筑物根据进出水方向按照工艺流程呈环状布置,这样布置使工艺流程顺畅,管线短、交叉少。地下或半地下污水厂设计应综合考虑规模、用地、环境、投资等各方面因素,确定处理工艺、建筑结构,以及通风、除臭、交通、消防、供配电及自动控制、照明、给排水、监控等系统的配置。各系统之间应相互协调。

2. 厂区竖向设计

（1）竖向设计原则

竖向设计要因地制宜,就地取材,适应经济环境和生产、生活发展的需要,少占农田,多用丘陵,实现工程量少、见效快、环境好的整体效果。厂区竖向布置需考虑以下几个方面:

① 满足建筑物、构筑物的使用功能要求,出厂尾水能自流排放;

② 结合自然地形,厂区地面高程应与周围道路相衔接,减少土方量;

③ 满足道路布局合理的技术要求;

④ 解决场地排水问题;

⑤ 满足工程建设与使用的地质、水文要求;

⑥ 满足建筑物基础埋深、工程管线敷设的要求;

⑦ 厂区不受淹,考虑防洪防涝要求。

站区场地根据现有地形进行平整处理,尽量减少土方挖填量,以减少投资。构筑物标高的确定,既要保证排水顺畅,又要考虑造价、施工管理等多方面因素。

（2）站区地面设计标高

站区场地根据现有地形并结合 20 年一遇洪水位进行平整处理。本次选址所在场地地势较为低洼平整,需进行场地填高处理,使场地平整。

（3）高程及管线布置

① 高程布置

本次设计各村末端管网埋深均在地下 2.0 m 左右,为方便污水处理,减少污水提升的动力费用,本次设计在管网末端修建调节池,提升后污水在各构筑物之间依靠重力流进行传递。

② 管线布置

管线包括村镇污水收集管线,涉及污水处理工艺管道、构筑物排水管道。管线设计的基本原则是污水处理工艺管道顺畅,各种管线的相互平面和垂直间距满足有关地下管线设计的规定。平面布置在保证管线功能的前提下使管线尽可能短;竖向布置在满足最小覆土深度要求的条件下使各种管线埋深尽可能浅;当管线交叉时,原则上压力管道让重力管道,小管道让大管道。高程布置过程中,将电力、自控、通信线路及管沟放在最上层,中层是给水管、小口径污水污泥压力管,最下层是大口径污水污泥管。

3. 设计规模

各村污水处理站点设计规模如表 9.35 所示。

表 9.35　各村污水处理站点设计规模

序号	自然村	建设规模（t/d）	处理工艺	污水处理站	
				占地面积（m²）	地类
1	大陂头村	20	A²/O 一体化设备+人工湿地	300	闲置地
	小陂头村		A²/O 一体化设备+人工湿地		
2	车渡村	20	A²/O 一体化设备+人工湿地	300	水塘
3	力冲村	10	A²/O 一体化设备+人工湿地	300	水塘
4	莫边村	35	A²/O 一体化设备+人工湿地	300	闲置地
5	门家村	15		无(接入市政管网)	
6	车田村	35	A²/O 一体化设备+人工湿地	197	林地
7	花江村	15	A²/O 一体化设备+人工湿地	276	林地
8	培村	15	A²/O 一体化设备+人工湿地	276	林地
9	潦塘村	5	A²/O 一体化设备+人工湿地	203	鱼塘
10	兰田村	15	A²/O 一体化设备+人工湿地	252	水田
11	刘家村	25	A²/O 一体化设备+人工湿地	277	闲置地
	官田村				
12	沧头村	25	A²/O 一体化设备+人工湿地	300	水田
13	熊家村	25	A²/O 一体化设备+人工湿地	295	水塘
14	大宅村	15	A²/O 一体化设备+人工湿地	253	水塘
		2	小型处理设备	无	

（续表）

序号	自然村	建设规模（t/d）	处理工艺	污水处理站	
				占地面积（m²）	地类
15	炉家头村	20	A²/O一体化设备+人工湿地	300	水塘
16	田心村	25	A²/O一体化设备+人工湿地	303.5	闲置地
17	道观村	20	A²/O一体化设备+人工湿地	300	闲置地
18	龙头村	25	A²/O一体化设备+人工湿地	300	闲置地
	桥头村				
合 计		367.00		4 732.5	

注：本项目沿岸涉及 24 个自然村，已有 3 个村建有完善的污水处理设施，分别为毛家田村、回龙村和刀陂村；另外 21 个村未建有完善的污水处理设施。

4. 工艺构筑物设计

（1）总体方案

本项目各村站区总平面设计按所计算的规模考虑，格栅、调节池、提升泵站、一体化 A²/O 设备等建筑物、构筑物，土建按总规模一次建成。本工程各村最大污水处理量为 35 t/d，由于处理规模较小，各处理构筑物不考虑分组并联运行，出现事故时污水在调节池内停留。

本工程各村近期主要构筑物包括：格栅、调节池、提升泵站、一体化 A²/O 设备、人工湿地等。

（2）各处理构筑物描述

① 格栅及提升泵站

格栅是污水泵站中最主要的辅助设备。格栅一般由一组平行的栅条组成，斜置于泵站集水池的进口处。其倾斜角度为 30~60°。格栅用来拦截污水中较大的漂浮物，本工程采用成品人工清污格栅。

乡镇生活污水收集管网一般有一定的埋深，必须经过提升才能进入污水处理系统，提升泵站分为中途提升泵站和厂内提升泵站两种，根据镇区高程及排水情况具体设置。本项目经合理布置后不需要设置中途提升泵站，污水处理站内设有污水提升泵站。

② 调节池

工业废水在排放过程中，随着生产状况的变化而变化，存在水质不均匀和水量不稳定的情况。特别是当生产上出现事故或雨水特别多时，废水的水质和水量变化更大，这种变化会造成废水处理过程失常，降低处理效果。为了使处理设备正常工作，不受废水高峰流量或高峰浓度变化的影响，要求废水在进行处理前有一个较为稳定的水量和均匀的水质，因此必须进行水质和水量的调节。调节池集水质、水量调节等功能为一体，该池的使用，极大地减小了占地面积，简化了流程，便于自动化运行，管理简单。

③ A²/O 工艺一体化设备

A²/O 工艺亦称 AAO 工艺，按实质意义来说，本工艺应为厌氧-缺氧-好氧法，即生物脱氮除磷工艺的简称,是一种常用的二级污水处理工艺,具有同步脱氮除磷的作用,可用于二级污水处理或三级污水处理,后续增加深度处理后,废水可作为中水回用,具有良好的脱氮除磷效果。

污水与回流污泥先进入厌氧池(DO<0.2 mg/L)完全混合,经一定时间(1~2 h)的厌氧分解,去除部分 BOD_5,使部分含氮化合物转化成 N_2(反硝化作用)而释放,回流污泥中的聚磷微生物(聚磷菌等)释放出磷,满足细菌对磷的需求。

然后污水流入缺氧池(DO≤0.5 mg/L),池中的反硝化细菌以污水中未分解的含碳有机物为碳源,将好氧池内通过内循环回流进来的硝酸根还原为 N_2 而释放。

接下来污水流入好氧池(DO 为 2~4 mg/L),水中的 NH_3-N(氨氮)进行硝化反应生成硝酸根,同时水中的有机物氧化分解供给吸磷微生物以能量,微生物从水中吸收磷,磷进入细胞组织,富集在微生物内,经沉淀分离后以富磷污泥的形式从系统中排出。

A^2/O 工艺中的厌氧、缺氧、好氧过程可以在不同的设备中进行,也可在同一设备的不同部位完成。例如,在氧化沟工艺中,可以通过控制转刷的供氧量使各段分别处于厌氧、缺氧、好氧状态,也可使设备在不同状态间歇运行。广义上讲,通过各种运行控制手段,使工艺在厌氧-缺氧-好氧系统间运行的方法都属于 A^2/O 工艺的范畴。

④ 人工湿地

人工湿地是由人工建造和控制运行的、与沼泽地类似的地面。人工湿地工艺是一种将污水、污泥有控制地投配到经人工建造的湿地上,在污水与污泥沿一定方向流动的过程中,主要利用土壤、人工介质、植物、微生物的物理、化学、生物三重协同作用,对污水、污泥进行处理的一种技术。其作用机理包括吸附、滞留、过滤、氧化还原、沉淀、微生物分解、转化、植物遮蔽、残留物积累、水分蒸腾和养分吸收等。

人工湿地是一个综合的生态系统,它应用生态系统中物种共生、物质循环再生原理,结构与功能协调原则,在促进废水中污染物质良性循环的前提下,充分发挥资源的生产潜力,防止环境的再污染,获得污水处理与资源化的最佳效益。人工湿地中的植物还能够为水体输送氧气,增强水体的活性。湿地植物在控制水质污染、降解有害物质上也起到了重要的作用。

湿地系统中的微生物是降解水体中污染物的主力军。好氧微生物通过呼吸作用,将废水中的大部分有机物分解成二氧化碳和水,厌氧细菌将有机物质分解成二氧化碳和甲烷,硝化细菌将铵盐硝化,反硝化细菌将硝态氮还原成氮气,等等。通过这一系列的作用,污水中的主要有机污染物都得到降解同化,成为微生物细胞的一部分,其余的变成对环境无害的无机物质回归到自然界中。

湿地生态系统中还存在某些原生动物及后生动物,甚至一些湿地昆虫和鸟类也能参与吞食湿地系统中沉积的有机颗粒,然后进行同化作用,将有机颗粒作为营养物质吸收,从而在某种程度上去除污水中的颗粒物。

⑤ 污泥堆棚

本项目中的污泥量很少,不建污泥堆棚,泥饼及时送给农户作为肥料使用。

⑥ 概况牌

概况牌上有业主单位、设计单位、施工单位、处理流量、处理工艺等与污水处理站有关的详细信息。

（3）主要工程设计

以道观村为例，其处理工序方案为预处理+一体化 A²/O 设备+人工湿地工艺，主要工程设施有：格栅、调节池、一体化设备、人工湿地、供电系统及自动控制系统配套设施。

① 格栅

功能：去除污水中的漂浮物和悬浮物，防止堵塞和缠绕水泵机组、构筑物配水设施等，减少后续处理产生的浮渣，保证污水处理设施的正常运行。格栅设计有溢流功能，用于暴雨时雨水进入污水收集系统后的溢流。

a. 格栅设计参数

格栅每日栅渣量按照下式计算：

$$W = \frac{Q_{\max} \times W_1 \times 86\,400}{K_z \times 1\,000}$$

式中：W ——栅渣量，m^3/d；

$Q_{\max}$ ——过栅最大流量，m^3/d；

W_1 ——栅渣量系数，$m^3/10^3 m^3$，取值范围为 0.03~0.1，本次取值 0.03；

K_z ——生活污水流量总变化系数。

类型：地下式钢筋混凝土结构。

数量：1 座。

尺寸：$L \times B \times H = 3\,000$ mm×800 mm×3 800（4 000）mm。

b. 主要配套设备

设备类型：人工清污格栅。

数量：1 台。

栅条间隙：30 mm。

进水管管径：DN300 双壁波纹管。

② 调节池

功能：在调节池中将污水中的大颗粒沉淀排除，之后调节均匀水质以便进行生化处理，减缓水质变化对后续处理系统的冲击。

a. 调节池设计参数

类型：钢筋混凝土结构。

数量：1 座。

材质：钢筋混凝土。

停留时间：12 h。

尺寸：$L×B×H=2\,750\,mm×2\,750\,mm×2\,700\,mm$。

b. 主要配套设备

设备：污泥提升泵。

类型：潜污泵 50WQ/C240-0.75。

数量：2 台(其中 1 台备用)。

流量：$20\,m^3/h$。

扬程：7 m。

工作时长：12 h。

电机功率：0.75 kW。

转速：2 825 r/min。

③ 一体化 A^2/O 处理设备

功能：一体化 A^2/O 处理设备包含污水厌氧、缺氧、好氧、沉淀等多个处理单元,利用厌氧、缺氧和好氧微生物的新陈代谢过程降解水中的有机污染物,进行脱氮除磷反应,最后沉淀单元进行泥水分离,最终达标排放。

型号：一体化 A^2/O 处理设备。

处理规模：20 t/d。

数量：2 套。

材质：玻璃钢。

尺寸：$L×B×H=5\,000\,mm×1\,900\,mm×2\,100\,mm$。

④ 人工湿地生态净化系统

道观村生态净化系统面积 $52.5\,m^2$,本次设计采用人工湿地工艺进行深度处理,由于污水经一体化 A^2/O 处理设备处理后已达到《农村生活污水处理设施水污染物排放标准》(DB 45/2413—2021)中的一级标准,故采用水平流人工湿地进行深度处理即可。

处理规模：20 t/d。

系统面积：$52.5\,m^2$。

填料类型：石英砂。

填料深度：共 1 000 mm。下层为粒径 20~30 mm 的石英砂,填 400 mm；中间层为粒径 8~15 mm 的石英砂,填 300 mm；上层为粒径 3~6 mm 的石英砂,填 300 mm。布水区与集水区宽 500 mm,该范围内填粒径为 30~60 mm 的石英砂。

尺寸：$L×B×H=10\,000\,mm×5\,250\,mm×1\,350\,mm$。

⑤ 设备间

材料：塑木。

尺寸：$L×B×H=1\,200\,mm×800\,mm×1\,626\,mm$。

⑥ 供电系统及自动控制系统

提升泵及其他用电设备功率较小,不考虑单独设置供电电源,直接接入当地村屯电网系统即可,采用 220 V 单相电。提升泵由调节池内的液位控制系统控制启停。

⑦ 厂区围墙

由于处理规模较小,仅设置设备间,不设置其他辅助用房。厂区范围内考虑采取隔离措施,防止无关人员进入,采用砖柱+锌钢栏栅隔离,高1.5 m。道观村站区围墙总长20 m。

5. 自控设计

因考虑后期维护的安全性与便捷性,并结合项目中各村庄污水处理的实际情况及工艺特点,本项目不需要管理人员专项操作,采用自控设计对进水与各构筑物进行控制。

进水提升泵采用手动或自动控制,如若进水提升泵切换到自动控制后与浮球液位计联动,则高液位启动,低液位停止。

6. 厂区公用工程设计

(1)道路设计

① 站外道路

本次设计服务区内各村村内外已有水泥路,故本次设计不需要考虑。污水收集管网施工过程中需要破路的,施工完成后要及时恢复路面,不影响当地群众生活、生产。

② 污水处理站站区内车辆禁止通行

污水处理站站区内不考虑车辆通行,不需要另设站区交通道路。在污水处理站建好后,采用花岗岩石板沿站区铺设。

(2)绿化设计

为响应乡村振兴,建设美丽新农村,减少噪声、灰尘及污水的干扰,应在站区内进行绿化,种植草皮,以"黄土不露天"为原则。

由于本项目污水处理站内处理设施大多采用埋地式,故在站区内适当种植树木,沿站区四周及站内的绿化隔离带种植草皮。在建筑物及构筑物周边空地植以大面积草坪,使整个站区四季常绿。

(3)通信及照明

站区内不设通信及照明系统。

7. 建筑结构设计

(1)建筑设计

建筑设计考虑污水处理站的环境需要,尽量做到造型新颖活泼,色彩和谐统一,大面积的草坪绿地配以树木和花卉,可以营造出宜人的空间环境。生产区设置各种生产性构筑物,平面布置力求简洁合理,尽量营造出良好的工作环境。

(2)结构设计

① 基础设计及地基处理

本工程根据构(建)筑物的类型、受力特点、使用要求、工艺流程及竖向布置的要求,并结合地形、地貌、地质结构、岩土工程性质、地下水特征、环境情况等因素综合考虑。为尽量降低地基处理费用,本工程各建筑单体采用独立基础、条形基础及筏板基础,若地基不满足承载力要求,可选用换填或强夯置换等地基处理方式,以满足构(建)筑物承载力极限状态及正常使用极限状态的要求。

场地平整回填土:要求回填土分层压实,压实度不小于93%重型击实标准。地基承载力特征值按$f_{ak} = 100$ kPa设计。

管道基础C15混凝土垫层:垫层厚度300 mm,垫层宽度应大于基底宽度,两侧采用与垫层相同的材料回填,并做好防水处理。

② 设计荷载

永久作用:作用在开槽施工地下构筑物侧壁上的压力按主动土压力与地下水静水压力之和计算。

可变作用:包括构筑物楼面、屋面活荷载标准值和贮水构筑物温度、湿度变化作用的标准值。

a. 构筑物楼面、屋面活荷载标准值

顶板:5 kN/m²;

操作平台、楼梯:25 kN/m²;

其余按《给水排水工程构筑物结构设计规范》(GB 50069—2002)的有关规定取值。

b. 贮水构筑物温度、湿度变化作用的标准值

对于地下或设有保温措施的构筑物,不计算温度、湿度变化作用;对于暴露在大气中的盛水构筑物,拟取壁面温差$\Delta t = 10$ ℃;圆形构筑物和设置有伸缩变形缝的矩形构筑物暂不考虑其中温度、湿度变化的作用。

(3) 主要建筑材料

① 混凝土

本工程设计的建(构)筑物混凝土强度等级均为C25,地下或贮水构筑物混凝土抗渗等级为P6,构筑物内混凝土填料为C20,垫层为C15。

② 钢筋

HPB300钢筋$f_y = 210$ N/mm(f_y表示钢筋在抗拉状态下的设计强度值),HRB400钢筋$f_y = 300$ N/mm,预埋件为Q235B钢。

③ 水泥

采用425号普通硅酸盐水泥。

④ 砖砌体

设计地平面以下墙体采用混凝土空心砌体,其孔洞应采用强度等级不低于C20的混凝土预先灌实,砂浆强度等级为M7.5;设计地平面以上墙体采用混凝土空心砌块砌筑,砌体强度等级为Mu10,混合砂浆强度等级为M7.5。

(4) 抗渗设计

为提高混凝土的密实度、抗渗性能、抗腐蚀能力以及控制混凝土的收缩变形,避免出现裂缝,拟在构筑物的混凝土内掺入一定比例的混凝土抗裂膨胀剂,补偿混凝土的收缩变形,减少混凝土的水泥用量,提高混凝土的密实度,从而减少混凝土的收缩裂缝,提高混凝

土的抗渗性和抗裂性,本设计中混凝土的抗渗等级均为 P6。

8. 电气设计

(1)设计范围

本工程电气设计包括配电、动力系统以及防雷接地系统。

(2)配电系统

污水站点用电的进线动力电缆主要是由建设单位负责设计,各站点按照 50 m 距离进行造价计算,资金已统计至总投资内,各污水站点接入电源,都通过附近村庄电线杆引入。

(3)电缆选择及敷设

① 本工程抗震设防烈度为 7 度,抗震设防类别为标准设防类(丙类),框架结构抗震等级为四级,设计基本地震加速度值为 $0.05g$。电气设备生产及设备现场安装工程须符合《建筑机电工程抗震设计规范》(GB 50981—2014)。

② 配电柜非靠墙落地安装时,根部应采用金属膨胀螺栓连接或焊接的固定方式,安装螺栓或焊接强度应满足抗震要求。如采用焊接固定安装,基础槽钢与土建预埋钢板及柜体与槽钢焊接处焊缝宽度不小于 5 mm,焊缝长度不小于 30 mm。

③ 接地线应采取防止地震时被切断的措施。

④ 当配电装置与用电设备间连线采用金属导管、刚性塑料导管敷设时,进口处应采用挠性管过渡。

⑤ 配电柜内的元器件应考虑与支撑结构间的相互作用,元器件之间采用软连接,接线处应做防震处理;配电箱面上的仪表应与柜体组装牢固。

(4)接地与防雷

本工程采用 TN-C-S 制接地保护方式,变配电所采用联合接地体;与电缆线距离超过 50 m 的构筑物,在电缆进线处设重复接地装置,接地电阻不大于 10 Ω。

本工程根据当地实际气象和地质条件进行防直击雷设计。

0.4 kV 进线侧设防电流浪涌保护器,减少雷电波的入侵损害。

9. 自控设计

根据用电设备的情况,本污水处理站设有 1 台潜污泵控制柜、1 台鼓风机控制柜,控制柜集中置于污水站设备间内,若无设备间,则需设置室外控制柜。

污水处理站内所有用电设备,除在柜面上可以手动方式单台逐个运行外,还可以通过液位控制自动运行。

9.3.10 社会评价

1. 社会效益

环境保护是我国的一项基本国策,污水处理是环境保护的重要工程内容。村屯若没有污水处理设施,其周边环境会遭受不同程度的污染。同时卫生环境及水环境直接影响村屯形象及建设开发,并影响社会的可持续发展和人民的身体健康。

村屯生活污水直接排入水体,会使水质变坏。因此本项目的建设不仅可以解决村屯日益加剧的污染问题,减轻农村生活污水对水体的污染程度,改善村屯环境卫生面貌,提高人民生活及健康水平,而且对促进经济发展具有重大意义,其社会效益是显著的。

2. 环境效益

本项目建成投入运行后,排入受纳水体的污染物大大降低,污染物去除效率如表9.36所示。

表 9.36 污染物去除效率 单位: mg/L

项 目	SS	COD_{Cr}	$NH_3 - N$	TP	TN	BOD_5
进水水质	150	220	30	3.5	35	180
出水水质	20	60	8	1.5	20	40
去除效率(%)	86.7	72.7	73.3	57.1	42.9	77.8

本项目建成后,大大削减了排入自然水体的污染物,减轻了水体的污染负荷,对水体环境质量、居民生活环境和身体健康以及投资环境的改善都起到了重要的作用,避免了水质恶化对周边水源构成威胁,使环境与经济、社会的发展相协调,使生态系统实现良性循环,在保护生态环境及保证水体功能方面具有良好的环境效益。

3. 经济效益

污水处理属于环境治理,投资一般比较大,从直接的经济效益看,污水处理的直接投资效益并不明显,但投资的间接经济效益确实显著,主要通过减少污水对社会造成的经济损失体现出来,具体表现在以下方面:

(1)通过本项目的建设,排入水体的污染物大幅度减少,符合水环境保护目标要求,环境效益显著。

(2)通过本项目的建设,尾水排放同时满足浓度和污染物总量的环境要求,可为村屯创造良好的卫生环境,提升形象,有利于村屯的开发与建设。

(3)通过本项目的建设,有效控制水污染,改善水环境质量,减轻污水对地下水资源和地面水资源的污染,提高水资源的利用价值。

(4)可避免水体污染后治理的费用。避免因水污染而造成的农、林、渔、牧产业产品产量和质量的下降。

(5)可避免因水污染造成居民健康水平的下降,从而减少居民医疗保健费用。

本项目建成后,进一步完善了农村基础设施,不仅改善了当地居民的生活环境,而且有效地保护了当地水资源环境,为当地的经济与社会发展奠定了良好的基础,因而本项目具有良好的社会效益和经济效益。

10 机电与金属结构

本工程无机电与金属结构内容。

11 消防设计

本工程无房屋建筑及厂房内容，无消防设计内容。

12 施工组织设计

12.1 施工条件

12.1.1 对外交通条件

临桂镇交通便利,距临桂区政府约 8 km,临桂镇地理位置优越,陆空交通十分便利,321 国道二级公路、桂柳高速公路、桂林两江国际机场路、省道 306 线、湘桂铁路在镇区交会。工程区对外交通便利,有西二环路和 G321 国道与农村公路网相接,直通项目区附近。

12.1.2 工程布置特点

桃花江属山溪性河流,全流域集水面积 298 km²,干流长 61.3 km,主河道平均坡降 1.2‰,其中流经临桂区 32.3 km、灵川县 12.6 km、桂林市 16.5 km。工程区内总体地势为西高东低,地形坡度 0~15°,局部分布有剥蚀残丘。河床高程为 153~156 m,沿河两岸标高 156~160 m。河谷多为 U 形谷,河流以侧蚀作用为主,两岸坡较陡。临桂区桃花江黄塘村至龙头村一带,地貌类型为丘陵地貌和冲洪积平原地貌。

12.1.3 工程施工特点

本护岸工程沿桃花江两岸呈带状布置,考虑分段布置施工设施。左、右岸沿河岸顶基本为耕地或荒草地,不存在道路沿河通行,岸顶植被较好,且间隔鱼塘,不满足修建临时道路的条件,施工材料运至刘家村养老院和门家桥附近空地集中堆放。利用桃花江水路通过木船运输施工材料,不但可以避免修建临时道路破坏岸顶植被,也可以减少临时征地投资和当地政府的征地协调工作量。在刘家村段可以修建局部临时道路以满足施工要求,工程施工对该区域的交通以及居民生活不会产生影响。沿岸 21 个村庄污水处理工程不需要修建临时道路,现状村屯道路满足施工需求。

本次设计治理河长 12.439 km,其中桃花江主河道治理河长 11.192 km,支流治理河长 1.247 km,岸线布置基本沿原河岸走向布置。护岸总长 11.18 km,其中桃花江主河道护岸总长 9.54 km,左岸 5.43 km,右岸 4.11 km;支流护岸总长 1.640 km,左岸 1.260 km,右岸

0.380 km。其中附属建筑物主要有下河码头 19 座、排水涵管 7 座、生态堰坝改造 2 座。建设生态缓冲带 13.61 hm²；21 个村庄新建农村生活污水收集管网，新建处理站点 17 个。

12.1.4　自然条件

1. 气象

桃花江流域跨临桂区、灵川县、秀峰区三个县级行政区，地处我国南方低纬度区，属中亚热带季风气候区，气候湿润，雨量充沛，日照充足，四季分明，夏长冬短。常受北方冷空气南下的影响，雨季出现较早，一般始于 3 月中旬，结束于 8 月下旬。造成暴雨或大暴雨的主要天气系统为静止锋、低涡、切变线等。漓江流域的陆洞河、川江、小溶江、甘棠江以及义江流域的宛田一带为桂北暴雨中心。桃花江流域内气候温和，多年平均气温在 17.8~19.2 ℃。最高气温主要出现在 7 月到 9 月，极端最高气温为 39.4 ℃；1 月份气温最低，极端最低气温为 -4.8 ℃。流域及附近雨量充沛，多年平均年降雨量为 1 800~2 600 mm，其中本流域东北方向的华江一带为暴雨中心，其代表雨量站华江、砚田站多年平均降雨量分别为 2 530.3 mm、2 663.3 mm，最大年（1968 年）降雨量分别为 3 493.1 mm、3 605.9 mm。流域多年平均降雨量为 1 997.8 mm。降雨年内分配不均，3—8 月份降雨量约占全年雨量的 80%。多年平均蒸发量为 1 442.8~1 798.1 mm，年内蒸发量以 7—9 月最大，1—2 月最小。

2. 水文

本流域常受北方冷空气南下的影响，雨季出现得较早，3 月中旬—8 月下旬降雨较为集中。桃花江为山区河流，洪水暴涨暴落，洪枯水位变幅大。根据施工组织设计要求，本工程选取的施工期时段为当年 11 月—次年 3 月，本工程施工洪水按枯水期平均流量水位标准设计。根据控制断面水位流量关系计算施工水面线的起算水位，采用与设计水面线计算相同的基础断面资料，推算施工水面线。

12.1.5　施工用风、用水、用电条件

施工用风：本工程涉及的用风项目少且耗风量不大，故施工用风拟采用移动式空压机供风。

施工用电：可就近从刘家村及门家村内 10 kV 供电线路接电引至施工现场，并自备柴油发电机作为应急供电电源。

施工用水：桃花江水质良好，可作为生产用水水源，生活用水可就近从刘家村及门家村自来水供水管网通过供水管路接引至工地现场。

12.1.6　施工期供水影响

本工程分段施工，护岸施工导流拟采用分期导流措施，不截断桃花江水流。本工程施工不存在断流问题，对下游河道基本无影响。

12.2　料场的选择与开采

12.2.1　三材（水泥、钢材、木材）、炸药和油料等主要外来建材

三材、炸药和油料可在临桂区购买。

工程区所在乡镇无水泥、钢材、钢筋供应，水泥、钢材、钢筋等需从临桂区城区采购，用汽车运至工地，运距约 15 km。

12.2.2　天然建筑材料

1. 砂料

本工程建设所需要的砂料可以采用人工砂和天然河砂，工程区附近没有砂料场，工程建设所需砂料可到临桂区城区购买，产量和质量需满足要求。工程区到临桂区城区运距 15 km。

2. 砾石、碎石及块石料

工程区地理位置较好，交通便利。工程区附近没有采石场，工程所需石料可到临桂区城区购买，产量和质量需满足要求。工程区到临桂区城区运距 15 km。

3. 土料

本工程施工开挖产生大量的弃土，应考虑充分利用，尽量避免对生态环境造成影响。本工程的开挖料利用率为 48%，回填利用后还剩 4.03 万 m^3 弃渣（自然方），可运至临桂区两江镇凤凰林场消纳场堆放，平均运输距离约为 30 km。

12.3　施工导流

12.3.1　导流标准

根据《堤防工程设计规范》（GB 50286—2013）规定，永久性主要水工建筑物级别为 4 级，永久性次要水工建筑物及临时水工建筑物的级别为 5 级。本工程为护岸工程，施工导流参照《堤防工程施工规范》（SL 260—2014）执行。经复核，护岸工程围堰导流标准为：采用枯水期 3 年一遇水位+0.5 m 安全超高值确定施工围堰堰顶高程。

12.3.2　导流时段选择

桃花江流域洪水多发生在汛期的 3—8 月，洪水呈典型山溪河流特征，洪、枯水位变幅大，在保证工期的前提下，导流时段尽可能在枯水期内选择，以节省导流费用。

1. 护岸工程

根据流域降雨径流特性和施工组织设计要求，经分析研究，本工程选取施工期时段为

当年 11 月—次年 3 月,枯水时段洪水流量均较小,相差不大,各枯水时段所要求的围堰工程量也均较小,主要从护岸的施工进度及施工强度等方面综合考虑,初选导流时段为当年 11 月—次年 3 月,共 5 个月。

根据护岸工程沿河两岸呈带状布置且基础施工较为简单,枯水期施工洪水水位较低、流量较小的特点,施工导流考虑采用分侧、分段导流进行挡墙施工的方式。

2. 排水涵工程

各排水涵基础施工简单,施工时段短,可避开洪水期进行施工,初选导流时段为当年 11 月—次年 3 月。本次设计护岸穿过引水渠道、水沟等,为保证渠道引水功能不受影响,新建护岸设置了 2 座排水涵,排水涵基础结构简单,施工时段短,可避开洪水期进行施工。

3. 施工导流项目

本项目不涉及跨河建筑物,不需要设置排水涵导流。本项目考虑可分段施工和河流特性,拟采用编织袋装土填筑,若遇洪水,则暂停施工,撤离设备,待洪水过后,施工方可继续。

12.3.3 施工导流方式

本工程主要施工项目有松木桩护岸、叠石挡墙及 C20 埋石混凝土挡墙、混凝土排水涵、网垫护坡等,只是局部缩窄河道,不影响过流。

(1) 左 0+400(下)~左 0+540 段为河道冲刷岸,容易受洪水顶冲,采用埋石混凝土挡墙护脚,挡墙基底开挖高程 157.88~158.14 m,河床高程 158.83 m,施工洪水位为 160.23 m,经对比,施工洪水位高于挡墙开挖高程及河床高程,因此需设置编织袋装土围堰进行保护。左 2+105~左 2+177(上)段为兰田堰坝的下游,洪水作用剧烈,采用埋石混凝土挡墙护脚,挡墙基底开挖高程 153.62~153.72 m,河床高程 155.13 m,施工洪水位为 156.53 m,经对比,施工洪水位高于挡墙开挖高程及河床高程,因此需设置编织袋装土围堰进行保护。

(2) 右 0+926~左 0+995(上)段为兰田堰坝的下游,洪水作用剧烈,采用埋石混凝土挡墙护脚,挡墙基底开挖高程 153.62~153.72 m,河床高程 155.13 m,施工洪水位为 156.53 m,经对比,施工洪水位高于挡墙开挖高程及河床高程,因此需设置编织袋装土围堰进行保护。

(3) 左 4+920(下)~左 5+010(上)段为交通桥的下游连接段,容易受洪水顶冲,采用埋石混凝土挡墙护脚,挡墙基底开挖高程 151.97~152.00 m,河床高程 153.06~153.20 m,施工洪水位为 154.26 m,经对比,施工洪水位高于挡墙开挖高程及河床高程,因此需设置编织袋装土围堰进行保护,围堰长度为 131 m。右 3+379~右 3+462(上)段采用埋石混凝土挡墙基础+叠石挡墙,挡墙基底开挖高程 152.32~152.36 m,河床高程 153.28~153.53 m,施工洪水位为 154.48 m,经对比,施工洪水位高于挡墙开挖高程及河床高程,因此需设置编织袋装土围堰进行保护,围堰长度为 106 m。右 3+462(下)~右 3+622 段采用埋石混凝土挡墙基础+叠石挡墙,挡墙基底开挖高程 152.30~152.38 m,河床高程 153.06~153.20 m,施工洪水位为 154.26 m,经对比,施工洪水位高于挡墙开挖高程及河床高程,因此需设置编织袋装土围堰进行保护,围堰长度为 195 m。右 4+027~4+047 段塔山排洪渠汇流口,混凝土底板开挖高程为 153.40 m,河床高程为 153.15 m,施工洪水位为 153.95 m,施工洪水位高于渠底开挖高程,因此施工时需设置围堰,围堰长 34 m。

（4）麻左 0+000~1+260 段采用 C20 混凝土挡墙,挡墙基底开挖高程 156.76~156.87 m,河床高程 156.96~158.07 m,施工洪水位为 158.80 m,经对比,施工洪水位高于挡墙开挖高程及河床高程,因此需设置编织袋装土围堰进行保护。麻右 0+000~0+380 段采用 C20 混凝土挡墙,挡墙基底开挖高程 156.02~156.71 m,河床高程 157.22~157.91 m,施工洪水位为 158.59 m,经对比,施工洪水位高于挡墙开挖高程及河床高程,因此需设置编织袋装土围堰进行保护。

（5）大宅堰坝损毁严重,需拆除重建,堰坝基底开挖高程为 152.84 m,河床高程为 153.28 m,施工洪水位为 154.68 m,施工洪水位高于堰坝基底开挖高程,因此施工时需设置上、下游围堰。

（6）本工程共设置 7 处排水涵,在枯水期施工时,流量较小,采用开挖明渠导流。

（7）其他河段护岸均为松木桩护岸,可适应浅水施工,不需要设置围堰进行保护。

12.3.4　导流建筑物设计及施工

1. 导流建筑物设计原则

根据工程现场地形条件和总体布置方案考虑施工围堰布置,其布置及断面设计原则如下:

（1）尽可能使施工导流有较好的水流条件,在正常情况下确保导流建筑物自身和永久建筑物的安全。

（2）满足基坑开挖和其他主体工程施工的要求。

（3）为了降低工程造价,应尽可能就近采用主体工程的开挖料填筑围堰,开挖料不足时,在就近山坡取土料填筑围堰。

（4）在每一施工段水下工程完成后,用挖掘机拆除围堰,拆除料运往拟定的弃渣场集中堆放。

在遵循上述布置原则的基础上,综合考虑其他各方面因素,进行施工项目的围堰布置和设计。

2. 导流建筑物设计

根据现场调查及水文计算,参照《堤防工程施工规范》（SL 260—2014）,施工期水位取枯水期 3 年一遇洪水,堰顶安全超高取 0.5 m。本护岸工程中 C20 埋石混凝土挡墙护脚施工采用分段分期导流方式,围堰分纵向围堰与横向围堰,纵向围堰平行于左右护岸轴线布置,横向围堰垂直于护岸轴线,每隔 50 m 设置一道。护岸挡墙分段施工,围堰左侧护岸挡墙施工时,右侧河床导流,围堰右侧护岸挡墙施工时,左侧河床导流,施工完成后采用机械方式将围堰全部拆除。本工程围堰采用编织袋装土围堰,围堰高度根据不同河段施工水深确定,水深1.4 m和1.2 m,加安全超高0.5 m,围堰高度为1.9 m和1.7 m,围堰顶宽0.8 m,围堰背水坡比及迎水坡比均取1：0.7,围堰基础挤淤0.2 m。为增强防渗能力,编织袋迎水面铺设塑料薄膜。本工程施工围堰用土主要来源于工程内开挖土料。本次挡墙施工采用分段围堰的方式,基坑排水采用柴油抽水泵,可满足挡墙基础的施工。

3. 导流建筑物施工

本工程采用编织袋装土围堰施工,利用各工程开挖土料,人工装袋并按设计断面垒筑,迎水面铺设塑料薄膜防渗。施工完成后采用1.0 m³挖掘机拆除围堰,拆除后采用8 t自卸汽车出渣,运至临桂区两江镇凤凰林场消纳场堆放,平均运输距离约为30 km。

12.3.5 基坑排水

基坑中的水由围堰闭气后基坑积水、抽水过程中围堰及挡墙基础的渗水、堰身及基坑覆盖层中的水以及可能降雨四部分组成。本次挡墙基础施工采用围堰分段开挖的施工方式(每20～50 m开挖一段),因此本次围堰工程基坑容积不大,经计算,在基坑排水中,10 m³/h和5 m³/h柴油机抽水泵配合使用,可满足挡墙基础施工需要。

12.3.6 施工期间度汛标准及措施

根据《水利水电工程施工组织设计规范》(SL 303—2017)规定,本工程枯水期(当年11月—次年3月)实施基础部分水下工程,施工期间若遭遇洪水,则暂停施工,洪水过后,施工继续。洪水期(3—8月)暂停基础部分施工,可安排水上部分工程施工。施工营地与施工设备设施应按5年一遇的洪水标准做好防护工作。

12.4 主体工程施工

本项目秉承"自然恢复为主、人工干预为辅"的修复理念,最大限度地保护两岸原有乔灌植物,通过现场勘察并进行多种施工方案比选,最终采用了"近自然的河道施工新模式",即以施工机械设备配合自制船舶,在河道内行走施工,打生态松木桩、清淤清障,护岸生态材料通过竹筏从河道运至护岸处,再通过机械或人工搬至工作面。整个项目仅在跨江高铁桥处设置机械设备进出口和材料进料口,这样既保证了生态材料的供应,又保护了两岸原有植物。在整个修复过程中,不开设临时施工道路,施工机械、材料运输均在河道内进行,全在水下作业,即通过自制带动力竹筏,利用河道作为"临时运输道路",保证材料及时、充分供应,确保施工进度。本次施工对岸坡原有动植物基本上没有扰动、破坏,虽然施工成本相对较高,但保护了原生态河岸环境。经过修复后,两岸很快披上了"绿装",实现了"水清、岸绿、河畅、景美",桃花江成为人民群众休闲游玩的景点。

12.4.1 主体工程组成

本次设计治理范围为临桂区桃花江黄塘村至龙头村河段。本次设计护岸总长

11.18 km,附属建筑物下河码头 19 座、排水涵管 7 座、兰田堰坝改造 2 座、新建生态广场 3 处、生态节点 4 处。建设生态缓冲带 13.61 hm²;21 个村庄新建农村生活污水收集管网,新建处理站点 17 个。

12.4.2 土方开挖

土方开挖以机械为主、人工为辅,采用 1.0 m³ 挖掘机开挖、8 t 自卸汽车出渣。本工程土方开挖中除多余开挖料作弃渣处理外,其余均留用,运至临时堆土场堆放,平均运距为 0.5 km。其中开挖的土方和表土优先用于绿化腐殖土回填。土方开挖中河床整平线以下为槽挖,以上为一般土方开挖。

12.4.3 土方及砂卵石填筑

本工程避免大挖大填,护岸部分土方填筑采用人工摊铺土料、蛙式打夯机压实的方式。叠石挡墙护岸段墙背回填块石,采用 8 t 自卸汽车运料,挖土机配合人工分层填筑、分层摊铺、分层碾压,分层厚度为 50 cm 左右,建筑物周边及填筑边角区采用小型夯实机械夯实。

12.4.4 混凝土施工

挡墙基础施工安排在枯水时段,要求在当年 11 月至次年 3 月完成。根据《桂林市人民政府关于划定禁止现场搅拌混凝土和砂浆区域的通告》(市政规〔2019〕1 号),临桂城区禁止现场搅拌混凝土和砂浆,故本工程所用混凝土均为商品混凝土,由人工胶轮车水平运输,主要以溜槽局部配合卷扬机吊运入仓,用 2.2 kW 插入式或平板式振捣器振捣,人工洒水养护。浇筑埋石混凝土时,石料和模板间距不得小于 15 cm,并振捣密实,振捣时应尽量避免与石头模板接触,用石量不得大于基础体积的 20%。石料强度等级不得低于 30 MPa。进行埋石混凝土基础浇筑时,应严格控制其宽度、厚度、强度、片石所占体积比例等技术指标。浇筑完成并报验合格后,方可进行下一道工序施工,基础验收合格后将基岩(基础)面上的杂物、泥土及松动岩石(砂砾石)清除,处理完毕再浇筑混凝土。

在浇筑第一层混凝土前,若基础面为岩石层,必须先铺一层 2~3 cm 厚的水泥砂浆,砂浆水灰比应与混凝土的浇筑强度相适应,铺设施工时保证混凝土与基岩面结合良好。严禁直接从高层往下倾倒混凝土,入口与仓面垂直距离控制在 1.5 m 以内。

埋石混凝土埋石率不能大于设计要求(20%)。施工时,应先铺一层混凝土,放一层块石,再振捣密实至块石沉入混凝土中,不得先摆石,再灌混凝土。

埋石用块石尺寸不得大于一次设计浇筑混凝土块体积最小尺寸的 1/3,要求质地坚硬,无分化或裂缝,饱和抗压强度为 30 MPa,清洗干净。浇筑时先铺一层 100~150 mm 厚的混凝土打底,再铺上石料。石料要均匀排列,大头向下、小头朝上,且石料的纹理要与受力方向垂直。石料间距一般不小于 100 mm,石料与模板或槽壁的间距不应小于 150 mm,用振捣棒进行振捣,振捣时避免接触模板和石料。如此逐层铺石料以及浇筑混凝土,直至最终层面,保证石料顶面有厚度不小于 100 mm 的混凝土覆盖层。

振捣棒插入平面布点和振捣时间要达到规范的要求,确保振捣充分,混凝土主要集中于护脚挡墙及基础部分,其施工安排在枯水时段,要求在当年 11 月到次年 3 月完成。混凝土工程量随堤线呈线性分布。挡墙每 10 m 设沉降缝一条,缝宽为 2 cm,采用沥青杉板填缝。

为保证施工质量,必须按相关规定对原材料、配合比、施工工艺、保证措施等进行控制和检查,遵照《水工混凝土施工规范》(SL 677—2014)的有关规定。

12.4.5 模板安装与拆除

安装前按设计要求进行测量放样,控制中线和边线,并画出标高或浇筑最终顶面位置,模板以钢模板为主,特殊部位安装木模板。用型钢或 ϕ48 mm 排架钢管作为支承架,模板结构按规范设计,有足够的稳定性、刚度和强度,并经计算和稳定校核、变形计算,能承受新浇筑混凝土的重量、侧压力以及施工过程中可能产生的其他各种荷载,其变形控制在允许范围内,以保持结构物的形状、尺寸,保证各部分相互位置的正确性,符合设计要求。浇筑前将模板清理干净,涂上脱模剂。

模板拆除:非承重模板,在混凝土强度达到 2.5 MPa,并保证其表面不因拆模而损坏时再拆除,承重模板在混凝土强度达到 70% 后再拆除,拆除作业由熟练的专业模板工操作,模板工应采用专门工具,细心有序地操作。

12.4.6 松木桩施工

本项目松木桩护脚长 4 138 m(双排),采用尾径 ϕ120 mm 新鲜松木桩。由于左岸、右岸大部分河段岸坡植被较好,为减少对岸坡植被的破坏,减少临时征地投资和当地政府征地拆迁协调工作量,不宜采用岸上施工,不宜采用液压挖掘机或其他重型设备在岸上打桩。本项目采用水上打桩施工方法,挖掘机在船舶上进行水上打桩施工,材料通过带动力竹筏在水上运输。

1. 施工准备

测量放线,根据测量控制点布置轴线控制点和高程点。依据桩位布置图放出松木桩的桩位,然后进行定位放线。木桩主要在当地木材市场采购,用汽车运到工地现场仓库;木桩采购时应注意木材质地,桩长应略大于设计桩长。所用桩木须材质均匀,不得有过大弯曲的情况。木桩首尾两端连成一直线时,各截面中心与该直线之偏差不得超过相关规定;桩身不得有蛀口、裂纹或其他损害强度的瑕疵。

2. 松木桩施工

采用液压打桩机打桩,桩尖定位在事先拉好线的位置,垂直后再打,打时若发现偏斜,立即纠正,然后再行施打。木桩开始沉入时,应慢打轻击,桩锤的冲击力不宜太大,随着木桩的打入,可逐渐增大桩锤的冲击力。一般每 3~5 min 即可打一条桩,工效较高。为了使挤密效果好,提高地基承载力,打桩时必须由基底四周往内圈施打。

3. 锯平桩头

根据设计高度,控制桩头锯平后的标高。

4. 打松木桩的质量要求

(1)桩位偏差必须控制在 D/6 到 D/4 范围内,桩的垂直度允许差<1%。

(2)打桩注意从外往中间对称打,但要防止桩位严重移动。

(3)按设计图纸所示,经监理工程师检查合格后,在地面标定木桩的预定打击位置再进行打桩。

打桩过程中,如遇坚硬底层或触及地下障碍物,以致不能打桩至预定深度时,报请监理单位和设计部门处理,不得任意截断桩体。

12.4.7 叠石施工

1. 叠石护岸的特点

叠石护岸是结合传统护岸理念与生态理念,并根据河流所处位置的特点而提出的新型护岸形式,主要材料来自工程区附近的石料场,一般常年水位以下采用叠石护岸,常年水位以上可以因地制宜选用适合当地自然环境的植被护岸。该种护岸形式最大限度地将生态理念引入河道护岸,充分发挥植被的固土效应以及叠石的防冲刷功效。

(1)叠石护岸结构安全、有保障。采用的叠石单个石块重量要求在 400 kg 以上,抗冲刷能力良好;进行机械叠砌后结构整体性好,特别适用于河床坡降大、受水流顶冲的山区河流岸坡。叠石间的空隙具有良好的透水性,可以有效降低地下水位,减轻叠石墙后的地下水压力,一定程度上能增强护岸的安全性能。

(2)最大限度地保证原有生态。叠石间的孔隙有利于水体的自然流动,能实现水与土体的有机交换,为水生生物(包括微生物)创造适宜的生存环境,保持了水体的自净能力,具有理想的生态维护功能,也为人们提供休闲的河岸景观空间。

(3)施工速度快。叠石护岸施工方法简便,采用机械施工,节约人力,可在水下直接施工,不用围堰,相比其他的生态护岸形式可节约投资。

2. 叠石施工技术要求

(1)材料质量要求

① 块石应采用新鲜硬质岩石,不得使用片状、条状、带尖角的块石,表面无贯穿性裂纹,块石料饱和极限抗压强度不低于 50 MPa。块石应大致方正,块石的规格和质量应满足设计要求。单块重量低于 400 kg 的块石数量不得大于 5%。

② 块石必须是坚固耐久的微风化或新鲜岩石,软化系数 ≥ 0.7,天然密度 ≥ 2 400 kg/m,最大吸水率≤10%。

③ 块石在垂直河道轴线方向的有效宽度应为 600~1 000 mm,且宽度大于 800 mm 的不少于50%;每块叠石的有效厚度应为 400~600 mm,且厚度大于 500 mm 的不少于50%。

(2)施工质量控制要点

护岸齿槽必须开挖至设计高程(埋深一般为 600 mm 及以上),地基应为紧密砂卵石层,以保证基础稳固;块石规格必须符合要求,块石按块径大、中、小分别放置在底层、中层、面层,其中底层宽度不应小于800 mm。同层块石的大小尽量一致,下一层块石应比上一层沿垂直河道轴线方向凸出15～20 cm,这有利于叠石的稳定及美观;边坡的坡度应修整为1∶1左右,叠石应贴坡叠砌,块石间的空隙应回填砂卵石并充水密实,层间块石需错位摆放稳固,贯穿性缝隙不得大于150 mm;叠石的顶部高程应满足设计要求,误差允许范围为±100 mm。

3. 叠石护岸中景石工艺要求

(1)用水准仪按要求对景石基坑进行测试验收,必要时进行调整,以确保景石的摆放位置符合设计要求。

(2)底部叠石宽度必须大于顶部宽度1倍以上。

(3)要根据石块的造型及形态吊装景石,要注意石块的方位。

(4)在景石的2/3处捆绑钢丝绳。

(5)要严格检查吊具运行及各节点是否牢固,保证安全可靠后方可进行吊装。

(6)拉底,即在基础上铺最底层的石块。拉底应用大块平整石,其坚实、耐压,不允许用风化过度的石块。拉底高度以一层大块石为准,有形态的、较好的面应朝外,注意错缝铺置(垂直与水平两个方向均应照顾到)。

(7)中层,即底石以上、顶层以下的部分。中层所占体量最大,是叠石护岸中景石造型的主要部分。其叠筑要点是接石压茬上下衔接必须紧密压实,石体重心稳而不偏,注重整体效果。

(8)堆砌时,应注意调节纹理,竖纹、横纹、斜纹等尽量同方向组合。整个石块要避免倾斜,靠外边的不得有陡板式、滚圆式石块,横向挑出的山石后部配重一般不得小于悬挑重量的2倍。

(9)对于一般景石多运用对比手法,显现出曲与直、高与低、大与小、远与近、明与暗、隐与显各种关系,运用水平与垂直错落的手法,使景石、掇石错落有致,富有生气,表现出山石沟壑的自然变化。

(10)组合景石和叠石时,每块景石连接处以石块本身的相互嵌合为主,空隙用C20混凝土及小块石灌实,使堆叠与填塞、浇捣交叉进行,确保安全稳固,再以1∶2的水泥砂浆进行勾缝。

(11)景石以自然水坝式堆置和散置,其造型应自然。

(12)悬挂、临空俯视之石,必须严格控制石块的重量及悬挂尺寸,压脚石应确保悬吊部分平衡。

(13)景石布置,应按设计要求体现景观效果。

(14)跌水位置应根据现场及设计要求设置,选择合适的石块,且石块要平整,使水流能达到构思艺术的要求。

12.4.8 管线施工

1. 管道放线

本工程排水管道放线均按检查井坐标表严格放线,检查井坐标点位于主线管道轴线投影与检查井横轴线交点。管道放线的同时,需对沿线特别是与现有道路交会处进行物探,确定现有管线的性质及埋深。本工程污水管道材料为 HDPE 双壁波纹管。综合工期、安全、施工质量等因素,采用开槽施工的方式。

2. 沟槽开挖

本工程主干管位于各村的主要干道上,沟槽开挖深度 0.85～3.60 m,现场土质情况良好,故本次设计考虑沟槽不分级开挖。沟槽土方开挖采用小型反铲履带式挖掘机,土方堆积在沟槽一侧。沟侧弃土不能堆填太高,以免造成沟槽边坡失稳。当 1 台挖掘机弃土困难时,可采用 2 台挖掘机作业,1 台挖掘机挖土,1 台挖掘机在一侧倒土,弃土堆与沟槽边缘距离应保证在 2 m 以上。为了减小堆土对沟槽的侧压力,也可将能作为建设场地填土使用的多余土方运至低洼地区,用于平整建设场地。

由于巷道宽 1.5～2.0 m,位于村内巷道内的管道沟槽不适宜采用机械开挖,且巷道开挖较浅,均进行了路面硬化,本次主要采用手持式风镐加人工进行开挖。开挖土方除回填利用外,采用双胶轮车外运至主干道装车。

3. 沟槽回填

污水管线闭水试验合格后,即可回填沟槽砂(土)方。填砂(土)应从场地最低处开始,有坑应先填,再水平分层整片回填碾压(或夯实)。对于布置在村庄主干道上的管道,开挖回填时路面以下部分应全部回填砂石基础,其余管道开挖回填时也采用砂石基础,上层采用回填土方,管道两侧回填土压实度达到 90% 以上,管顶 0.5 m 以内不宜用机械碾压,管顶 0.5 m 以上回填土压实度应不大于 85%,表层土用腐殖土覆盖复垦。沟槽内不得回填淤泥,若沟槽内有淤泥,应将淤泥清除干净,然后用好土换填压实。

12.4.9　附属工程施工

附属工程的主要施工项目包括:护岸排水涵、码头的土石方开挖、土石方回填、混凝土浇筑等。

以上项目均为常规施工项目,在护岸工程施工中大部分均已涉及,基本为常规方法施工,不再一一叙述。

12.5　施工交通运输及施工总布置

12.5.1　施工交通运输

1. 对外交通

本工程位于黄塘村至沧头村河段,护岸沿线有三处可以用于施工机械、施工物资进场,距离现有公路较近,因此需要修筑临时道路或进场道路,满足施工生产物资的运输需要。第一处位于黄塘村公路桥附近,连接 G321 国道;第二处位于门家桥旁边,与 G321 国道相连;第三处在兰田堰坝下游养老院项目右岸公路边,与 G321 国道相连。桃花江沿岸 22 个村庄的污水处理工程涉及的对外交通均为农村水泥公路,与西二环道路或 G321 国道相衔接。

2. 场内交通道路布置

本项目秉承"自然恢复为主、人工干预为辅"的修复理念,最大限度地保护两岸原有乔灌植物,通过现场勘察并进行多种施工方案比选,最终采用了"近自然的河道施工新模式"。在整个修复过程中,不开设临时施工道路,施工机械、材料运输均在河道内进行,全在水上作业,即通过自制带动力竹筏,利用河道作为"临时运输道路",保证材料及时、充分供应,确保施工进度。对岸坡原有动物和植物基本上没有扰动、破坏。

3. 弃渣场施工临时道路

消纳场位于临桂区两江镇凤凰林场,经临苏路、西城大道可到达工程区,交通方便,不需要修筑临时道路。

4. 材料二次运输

本工程为生态修复项目,岸顶有道路的,尽量利用原有道路满足施工需要,若岸顶无道路,则根据左右岸岸顶农田、耕地分布情况和岸坡植被覆盖情况,不宜修建临时施工道路的,用船进行二次运输,避免修建临时道路而破坏岸顶植被,避免占用临时征地,并可减少征地投资和当地政府征地协调工作量,有利于加快工程建设,提早发挥工程效益。

12.5.2　施工总布置

1. 布置原则

(1) 根据施工场地条件,主要采用分段布置形式,以便于工程分段施工及统一管理。

(2) 根据方便施工原则,施工管理及生活设施尽量结合工程管理设施进行布置,尽量减少施工占地。

(3) 相对集中地布置弃渣场,以利于渣场的水土保持和治理。

2. 施工总布置

选定河段为临桂区桃花江黄塘村至龙头村河段,本工程拟设置两个施工区,其中 1#施工营地位于兰田村公路桥养老院项目右岸农村公路边,占地面积 1 500 m²;2#施工营地位于麻右 0+000 桩号处 G321 国道旁附近空地,占地面积 1 500 m²。两个施工营地地势相对较高,可满足施工及施工场地布置要求,交通方便。

污水处理工程涉及桃花江临桂区临桂镇段沿岸的村庄有:塔山村委管辖的沧头村、刀陂村、大宅村、炉家头村、道观村、田心村、龙头村、刘家村、官田村、熊家村;乐和村委管辖的车田村、莫边村、花江村、培村、兰田村、潦塘村;灵山村委管辖的大陂头村、车渡村、力冲村等。村庄比较分散,可选择租用民房或村委驻地的用房作为施工营地。

施工营地内主要布置钢筋模板加工厂、物资仓库、生活福利设施及工程管理用房等。由于本工程距临桂镇不远,故不设施工机械修配厂,仅考虑在施工营地处设置机械设备停放保养场,施工机械需维修时,可委托相关修理厂承修。

护岸沿线需要临时征地,施工时的临时堆放及加工场地可在堤防沿线一侧临时征地范围内布置,尽量不占用其他用地。

12.5.3 土石方平衡利用规划

本项目土石方平衡原则为:各段尽量各自平衡;当两段之间相距较近且土石方可以相互平衡时,就近进行土方平衡。

1. 弃渣场规划

本工程施工开挖土石方为粉质黏土、中砂等,开挖料可以用于挡墙后的回填或填筑围堰,经利用平衡计算后,剩余土石方运至弃渣厂。本工程位于城区附近,渣土须按规定运至消纳场统一堆放,各段产生的弃渣均用新型智能环保渣土车运至消纳场集中堆放,离工程区最近的消纳场位于临桂区两江镇凤凰林场。凤凰弃渣场地形坡度为 $10° \sim 25°$,切割较浅,地貌类型为丘陵。弃渣场处于近南北走向的冲沟中,占用地类为荒地,弃渣容量为 100 万 m^3。弃渣场上覆第四系残坡积层粉质黏土,厚度为 $0.5 \sim 3.0$ m;下伏石炭系下统岩关阶页岩、泥灰岩。弃渣场两边山体植被发育良好,现场勘查未见滑坡、泥石流等不良地质现象。从消纳场经临苏路、西城大道可到达工程区,交通方便。消纳场至河段护岸施工营地的平均运距约 30 km。

2. 施工占地

根据建筑物布置和施工布置,临时堆土场、临时施工道路、工棚、仓库均需临时占用一定土地,经现场调查统计,施工临时占地约 44.35 亩。

12.6　施工总进度

12.6.1 安排原则

施工总进度安排主要根据以下原则:

(1)本工程由防洪护岸等项目组成,护岸的基础施工受桃花江洪水影响,需设围堰保护,故安排在枯水期施工,其他部位不受施工洪水影响,可安排全年施工。

(2)本工程交通道路工程量不大,故可尽早安排进场施工。

(3)本工程砂石料以采购形式供料,以减小施工准备工作难度,施工准备工程较简单,可尽早安排主体工程施工。

(4)施工导流主要为设置临时挡水围堰,结构简单,故可根据施工需要,灵活安排。

12.6.2 施工分期

根据《水利水电工程施工组织设计规范》(SL 303—2017)规定,本阶段将工程建设全过程划分为工程筹建期、工程准备期、主体工程施工期、工程完建期四个施工时段。

1. 工程筹建期

第一年的9—10月份为工程筹建期,本阶段主要任务是成立工程建设指挥部,落实监理单位及施工队伍等,该阶段不包括在总工期内。

2. 工程准备期

第一年的11月份为工程准备期,本阶段的主要任务是完成对外交通公路、场内交通道路、施工工棚和其他临时设施的施工及征地拆迁工作。

3. 主体工程施工期

该阶段的主要任务是护岸主体工程、农村污水处理工程的土建施工,时间从第一年的12月至第二年的9月,共10个月。其中水下工程施工要求在枯水期第一年的12月至第二年的2月底完成。

4. 工程完建期

第二年的10月份完成场地清理及工程初步验收工作。

12.6.3　施工总进度

1. 准备期进度

准备工程从第一年的11月开始,历时1个月,主要的工程项目有:

(1) 场外交通工程;

(2) 施工用房屋修建;

(3) 弃渣场防护工程施工;

(4) 风、水、电等工程。

2. 主体工程施工进度

主体工程施工进度从第一年的12月至第二年的9月底,主体工程工期为10个月。各单项主体工程工期安排如下:

(1) 施工导流

本工程水下部分施工安排在枯水期进行,枯水期水位较浅。由于河滩较宽,本护岸工程水下部分施工可安排在12月至次年2月,施工期较短,采用埋石混凝土挡墙,同时采用编织袋装土围堰,在枯水期加强施工劳动力及施工材料的投入,确保工程施工进度。

(2) 左右岸主体工程施工

本次设计护岸总长11.18 km,沿河两岸21个村庄污水处理工程中水下基础施工为关键施工项目。水下基础施工应结合场内施工临时道路修建。第一年11月至第二年1月3个月内,要求完成枯水位高程以下项目的施工;第二年2月至9月8个月内完成枯水位以上填土及其他工程项目的施工。

3. 完建期进度

第二年的10月份完成场地清理及工程初步验收工作,共1个月。

13 建设征地与移民安置

13.1 工程用地范围及实物

13.1.1 工程用地范围

根据《水利水电工程建设征地移民安置规划设计规范》(SL 290—2009)和《堤防工程管理设计规范》(SL/T 171—2020),在工程建设区征地范围中,需要征收或不需要征收但不能复垦恢复原土地用途的列为永久征地范围,包括主体工程用地、管理区等。不需要征收而且能够复垦恢复原土地用途的列为临时征地范围,包括临时堆土场、临时施工道路区及施工生产生活区等。

本工程永久征地主要是农村污水处理站占地,临时征地主要是临时堆土场、施工生产生活区占地,涉及临桂区临桂镇塔山村委、乐和村委、灵山村委等管辖的20个自然村。

13.1.2 实物指标

1. 调查依据

(1)有关法律法规

①《中华人民共和国土地管理法》;

②《中华人民共和国土地管理法实施条例》;

③《中华人民共和国森林法》;

④《中华人民共和国森林法实施条例》;

⑤《中华人民共和国矿产资源法》;

⑥《中华人民共和国文物保护法》;

⑦《中华人民共和国农村土地承包法》;

⑧《中华人民共和国基本农田保护条例》。

(2)主要规程规范

①《水利水电工程建设征地移民安置规划设计规范》(SL 290—2009);

②《土地利用现状分类》(GB/T 21010—2017);

③《水利水电工程建设征地移民实物调查规范》(SL 442—2009);

④《水利水电工程地质勘察规范》(GB 50487—2008)、《水利水电工程测量规范》(SL 197—2013)以及其他有关专项设计规范。

2. 实物指标调查概况及成果

根据《水利水电工程建设征地移民实物调查规范》(SL 442—2009)的要求,对该工程范围内的征地项目(1∶1 000 地形图)进行实地调查,采用实地丈量与实测 1∶1 000 地形图上量算相结合的方法。有关社会经济资料以临桂区政府有关文件为准。

经调查统计,本工程涉及临桂区临桂镇塔山村委、乐和村委、灵山村委等管辖的 20 个自然村,工程建设征地涉及土地 52.86 亩,其中永久征收 8.51 亩,临时征用 44.35 亩,均为农村部分,不涉及基本农田。

13.2　移民安置规划

13.2.1　移民安置规划设计的依据和原则

(1) 移民安置规划设计根据《中华人民共和国土地管理法》、《中华人民共和国土地管理法实施条例》、《大中型水利水电工程建设征地补偿和移民安置条例》、水库淹没调查资料、淹区自然环境资料、经济调查资料等进行。

(2) 正确处理国家、集体、个人的利益关系,合理进行补偿。移民安置规划要使移民生产生活达到或超过原有水平,生产安置项目要结合当地的实际情况,还要尊重少数民族地区的生产生活和风俗习惯。按照当地实际情况和国家及地方现行政策与规定合理进行补偿。

(3) 移民安置采取开发性移民政策,在保证移民有一份耕地能解决口粮的前提下,再考虑发展其他多种经营项目,多形式、多层次、多渠道地进行移民安置,逐步形成移民安置区多元化的、合理的产业结构,使移民生产有出路、生活有保障、经济收入逐步提高。

13.2.2　安置人口计算

根据规范,安置人口计算公式如下:

$$P = \frac{S}{S_r}(1 + r)^{t-t_0}$$

式中: P ——征地所涉及的某村生产安置人口(人);

　　　S ——某村征用耕地面积(亩);

　　　S_r ——调查年人均耕地面积(亩);

　　　r ——人口增长率(取 6‰,数据来源于临桂镇计生所);

　　　t_0 ——调查年份;

　　　t ——规划水平年(规划水平年采用主体工程完工当年)。

1. 搬迁安置规划

经调查统计,项目未涉及房屋拆迁,不涉及搬迁人口,不需要进行移民搬迁安置规划设计。

2. 生产安置规划

经调查统计,工程需征用耕地 0.91 亩,均为旱地。塔山村、乐和村及灵山村人均耕地约为 0.54 亩,以被征用耕地的数量除以征地前的人均耕地得到安置人口数,据此需安置人口约为 2 人(按人口自然增长率 6‰推算至 2023 年)。

13.3　补偿投资概算

13.3.1　法律法规

(1)《中华人民共和国土地管理法》;

(2)《中华人民共和国耕地占用税法》;

(3)《国务院关于修改〈大中型水利水电工程建设征地补偿和移民安置条例〉的决定》(国务院令第 679 号);

(4)《桂林市人民政府关于公布征地区片综合地价标准的通知》(市政规〔2020〕11 号);

(5)《桂林市临桂区人民政府关于调整征地青苗及地上附着物补偿标准的通知》(临政规〔2019〕3 号);

(6)《广西壮族自治区财政厅 广西壮族自治区自然资源厅 广西壮族自治区发展和改革委员会关于规范和调整我区耕地开垦费征收标准和使用管理政策的通知》(桂财税〔2019〕35 号);

(7)《水利工程设计概(估)算编制规定》(水总〔2014〕429 号)。

13.3.2　相关规范

(1)《水利水电工程建设征地移民安置规划设计规范》(SL 290—2009);

(2)《水利水电工程建设征地移民实物调查规范》(SL 442—2009)。

13.3.3　投资概算

根据已确定的实物指标和以上补偿标准,可计算得到本工程用地总投资为 92.05 万元,其中永久征地补偿投资 53.26 万元,临时征地补偿投资 38.79 万元。

14 环境保护设计

14.1 设计依据

14.1.1 相关法律

(1)《中华人民共和国环境保护法》;

(2)《中华人民共和国水法》;

(3)《中华人民共和国防洪法》;

(4)《中华人民共和国传染病防治法》;

(5)《中华人民共和国水土保持法》;

(6)《中华人民共和国野生植物保护条例》;

(7)《中华人民共和国大气污染防治法》;

(8)《中华人民共和国水污染防治法》;

(9)《中华人民共和国噪声污染防治法》;

(10)《中华人民共和国固体废物污染环境防治法》。

14.1.2 条例及报告

(1)《建设项目环境保护管理条例》;

(2)《中华人民共和国河道管理条例》;

(3)《广西壮族自治区水功能区划修订报告》;

(4)《广西壮族自治区环境保护条例》。

14.1.3 评价标准

(1)《地表水环境质量标准》(GB 3838—2002);

(2)《污水综合排放标准》(GB 8978—1996);

(3)《环境空气质量标准》(GB 3095—2012);

(4)《声环境质量标准》(GB 3096—2008);

(5)《建筑施工场界环境噪声排放标准》(GB 12523—2011)。

14.2　工程概况

桂林市临桂区桃花江黄塘村至龙头村段（塔山段）生态修复工程起点位于黄塘村公路桥，止于龙头村，总治理河长 12.439 km，其中桃花江主河道治理河长 11.192 km，支流治理河长 1.247 km，岸线布置基本沿原河岸走向布置，护岸总长 11.18 km。其中桃花江主河道护岸总长 9.54 km，左岸 5.43 km，右岸 4.11 km；支流护岸总长 1.640 km，左岸 1.260 km，右岸 0.380 km。其中附属建筑物主要有下河码头 19 座、排水涵管 7 座、生态堰坝改造 2 座。建设生态缓冲带 13.61 hm^2；21 个村庄新建农村生活污水收集管网，新建处理站点 17 个。

14.3　环境影响评价

14.3.1　环境现状

1. 水环境现状

桃花江，古名阳江，是漓江流经市区中心的一级支流，桃花江的上游河段称潦塘河，干流长 61.4 km，主河道平均坡降 1.2‰，其中流经临桂区 32.3 km、灵川县 12.6 km、桂林市 16.5 km，发源于临桂区五通镇与灵川县公平乡交界处的中央岭东南侧的公平乡古坪村。干流由北向南流经临桂区五通镇马鞍村委，在临桂镇凤凰村改向东流，到塔山村委管辖的道观村与金龟河汇合，以下称桃花江，在桂林市郊五仙闸折向北，流经灵川县定江镇，经水南村又由北折向南流，在市郊甲山街道办辖区附近进入桂林市城区，穿过城区，在安新洲尾汇入漓江，并有古时人工开凿形成的虹桥坝至象山北的另一入漓江水道，枯水经此水道入漓江。主要支流有金龟河、法源河、道光河、社塘河、乌金河、山口河等。根据有关部门对桃花江的监测结果，依据国家《地表水环境质量标准》（GB 3838—2002），区域内环境功能区水质目标要求为Ⅲ类。

工程区河断面（位于工程区上下游各一处）1、3、5、7、9 月水质可达Ⅲ类，说明上游河段水质良好。

2. 大气环境现状

临桂区临桂镇 SO$_2$、NO$_2$ 及可吸入颗粒物的日均浓度均符合《环境空气质量标准》（GB 3095—2012）二级标准。评价区内大气环境质量良好。

3. 声环境现状

临桂区临桂镇环境噪声昼间等效声级和夜间等效声级均达到《声环境质量标准》（GB 3096—2008）2 类标准。

4. 人群健康现状

根据临桂区疾病控制中心资料,评价区内主要的流行性疾病有感染性腹泻、乙型肝炎、细菌性痢疾、疟疾、钩端螺旋体病、伤寒及副伤寒、乙型脑炎等。区域内感染性腹泻、乙型肝炎的发病率较高,主要与村民的居住条件、生活习惯、生活观念、生活水平、饮水卫生条件有关。

总体来看,项目区内的水环境、大气环境、声环境状况和人群健康现状等较好。

14.3.2 环境影响评价主要结论

1. 施工期环境影响评价主要结论

(1)工程临时施工围堰占据河道靠岸的小部分河床,对河流的天然流态影响不大,更不会造成河道断流,因此工程施工对桃花江上、下游水文情势影响很小。但由于施工扰动水体,会导致水体浑浊,对河水泥沙含量有一定影响。

(2)工程施工对水质的影响包括生产废水和生活污水两个方面,其中生产废水主要来自混凝土拌和,生活污水主要来自施工人员的日常生活。混凝土拌和废水的主要污染因子为 SS 和 pH 值,生活污水的主要污染物为 BOD_5、COD_{Cr}。生产生活废水若直接排放,对附近水体水质将会产生一定影响。

(3)工程施工噪声主要来源于混凝土拌和系统及交通运输,多为间歇性声源和流动声源。施工敏感点附近施工河段两岸居民点与机械声源的距离均在 50 m 以内,施工噪声对附近居民点及施工人员造成一定影响。

(4)工程施工期废气主要来源于运输车辆、燃油机械设备的尾气排放以及爆破产生的废气。废气排放方式多为直接排放,对施工区及周围环境产生一定的影响,尤其是现场施工人员及河道两岸的居民。

(5)施工期会产生大量的建筑垃圾、弃土弃渣。此外,项目施工期施工人员的进驻也会产生一定的生活垃圾。对这些固体废弃物的处置对环境产生一定影响。

(6)施工过程带来的地表裸露及水土流失等对乡镇的景观造成一定影响。

(7)本工程用地共涉及永久征收土地 7.10 亩,其中耕地 0.83 亩,不涉及移民搬迁。工程征用土地考虑给予经济补偿,不进行造田造地规划,工程用地对环境的影响较小。

2. 运行期环境影响评价结论

(1)本工程属于公益类的非生产项目,工程建成运行后对周围大气环境、声环境没有影响。

(2)工程局部地段需占用河道,减小了行洪断面,但仍然满足行洪要求。总体来说,工程建成后可大大减少临桂镇乡村洪涝灾害损失,有利于保护当地人民的生命财产安全,不会对河段水生态环境造成大的影响。

(3)工程设计从美化环境的角度出发,采用景观与环境相协调的工程措施与植物措施,工程建成后可大大改善当地的环境。

综上所述,本工程建设具有显著的社会、经济和环境效益,虽然工程在施工期对环境产生一定的不利影响,但针对生态环境、水环境、声环境、空气环境和社会环境等采取一定的环境保护措施后,可最大限度地减轻工程对环境的影响。工程实施期间,建设单位、施工单位应配合当地环境监察部门做好环境监理工作,以监督落实环保措施。

14.4 环境保护设计

14.4.1 环境保护设计综述

本工程环境保护设计的任务主要是根据本工程建设可能产生的环境影响,具体落实环保措施,使不利影响在工程实施过程中得到降低,并安排对潜在的不利因子进行监测,避免不利因子的产生和恶化,使工程建设在经济效益、社会效益和环境效益各方面和谐统一。

综合前述的环境影响分析成果,本次环保设计主要内容有:

(1)生态环境及景观保护设计;

(2)施工期环境保护设计;

(3)环境监测设计;

(4)环境保护管理;

(5)环境保护投资概算。

14.4.2 生态环境及景观保护设计

1. 生态保护设计

(1)施工单位应加强对施工队伍和外来人员的教育及管理,教育、约束施工人员严格保护施工区周围的植被。

(2)除工程需要外,不能随意砍伐施工场界内、外树木;施工场地和工棚等应尽量选择在无林地处。

(3)在各工程区,施工完工后应及时种植树木,恢复植被,减少水土流失的发生。所有临时用地使用后,应尽快进行生态恢复;工程料场采砂采石应按政府有关规定操作,注意保护自然景观,严禁随地采砂采石;砂石及施工弃料应及时清除,以免对生态环境造成不利影响;临时堆土场用完后需进行土地整治,根据当地条件植树植草。

2. 景观保护设计

由于本工程位于乡镇,施工期的景观保护主要是通过加强施工管理,有效避免因工程开挖、施工人员生活产生的废污水及生活垃圾等对乡镇周边环境造成影响,具体如下:

(1)工程施工结束后及时对裸露面进行植树种草绿化,尽量选择当地的、具有良好观赏价值的乡土物种,使其与周围的自然景观相和谐。

(2)做好易滑坡造成水土流失而影响景观的坡面的水土保持工作,建议用工程措施和生物措施相结合的方法,避免水土流失及对周围景区景观造成破坏。

14.4.3　施工期环境保护设计

1. 水环境保护

（1）废水来源

工程施工期产生的废水主要有少量的施工废水及生活污水。

（2）水质保护目标

施工期施工区所在河段地表水环境质量采用《地表水环境质量标准》（GB 3838—2002）Ⅲ类水标准，污水排放执行《污水综合排放标准》（GB 8978—1996）中的一级标准。

（3）水质保护措施

施工期生活污水排放量较小，生活污水中的主要污染物是 BOD_5、SS 和细菌。由于项目区中的生活区距离桃花江较近，若直接排放生活污水，会对桃花江水质有一定影响，因此考虑在施工区设置化粪池。化粪池处理后的出水难以达到《污水综合排放标准》（GB 8978—1996）中的一级标准，因此处理后的出水用于农田灌溉，不能直接排入桃花江。

混凝土搅拌系统排放的废水中 SS 含量较高，据类似工程实测资料，SS 含量约为 2 000 mg/L，必须经沉淀处理达到排放标准（≤70 mg/L）后回用，在各施工区布置 1 套混凝土沉淀处理系统。施工废水处理工艺流程见图 14.1。

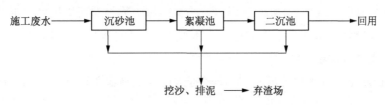

图 14.1　施工废水处理工艺流程

2. 大气环境保护

（1）大气污染源

工程施工活动可能产生的大气污染主要有：施工机械，包括开挖机械、运输车辆等排放的废气；混凝土拌和、公路运输、堆料弃渣等引起的粉尘和飘尘。

（2）受影响敏感点及保护目标

经调查，受工程施工大气污染影响的敏感点主要有乡镇政府部门及施工河段两岸乡村居民点。

工程施工期间，环境空气质量采用《环境空气质量标准》（GB 3095—2012）中的二级标准，大气污染物排放执行《大气污染物综合排放标准》（GB 16297—1996）。

（3）保护措施

工程施工期间，施工粉尘污染主要影响现场施工人员及周边环境，因此，采取如下大气污染防治措施：

① 在施工期对混凝土拌和系统安装除尘设施，水泥等多尘材料采用密封方式运输。配备洒水车及相应的除尘设备，定时喷水以减少粉尘和扬尘。

② 在护岸的修筑过程中,对运输汽车卸下的土料应及时推平并夯实,降低土料装卸过程中引起的扬尘对周围环境的影响,运输车辆进出施工场地期间需对轮胎进行冲洗。

③ 加强机械设备的维护,保证其在正常状态下工作。土石开挖机械应安装除尘装置,运用产生粉尘较少的爆破技术,并采用湿法作业,减少粉尘。受施工扬尘影响最严重的施工人员,应戴防尘口罩、头盔等劳保用品,并适当缩短工作时间。

3. 噪声防治

（1）噪声污染源

施工噪声与震动主要来自土石方开挖,混凝土拌和浇注、夯实及交通运输等工序。施工场界声环境评价标准采用《建筑施工场界环境噪声排放标准》（GB 12523—2011）。

（2）噪声污染防治措施

施工噪声主要影响现场施工人员及周边居民,因此,采取如下噪声防治措施:

① 应尽可能使用先进的、噪声小的机械设备;大型固定施工设备应在其进气、排气口设置消声器;震动大的设备应配备减震装置,也可以使用阻尼材料;加强设备的维护和保养,减少其工作噪声;施工区周边设置提示牌。

② 对操作人员采取有效的保护措施,如戴防声头盔、耳塞以及轮流操作等,以减轻噪声对操作人员的影响。

③ 由于两岸居民距离护岸施工区较近,为减轻施工噪声对两岸居民的影响,应严格控制施工时间,在能够完成施工进度的情况下不要安排昼夜连续施工,禁止夜间施工。

4. 弃渣及生活垃圾处理

（1）工程开挖的弃土弃渣应及时运往弃渣场,不能随意堆放,更不能沿河边堆放或直接弃于河中。

（2）为减少水土流失,弃渣场应做好相应的水土保持工作。将本项目弃渣运到当地弃渣接纳场,不属于本项目的防治范围,由运营公司处理。

（3）在施工生活区设置垃圾桶,收集生活垃圾,并集中运至乡镇生活垃圾处理场。

5. 人群健康保护

（1）影响分析

工程动工后,施工人员陆续进驻工地,施工高峰期工地施工人员达到近百人,其中大多数人居住在现场生活区内。现场工作条件及卫生状况较好,对施工人员的健康影响不大。但由于人口密集,若不加强对进入施工工地的施工人员健康状况的检查,允许患有严重传播性疾病的人员进入施工工地,将会对周边居民的身体健康构成威胁。

（2）保护措施

① 施工区卫生清理

在施工前,结合施工场地开挖、平整工作,采用消毒剂对施工区(特别是施工人员集中的活动场所)和生活区进行消毒。在施工区开展灭蚊、灭蝇和灭鼠活动,有效控制自然疫源性疾病的传染源,切断其传播途径,以控制和减少疾病的发生。

② 卫生检疫、预防免疫及卫生防疫

卫生检疫：在进行招工时应对施工人员身体健康状况进行检查。对准备进入施工区的人员进行卫生检疫，经检疫后认定不宜进入施工区的带菌人员不得进入，以免在施工人群及周边居民中造成疾病的相互传染和流行。

预防免疫：根据工程对人群健康的影响，对施工人群采取疟疾预防性服药、乙肝疫苗接种等预防措施。

卫生防疫：确保食品、饮用水卫生安全，预防疾病传播。

③ 食品卫生管理与监督

委托地方有关专业部门，加强对施工区食品卫生的管理和监督。建立健全卫生许可证制度，对食堂工作人员及副食品经营、销售人员定期进行健康检查，实行健康证制度，对蔬菜、肉类等原料以及食盐的进货渠道进行严格的检查与控制。

④ 生活垃圾

在施工生活区放置 4 个垃圾桶，对施工人员的生活垃圾进行统一收集，防止传染病的发生和传播。

14.4.4　环境监测设计

1. 施工期环境监测

本项目建设对环境带来的不利影响主要发生在工程施工过程中，为了监督施工过程中各种环境保护措施的实施情况及运行效果，使施工环境管理更具针对性，必须掌握施工过程中各施工时段及每一施工区域的环境质量状况及污染物排放情况，开展施工区环境质量监测。

监测时段包括整个施工期，监测的环境因子包括水质、大气、噪声、人群健康等。监测断面和测点的布设以及测次的安排应能够系统地反映施工区从施工开始到完建各个时期的污染源变化情况及施工区环境质量的变化情况，监测结果应准确、及时并具有较好的代表性，以便为施工区环境建设及环境监督管理提供科学依据。当施工区发生污染事故时，应开展追踪监测。监测工作可委托有资质的监测单位进行。

（1）水质监测

监测频率：每季监测 1 次，主要针对 SS 值。

监测地点：基坑排水口、废污水汇入口、生活饮用水取水口，共 3 个监测点。

监测项目：DO、COD_{Cr}、BOD_5、SS、pH、氨氮、总磷、石油类、粪大肠菌群和细菌总数等。

监测方法：每个断面设一条垂线，每条垂线设一个采样点。水样采集及分析方法按《地表水环境质量标准》（GB 3838—2002）及《水环境监测规范》（SL 219—2013）中地表水监测部分的有关规定进行。

承担单位：由有资质的监测机构负责监测。

（2）大气监测

监测频率：施工高峰期连续监测 5 天，每天 4 次。

监测地点：主体施工区、混凝土拌和系统、管理生活区，共 3 个监测点。

监测项目：NO_2、TSP、CO。

监测方法：参照《环境空气质量标准》(GB 3095—2012)，大气环境质量需达到二级标准。

承担单位：由有资质的监测机构负责监测。

(3) 噪声监测

监测频率：施工高峰期连续监测一昼夜。

监测地点：主体施工区、混凝土拌和系统、砂石料加工系统、管理生活区，共 4 个监测点。

监测项目：连续等效声级 L_{Aeq}。

监测方法：参照《建筑施工场界环境噪声排放标准》(GB 12523—2011)，施工期大部分高噪机械设备噪声在 50 m 范围内达到昼间 75 dB，200 m 范围内大部分达到夜间 55 dB 标准。

承担单位：由有资质的监测机构负责监测。

(4) 人群健康调查

人群健康调查主要定期检查各种传染病和自然疫源性疾病，经统计分析，发现病情及时处理。

施工人员体检按总人数的 20% 抽检，共安排 3 次，即开工前、施工中期(或高峰期)和工程竣工前，施工人员健康检查应由医疗部门负责。

2. 运行期环境监测

运行期环境监测包括水质监测、水温监测、岸坡稳定监测、生态环境监测。

发现污染要及时反映，采取措施控制污染物排放，保证水体水质达到规定的水质功能标准。断面布设以能控制上游来水水质及出库水质为原则。监测项目及方法参照《地表水环境质量标准》(GB 3838—2002)。

为了了解工程开发对区域陆生、水生生态系统及土地资源利用情况的影响，开展生态环境监测工作，监测频次为不定期。监测项目包括对植被覆盖率以及水生、陆生动植物种群变化和多样性变化进行不定期调查，对土地利用方式及利用效率的变化、土壤肥力进行不定期的观测和调查。

3. 监测资料整编及报送制度

工程施工期水质监测分析必须做到质量控制，化验室要制定管理制度。分析结果要及时整理，签署分析意见，按时报送季报、年报，发现超标项目要立即上报本工程主管部门及当地环保局。

14.4.5 环境保护管理

由于本工程给环境带来的不利影响主要发生在工程施工过程中，为对项目施工期环保措施的实施进行有效监督、管理，必须明确该项目的政府环境管理监督机构与建设单位环境管理机构的具体职责和分工,并建立有关管理制度。

1. 环境管理机构及职责

(1)建设期环境管理机构及职责

建设期环境管理机构为临桂区水利局,具体职责是负责项目的环境保护日常管理工作,负责制订项目环保工作计划,协调各部门之间的环境管理工作,执行各项环境管理措施,包括环境污染防治措施、水土保持措施等。

(2)运行期环境管理机构及职责

临桂区水利局和临桂区生态环境局各司其职,执行运行期各项环保措施。

2. 环境监督机构及职责

临桂区水利局和临桂区生态环境局为项目的环境监督机构,大体分工如下:

(1)施工期环境监督机构及职责

临桂区生态环境局:对施工期各项环保措施进行检查、监督管理。

施工期的环境监测由当地有资质的环境监测单位承担。本项目在施工期间,应结合工程监理开展环境监理工作,对环保措施的执行情况进行监理。

(2)运行期环境监督机构及职责

临桂区生态环境局:对工程运行期各项环保设施的运行情况进行检查、监督管理。

临桂区水利局:定期对运行期的各项水土保持措施、工程的护岸护坡措施及有关的环保管理制度的执行情况进行督促检查。

3. 建立环境管理制度

根据我国环境保护的法律法规及相关政策,须建立与工程相关的环境管理制度,落实环境保护设计中提出的保护措施,严格执行"三同时"制度,及时发现违规、违章行为并及时处理纠正,达到保护环境、防止环境污染和破坏的目的。主要内容应包括:收集最新的有关环境保护的法律法规及政策、日常现场监理信息、群众举报信息;对"三同时"制度执行情况进行检查,根据情况提出处理意见,并报告有关主管部门,定期复查,总结归档;等等。

4. 环境监理

(1)环境监理主要目标

① 以适当的环境保护投资充分发挥本工程潜在的效益;

② 使工程建设对环境的不利影响得到缓解或消除;

③ 落实招标文件中环境保护条款及使与环境有关的合同条款顺利实施;

④ 施工区没有大规模的传染病暴发和流行;

⑤ 实现工程建设的环境、社会与经济效益的统一。

(2)监理任务

① 受业主委托,环境监理工程师全面负责监督、检查工程施工区的环境保护工作。

② 环境监理人员有参加审查会议的资格,就承包商提出的施工组织设计、施工技术方案和施工进度计划提出环保方面的改进意见。

③ 审查承包商提出的可能造成污染的材料和设备清单及其所列的环保指标,并审查承包商提交的环境月报告。

④ 协调业主和承包商的关系,处理合同中有关环保部分的违约事件。

⑤ 同工程监理一起参加工程的验收。对承包商施工过程中及竣工后的现场就环境保护内容进行监督与检查。工程质量认可包括环境质量认可,凡与环保有关的单元工程的验收必须有环境监理工程师签字。

⑥ 对检查中发现的环境问题,以问题通知单的形式下发给承包商,要求限期处理。

⑦ 环境监理工程师每月向业主提交一份月报告,半年提交一份进度评估报告,并整理归档有关资料。

⑧ 环境监理工程师有权反对并要求承包商立即更换由承包商提供的而环境监理工程师认为是渎职者或不能胜任环保工作或玩忽职守的环境管理工作人员。

(3)监理内容

环境监理部门对工程施工期的环境保护措施实施监理制度,监理的主要内容包括:水、大气、声、固体废弃物,水土保持情况,人群健康保护措施的实施,运输和施工机械的检修与正常运行,环境监测制度的落实等。运行期主要是保证施工临时占地的生态建设等内容的落实。运行期建议由当地政府相关部门进行不定期检查,确保工程建设不造成水(地表水、地下水)、农业生态、土壤等的恶化,不造成水土流失。

(4)环境监理人员设置及监理费用

根据工程规模,需环境监理工程师 1 人,施工期为 12 个月,环境监理费用按 2.0 万元/(人·年)计算。

14.4.6 环境保护投资概算

依据《水利水电工程环境保护概估算编制规程》(SL 359—2006)、《水土保持工程概算定额》编制环境保护概算表。水泥、砂、块石、碎石等主要材料预算价格与主体工程的材料预算价格相同,本工程的环境保护投资概算为 51.48 万元。

14.5 结论和建议

14.5.1 结论

本工程的主要有利影响是其具有防洪效益、排涝效益、景观效益和旅游效益,主要不利影响体现在施工期,表现为对周边环境的影响,工程用地对社会、经济、生态环境的影响,但施工期的这些影响基本上是可逆的和局部的,不利影响经采取有效措施后可降低或避免。总体来说,工程实施后的有利影响远大于不利影响。

通过本次环保设计,可降低或避免工程施工对施工区周围环境的影响,保证工程建设过程中所影响河段的水质、施工区周围大气和声环境处于良好状态。在施工完成后植树种草,有利于保持水土和美化环境,改善生态景观。

14.5.2 建议

(1)建议业主配备专门的环境保护人员,负责施工期和运行期的环境保护工作。

(2)环保投资要落实,要做到专款专用。

(3)加强对施工过程中的环境管理和环境监测,防患于未然,使工程建设顺利进行。

15 水土保持设计

15.1 概述

项目区属于亚热带季风气候区,自然条件优越,适宜多种植被生长。区域主要植被类型为人工林、针叶林和灌木丛;无大型野生动植物,无国家级保护动物;所在区域生态环境质量较好。

根据《广西壮族自治区人民政府关于划分我区水土流失重点预防区和重点治理区的通告》(桂政发〔2017〕5号),临桂区不属于自治区级水土流失重点预防和水土流失重点治理区。根据《土壤侵蚀分类分级标准》(SL 190—2007),项目所在区域属于全国土壤侵蚀一级水力侵蚀区中二级类型区的 I_4 南方红壤丘陵区,土壤容许流失量为 500 t/(km² · a)。

根据实地调查,工程区及周边地区植被覆盖良好。轻度侵蚀所占比例较大,土壤侵蚀类型以水力侵蚀为主,侵蚀形态主要为面蚀,其次为沟蚀。因此,根据现场查勘并结合工程区土壤、地形等自然环境,确定工程区的现状土壤侵蚀模数为 500 t/(km² · a)。

本工程位于城区附近,渣土须按规定运至消纳场统一堆放,各段产生的弃渣均用新型智能环保渣土车运至消纳场集中堆放,离工程区最近的消纳场位于临桂区两江镇凤凰林场,凤凰弃渣场地形坡度为 10°~25°,切割较浅,地貌类型为丘陵。弃渣场处于近南北走向的冲沟中,占用地类为荒地。弃渣场上覆第四系残坡积层粉质黏土,厚度为 0.5~3.0 m;下伏石炭系下统岩关阶页岩、泥灰岩。弃渣场两边山体植被发育良好,现场勘查未见滑坡、泥石流等不良地质现象。从消纳场经临苏路、西城大道可到达工程区,交通方便。消纳场至河段护岸施工营地的平均运距约 30 km。

15.2 水土流失预测

15.2.1 水土流失调查

根据《水利部办公厅关于印发〈全国水土保持规划国家级水土流失重点预防区和重点治理区复核划分成果〉的通知》(办水保〔2013〕188号),本项目区不涉及国家级水土流失重点预防区和重点治理区。根据《广西壮族自治区人民政府关于划分我区水土流失重点预防区和重点治理区的通告》(桂政发〔2017〕5号),本项目区不涉及自治区级水土流失重点预防区。参照《生产建设项目水土流失防治标准》(GB/T 50434—2018)相关规定,水土流失防治执行建设类二级防治标准。

根据《广西壮族自治区水土保持公报》2020年资料,临桂区土壤侵蚀分级面积统计表如表15.1所示。

表15.1 临桂区土壤侵蚀分级面积统计表　　　　单位:km²

行政区	水力侵蚀					合计	土壤容许流失量 t/(km²·a)
	轻度	中度	强烈	极强烈	剧烈		
临桂区	122.48	70.56	41.75	32.33	10.25	277.37	500

注:以上数据来自《广西壮族自治区水土保持公报》2020年资料。

15.2.2 水土流失预测内容及方法

水土流失预测是对工程建设过程中人为造成的水土流失进行预测,在此基础上对水土流失影响进行全面分析和评价。重点预测分析可能造成严重水土流失的地段和水土流失的危害性,为分区防治措施提供依据。根据《生产建设项目水土保持技术标准》(GB 50433—2018)的要求,结合本项目实际情况及水土流失影响因子分析,本项目水土流失预测内容包括工程施工扰动原地貌、损坏土地及植被面积预测,工程施工损毁水土保持设施数量预测,可能造成的水土流失量预测等。具体预测内容及方法见表15.2。

表15.2 水土流失预测内容及方法

序号	预测内容	预测方法
1	扰动原地貌和植被面积	根据设计方案提供的数据进行统计,并进行计算和现场复核
2	弃土(渣)量	根据设计方案提供的数据进行统计
3	损毁水土保持设施面积、数量	根据设计方案提供的数据进行统计,并进行图纸量算和现场复核
4	可能造成的水土流失量	类比分析法和定量计算
5	可能造成的水土流失危害	在不采取水土保持措施的情况下,定性分析水土流失对本工程、社会、经济、环境可能造成的影响和危害

15.2.3 工程建设扰动地表面积及损毁植被面积的预测

项目在建设施工过程中,由于基础开挖、填筑等活动影响,原有地形地貌和植被受到不同程度的损坏,导致原地表降低或丧失水土保持功能。根据工程占地情况、施工要求以及现场调查,经综合分析,扰动地表面积包括:主体工程建设区5.55 hm²;临时堆土场0.60 hm²;施工生产生活区0.3 hm²。

本项目建设用地范围内损坏地类主要为耕地、林地及荒草地,面积约 5.4 hm²,损坏植被面积为 5.4 hm²。

15.2.4　水土流失量预测

本工程主要根据工程建设区的环境状况和特点,建设项目对地表层及植被的扰动,废弃物组成、堆放位置和堆放形式等因素,采用类比法与实地调查相结合的方法进行预测,预测时段为施工期(含施工准备期)和自然恢复期。

根据工程施工对地表的扰动情况,施工期(含施工准备期)和自然恢复期的水土流失量预测,采用以下经验公式,公式中有关参数的确定,依据广西境内其他已建或在建的同类项目情况,结合本工程自身的特点及实际情况进行相应调整和确定。

工程扰动前水土流失量:

$$W = \sum_{j=1}^{2} \sum_{i=1}^{n} F_{ji} \cdot M_{ji} \cdot T_{ji}$$

式中:W——土壤流失量,t;

　　　F_{ji}——第 j 预测时段,第 i 个预测单元的面积,km²;

　　　M_{ji}——第 j 预测时段,第 i 个预测单元的土壤侵蚀模数,t/(km²·a);

　　　T_{ji}——第 j 预测时段,第 i 个预测单元的预测时段长,a。

当工程扰动地表、地貌时,新增土壤流失量可采用如下公式计算:

$$\Delta W = \sum_{j=1}^{2} \sum_{i=1}^{n} F_{ji} \cdot \Delta M_{ji} \cdot T_{ji}$$

$$\Delta M_{ji} = \frac{(M_{ji} - M_{io}) + |M_{ji} - M_{io}|}{2}$$

式中:ΔW——扰动地表新增土壤流失量,t;

　　　i——预测单元,$i = 1,2,3,\cdots,n$;

　　　j——预测时段,$j = 1,2$,即指施工期(含施工准备期)和自然恢复期等时段;

　　　M_{ji}——扰动后不同预测单元不同时段的土壤侵蚀模数,t/(km²·a);

　　　M_{io}——扰动前不同预测单元不同时段的土壤侵蚀模数,t/(km²·a);

　　　ΔM_{ji}——不同预测单元各时段新增土壤侵蚀模数,t/(km²·a);

　　　T_{ji}——预测时段(扰动时段),a。

经预测,本工程在建设和运行过程中可能造成的水土流失总量为 868.08 t,新增水土流失总量为 727.9 t,其中施工期造成的新增水土流失量为 582.7 t,占新增水土流失总量的80.05%,是工程建设产生水土流失的主要时段。新增水土流失总量中主体工程建设区新增水土流失量为 449.3 t,占新增水土流失总量的 61.73%;临时堆土场区新增水土流失量为 49.1 t,占新增水土流失总量的 6.75%。可见主体工程区是本工程的水土保持重点防治区域。

15.2.5 水土流失危害分析

本项目在建设及生产运行过程中,项目区征地范围内的地表会遭受不同程度的破坏,局部地貌会发生较大的改变,水土流失总量会增大,如不采取水土保持措施,松散的堆土遭遇暴雨、洪水的冲蚀,很容易对区域生态环境及项目本身等造成不同程度的危害。

(1)在堆土过程中,项目区单元土层及边坡的稳定性不足,水土流失严重,可能发生滑坡、崩塌、泥石流等灾害,会严重影响到本项目施工的正常进行。

(2)项目区年均降雨量大,且降雨较集中,消纳过程中破坏了原貌状态,从而极易诱发水土流失;施工中若不采取有效的防护措施,在降雨径流作用下,工程建设及运行中水土流失产生的泥沙会造成排水不畅,影响排洪。

(3)工程施工过程中若不加强水土流失防护,裸露地表遇大风则尘土飞扬,遇大雨则泥水横流,影响周围环境。

15.3 水土保持设计任务

水土保持设计的任务主要是根据本工程建设可能产生的环境影响,具体落实水土保持措施,使不利影响在工程实施过程中得到降低或避免,并安排对潜在的不利因子进行监测,避免不利于水土保持的因子产生和恶化,使工程建设在经济效益、社会效益和环境效益各方面得到和谐统一。本项目水土保持设计的主要任务为:
(1)水土流失预测;
(2)水土保持设计;
(3)水土保持监测设计;
(4)水土保持管理;
(5)水土保持投资概算。

15.4 水土保持设计

15.4.1 水土保持设计目标

本工程水土保持方案总的目标是:使新增水土流失得到有效防治,改善建设区生态环境,实现工程安全、环境优美。根据《生产建设项目水土流失防治标准》(GB/T 50434—2018)的规定,本项目主要在乡村区域,项目周边 500 m 范围内有居民点,不在一级标准区域的应执行二级标准,水土保持目标根据干旱程度、地形等参数进行修正。修正后本项目水土流失防治目标为：水土流失治理度 95%，土壤流失控制比 1.0，渣土防护率 95%，表土保护率 87%，林草植被恢复率 95%，林草覆盖率 22%。

15.4.2　水土流失防治责任范围

根据《生产建设项目水土保持技术标准》（GB 50433—2018）的规定，本项目水土流失防治责任范围包括项目永久征地、临时占地以及其他使用与管辖区域。本项目水土流失防治责任范围面积为 3.09 hm²。

15.4.3　水土流失防治方案和水土保持措施总体布局

根据本项目建设过程中各工程单元水土流失的特点、危害程度以及水土流失防治目标，在对主体工程中具有水土保持功能的防护措施进行分析评价的基础上，结合水土流失防治分区、工程建设的特点和已有的防治措施，以主体工程区、弃渣场区、临时堆土场区、临时道路区及施工生产生活区为治理单元，合理、全面、系统地规划，完善水土保持措施，使之形成一个完整的，工程措施、植物措施和临时措施相结合的水土流失防治体系。这样既能有效地控制项目建设区内的水土流失，保护项目区的生态环境，又能保证工程的建设和运营的安全。

15.4.4　水土保持工程措施

1. 主体工程建设区

采取开挖量较少的主体工程设计方案，做好护岸设计处理，保护有限的水土资源，营造良好的自然环境，减少水土流失，使工程建设区的水土流失得到基本治理。本区的水土保持措施主要有表土剥离措施（表土剥离面积 5 284 m³）、植物措施（植物种植面积 7.47 hm²）。

主体工程已从工程措施和植物措施方面进行了水土保持方案设计，但没有考虑临时防护措施，在主体工程挖填较大的坡脚开挖排水沟、沉沙池，排水沟采用断面尺寸为 0.9 m×0.3 m×0.3 m（上口宽×底宽×深）的土质梯形沟，沉沙池的尺寸为 1.0 m×1.0 m× 1.0 m（长×宽×深），边坡坡率 1∶0.5，拟采用彩条布对挖填方边坡进行临时覆盖，苫盖面积 1 000 m²。排水沟及沉沙池典型断面图如图 15.1 所示。

2. 临时堆土场区

临时堆土场布置在主体工程区附近，共 4 处，占地面积 0.60 hm²，占地类型为荒地，集中堆放工程产生的表层土，用作主体工程区、弃渣场区及施工生产生活区后期绿化覆土。

（1）土地整治工程

表土运走后，及时对堆土迹地进行场地平整，以备恢复植被，场地平整面积 0.60 hm²。

（2）植物措施

临时堆土迹地平整后，进行植被恢复，采用种草防护，草籽选用狗牙根，播种量为 80 kg/hm²，播种面积 0.30 hm²。

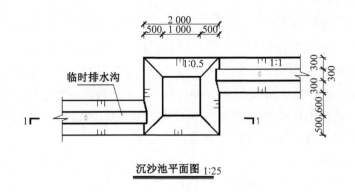

沉沙池平面图 1:25

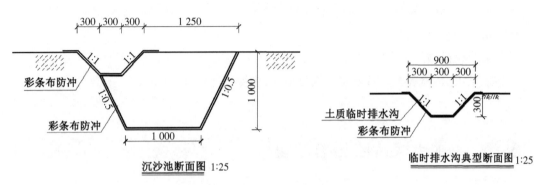

沉沙池断面图 1:25

临时排水沟典型断面图 1:25

图 15.1 排水沟及沉沙池典型断面图

（3）临时防护措施设计

为防止松散表土四处撒落及流失，在坡脚表面设编织袋装土挡墙，编织袋装土堆砌成高 1.0 m、上底宽 0.8 m、下底宽 1.8 m 的梯形断面挡墙，分层错缝填筑，临时挡土墙长 680 m。

（4）临时覆盖及排水措施

用彩条布临时覆盖堆土坡面，以防降雨时发生击溅侵蚀及沟蚀，或随风起扬尘，据统计，彩条布覆盖面积为 3 000 m²。在临时堆土场坡脚外开挖排水沟、沉沙池，以排除地表积水，排水沟长 340 m，沉沙池设 4 个。工程结束后，临时堆土场不再使用，进行覆土复耕。

3. 施工生产生活区

施工生产生活区布置在主体工程区附近，共 3 处，总占地面积 0.3 hm²，占地类型为旱地和荒地。

（1）表土剥离及绿化覆土

施工生产生活区使用前对场地的表土进行剥离，剥离厚度为 0.3 cm，将所剥离表土运至临时堆土场堆放，用于后期绿化覆土或复耕，覆土厚度为 0.3 m。经统计，剥离表土 900 m³，绿化覆土或复耕 900 m³。

（2）土地整治工程

工程完工后，及时对施工生产生活区迹地进行场地平整，以备恢复植被，场地平整面积 0.15 hm²。

（3）排水工程

在施工生产生活区使用前,先沿场地周边开挖排水沟、设沉沙池,防止建筑材料的砂浆、碎石随径流进入沟渠,造成沟渠堵塞。排水沟采用混凝土矩形结构,断面尺寸为 0.5 m×0.5 m(底宽×深),厚度为 0.15 m。沉沙池采用砖砌矩形结构,浆砌砖衬砌,衬砌厚度为 0.24 m,底板采用混凝土衬砌,衬砌厚度为 0.1 m,断面尺寸为 2.0 m×1.5 m×1.0 m(底长×底宽×深),外露面采用 1∶2 水泥砂浆抹面。

（4）临时覆盖

施工生产生活区中堆料场主要堆积砂石料,汛期遇暴雨时,堆料场中松散的砂石遇暴雨极易被水流冲刷,导致水土流失,需采用彩条布对砂石料表面进行临时覆盖。据统计,彩条布覆盖面积为 2 000 m^2。

（5）植物措施

施工结束后,覆表土进行复耕或恢复植被,撒播狗牙根 0.2 hm^2。

15.5 水土保持监测与管理

15.5.1 水土保持监测

1. 监测时段

水土保持监测时段从施工准备期前开始,到设计水平年结束,分为施工准备期前、施工期和自然恢复期。工程施工前需在防治责任范围内进行一次全面的背景监测,以建立本底数据。施工期重点监测水土流失状况。本方案施工期包含施工准备期,施工期监测时段为 1 年,自然恢复期监测时段为 1 年,因此本方案水土保持监测时段为 2 年。

2. 监测区域及点位布设

（1）监测区域

根据《生产建设项目水土保持监测与评价标准》(GB/T 51240—2018),水土保持监测范围确定为该项目的水土流失防治责任范围,根据工程设计和施工进度的安排,对防治责任范围内的水土保持生态环境变化、水土流失情况及水土保持防治措施实施效果等内容进行动态监测,并灵活掌握监测区域的变化。本方案根据水土流失特点,将水土保持监测区域划分为 4 个防治分区:主体工程区、临时施工道路区、施工生产生活区及临时堆土场区。对各区采取全面调查与重点观测相结合的方式进行监测。本工程水土保持监测重点区域为主体工程区和临时堆土场区。

（2）点位设置

在工程监测区域内布设 4 个监测点,分别为主体工程建设区、临时施工道路区、施工生产生活区及临时堆土场区。

（3）监测内容

① 水土流失影响因子

影响水土流失的主要因子,包括降雨、地形、地貌、土壤、植被类型及覆盖率、水土保持设施数量和质量。

② 水土流失状况的监测

重点监测项目区施工前水土流失情况及背景值、水土流失面积变化情况以及水土流失量、水土流失程度的变化情况。

③ 水土保持防治效果的监测

水土保持防治效果的监测内容主要包括各类水土保持工程的数量、质量,林草成活率、保存率、生长情况以及覆盖率,工程措施的稳定性、完好程度以及运行情况,各类防治措施在控制水土流失、改善生态环境等方面的作用。

（4）监测方法

水土保持监测方法按照《生产建设项目水土保持监测与评价标准》（GB/T 51240—2018）制定,根据本工程施工特征和实际经济技术水平,本项目为建设类项目,水土保持监测采取定位监测和调查、巡查监测相结合的方法,以定位监测为主。

① 调查、巡查监测

该方法是对地形、地貌和水系的变化情况,建设项目征地用地面积,扰动地表面积情况,项目挖填方,临时堆土及堆放面积等进行监测,采用实际调查、GPS 测量以及结合设计资料进行分析的方法。各建设区域的扰动地表面积、破坏植被面积,在施工前、中、后各监测一次。

对防治措施的数量,防护工程的稳定性、完好程度及各项防治措施实施后的拦渣保土效果等进行监测,采用实地调查结合量测、计算的方法。各类永久防护工程在修建初期和水土保持工程投入使用后各监测一次。临时防护工程（袋装土挡墙、防尘覆盖网等）则在投入试用期间的每年 6—9 月每月监测一次。调查监测内容、方法及频次如表 15.3 所示。

表 15.3　调查监测内容、方法及频次一览表

监测时段	监测内容	监测方法	监测频次
施工准备期前	地表组成物质、原地貌类型、植被类型及覆盖度、现有水土保持设施及数量	实际调查、巡查监测	1 次
施工期	扰动地表面积、破坏植被面积	利用 GPS 定位仪实地勘测	在施工前、中、后各监测 1 次
	挖、填方量,弃土弃渣量	地形测量法	在施工前、中、后各监测 1 次
	各类永久防护工程	巡查监测	修建初期和完工投入使用后各监测 1 次
	临时防护工程	巡查监测	投入使用期间的每年 6—9 月各监测 1 次

（续表）

监测时段	监测内容	监测方法	监测频次
自然恢复期	弃渣排放量	地形测量法	每年春秋各测定2次
	林草成活率、保存率,林草覆盖度	标准样方调查法	每年春秋两季各测定1次
	各类永久防护工程实施效果	巡查监测	每年春秋各测定2次

② 定位监测

对不同地表扰动、侵蚀强度的监测,采用地面定位观测方法量测坡面的坡度、坡长,地面组成物质,容重等,并采用自记雨量计观测每次降水过程中的降雨量和降雨强度。有桩钉法、侵蚀沟样法、简易径流小区法及沉沙池法等,本方案采用沉沙池法监测。

沉沙池一般修建在坡面下方、堆渣体的坡脚周边等部位,主体工程中也有沉沙池。根据沉沙池的控制集水面积、降水强度等确定沉沙池规格。在土壤颗粒细小的地区,沉沙池的容积应较大,以便有效收集泥沙。沉沙池的大小则根据集水的面积和一定的排水设计频率确定,保证沉沙池能够收集一次或短期内连续降雨所形成的全部径流和泥沙。当集水区较大时,宜采用整流、分流措施,以减小沉沙池的规格。根据沉沙池的观测值和分流系数,可推算集水区范围内的流失量。

本方案采用沉沙池法,结合布设的沉沙池,在每场降雨结束后(主要是雨季),观测场地排水口径流量和泥沙量,采用标准取样器取出浑水水样,经过滤烘干后,求得水量和泥量。系列侵蚀产沙量数据可以反映施工场地水土流失的变化情况。

（5）监测频次

建设项目在整个建设期(含施工准备期)必须全程开展监测;生产类项目要不间断监测。

正在使用的弃渣场容量、正在实施的水土保持措施情况等至少每10天监测记录1次;扰动地表面积、水土保持工程措施拦挡效果等至少每1个月监测记录1次;主体工程建设进度、水土流失影响因子、水土保持情况、植物措施情况等至少每3个月监测记录1次。遇暴雨(日降雨量大于50 mm)、大风等情况时应及时加测。水土流失灾害事件发生后1周内完成监测。

监测单位对每次监测结果进行统计分析,作出简要评价,并及时报送水行政主管部门及相应的监测管理机构,同时做好监测预报;全部监测工作结束后,对监测结果作出综合分析与评价,编制监测成果报告,报送水行政主管部门及相应的监测管理机构,作为监督检查的依据之一。同时,水土保持设施竣工验收时也应提交监测专项报告,作为验收达标的依据之一。

15.5.2 水土保持管理

1. 组织管理

建立健全本项目水土保持组织领导体系,确保各项水土保持措施的落实;加强水土保持有关法律、法规的学习和宣传工作,提高技术人员的水土保持意识;明确职责,做好水土保持方案的实施、监督工作;建立水土保持工程档案。

建设单位作为水土保持方案实施的责任单位,应将水土保持主体工程纳入施工招投标,用合同的形式明确各自的职责。

施工单位应配备必要的专职或兼职水土保持管理人员,人员应经过岗前培训,具有相应的资质和能力,全面负责水土保持施工管理,以强化施工单位自身管理,确保本方案措施一一落实到位,保证各项水土保持措施随生产进度安排,与各主体工程同步实施,同期投入使用。施工单位应定期将水土保持方案的实施进度向建设单位汇报,建设单位应主动与水行政主管部门取得联系,接受水行政主管部门的监督检查。

2. 水土保持监理

为确保水土保持方案按期保质实施,应实行监理制,形成以项目法人、承包商、监理工程师三方相互制约,以监理工程师为核心的合同管理模式,以期达到降低造价、保证进度、提高工程质量的目的。水土保持监理的主要内容为:协助项目法人编写开工报告,审查施工单位,组织设计交底和图纸会审;审查承包商提出的施工技术措施、施工进度计划和资金、物资、设备等,督促承包商执行工程承包合同,按照相关技术标准和批准的设计文件施工;监督工程进度和质量,检查安全防护设施;核实完成的工程量,签发工程付款凭证,整理合同文件和技术档案资料;处理违约事件;协助项目法人进行工程管理、阶段验收,提出竣工验收报告。

3. 水土保持施工

承担主体工程施工和水土保持工程的施工单位必须具有熟悉水土保持业务的技术人员,技术人员应熟悉各项水土保持措施的技术要求;加强施工队伍的水土保持培训,强化施工人员的水土保持意识,提高施工人员的技术水平和环境意识,把水土流失预防工作放在首位。在工程建设中应严格按照批准的水土保持工程方案施工,严格执行《生产建设项目水土保持技术标准》(GB 50433—2018)及水土流失综合治理相关技术标准和规范。

在工程施工招标文件和施工合同中应明确水土保持后续设计,进一步确定工程内容、质量和进度要求,加强对施工单位的管理,控制和减少人为导致的水土流失。当工程必须外购土石料时,在与供料商签订的合同中,必须明确连带的水土流失防治责任。

4. 水土保持设施验收

在项目完工后投产使用前,建设单位应根据水土保持方案及其审批决定等,组织第三方机构编制《水土保持设施验收报告》。《水土保持设施验收报告》编制完成后,建设单位应当按照水土保持相关法律法规、标准规范、水土保持方案及其审批决定、水土保持后续设计等,组织水土保持设施验收工作,形成《水土保持设施验收鉴定书》,明确水土保持设施验收合格的结论。然后通过建设单位的官方网站或其他便于公众知悉的方式向社会公开《水土保持设施验收鉴定书》《水土保持设施验收报告》《水土保持监测总结报告》;对公众反映的问题和意见,建设单位应当及时予以处理或者回应。在公开水土保持设施验收材料后、项目投产使用前,向水土保持方案审批机关报备水土保持设施验收材料。材料被接收确认无误后,取得报备证明文件,水土保持设施验收工作即完成,项目可投产使用。

15.6 水土保持投资概算

本水土保持方案新增水土保持投资,包括对工程措施、植物措施、临时措施等的投资和独立费用等。经计算,本方案新增水土保持工程投资 80.05 万元,其中工程措施投资 9.98 万元,植物措施投资 0.69 万元,临时措施投资 28.08 万元,独立费用 27.86 万元,基本预备费 3.92 万元,水土保持补偿费 9.52 万元。

本水土保持方案投资安排基本与主体工程建设期投入同步,方案资金与主体工程建设资金统一筹措,本方案只计算静态投资。

主体已有水土保持功能工程措施投资已列入主体工程投资,不重复计算。根据新增水土保持防治措施,本工程水土保持总投资 80.05 万元。

15.7 综合评价

经过对主体工程占地、土石方平衡、施工工艺以及主体工程设计等的分析,主体工程占地及土石方平衡基本符合水土保持技术规范的相关规定,满足水土保持要求。经过分析,该项目建设符合相关法律法规,无制约性因素,项目建设是可行的。

16　劳动安全与工业卫生

16.1　设计依据

16.1.1　设计原则

（1）以"安全第一，预防为主"为原则，做到水利水电建设工程投产后符合职业安全卫生的要求，保障劳动者在生产过程中的安全与健康；

（2）与主体工程同时设计、同时施工、同时投产使用；

（3）消除工程运行过程中产生的危险、有害因素；

（4）具有针对性、可操作性和经济合理性；

（5）对策措施符合国家标准和行业安全设计规定的要求。

16.1.2　设计依据

（1）《中华人民共和国劳动法》；

（2）《建设项目（工程）劳动安全卫生监察规定》。

16.1.3　主要标准、规范和规程

（1）《水利水电工程劳动安全与工业卫生设计规范》（GB 50706—2011）；

（2）《工业企业噪声控制设计规范》（GB/T 50087—2013）；

（3）《工业企业噪声测量规范》（GBJ 122—88）；

（4）《工业企业设计卫生标准》（GBZ 1—2010）；

（5）《起重机械安全规程　第1部分：总则》（GB/T 6067.1—2010）；

（6）《安全色》（GB 2893—2008）；

（7）《固定式钢梯及平台安全要求　第3部分：工业防护栏杆及钢平台》（GB 4053.3—2009）；

（8）《机械安全　防护装置　固定式和活动式防护装置的设计与制造一般要求》（GB/T 8196—2018）；

（9）《污水综合排放标准》（GB 8978—1996）。

16.2 安全劳动

16.2.1 影响安全的主要因素

1. 施工过程的不安全因素

在项目施工过程中,所涉及的施工机械设备、施工人员较多,受管理水平、人员素质以及各种自然因素的影响,不可能完全避免事故的发生。经过对施工机械设备特点、项目地理位置和气候、施工生产工艺流程的分析,在项目施工过程中主要存在以下不安全因素。

(1)物理性危险及有害因素

① 在项目施工期间,采用的大型施工机械虽然机械化、自动化程度均较高,但整个生产过程尚不能完全实现人车分离、人机分离。由于设备、设施的质量问题,可能存在强度或刚度不够、稳定性差、密封不良、运动件外露、操纵器和制动器失灵或损坏等缺陷,而防护装置和设施、防护用品的使用不当或损坏、失效,以及设备之间的安全距离不够,均可能引起机损、货损、人员伤亡等事故。

② 施工期开挖、装卸土石料时,因风力影响而产生粉尘危害。

③ 施工期存在带电部位裸露、用电设备漏电、生产作业产生静电或电火花等用电危险因素。

④ 长时间在高噪声作业环境下工作,人员的听觉系统容易受到损害。

⑤ 由于施工起吊高度高,存在施工物品运输过程中从高处坠落的危害。

(2)生理、心理性危险及有害因素

在施工高峰期,存在引起生产人员体力、视力、听力等负荷超限,带伤或带病作业,情绪异常,感知延迟,辨识错误等生理、心理性危险及有害因素。

(3)行为性危险及有害因素

在施工过程中,若组织管理安排不合理、安全教育不足或思想麻痹,则存在施工管理人员的指挥失误或违章指挥、施工作业人员的误操作或违章操作,以及监护失误等行为性危险,易造成财产损失和人身伤害。

2. 运行期的不安全因素

本工程在运行中不可避免地存在防汛抢险等安全隐患,要引起重视。

16.2.2 安全措施

1. 施工期安全措施

(1)工程建设应严格按照有关施工规范、规程以及操作规章要求进行,防止事故发生。进行高空、吊装等危险作业时,应安排专门人员进行现场安全管理,确保遵守操作规程和落实安全措施。

（2）施工单位必须选用符合国家有关标准的施工机具,尽量选用低噪声的施工机械或工艺,从根本上降低噪声源的强度,同时加强设备的维护和保养,保持机械润滑,降低运行噪声。像空压机等震动较大的机械应使用减震机座降低噪声,并尽量设置在室内作业。高噪声环境中的施工人员应佩戴防噪声耳塞、耳罩或防噪声头盔。

（3）在施工现场入口,以及施工起重机械、临时用电设施、脚手架等有较大危险性的施工设备上,必须设置明显的安全警示标志。

（4）施工现场的办公、生活区与施工作业区分开设置,并保持足够的安全距离。施工场地内禁止吸烟,设置消防通道,采用河水作为消防水源,配置消防水泵和干粉灭火器等消防设施。

（5）施工现场的安全防护用具、机械设备、施工机具及配件由专人管理,定期进行检查、维修和保养,并建立相应的资料档案。

2. 运行期安全措施

（1）根据《中华人民共和国防洪法》等法规对城镇防洪排涝工程实行管理,管理机构应建立相应的管理规章制度,包括制定护岸工程、排涝渠（涵）的管理制度、运行制度、维修制度,以及其他技术、财务、安全生产等方面的规章制度,使工程运行管理有章可循,确保防洪工程安全、正常运行。

（2）在工程运行管理上考虑设置水情自动测报系统,设置必要的位移、水位等观测项目,确保工程安全运行。

16.3　工业卫生

16.3.1　工业卫生危害因素

1. 施工废（污）水

本工程施工期产生的生活废水和生活污水对局部水环境会造成一定影响。施工期生产废水主要来源于混凝土拌和系统等,废水排放量大。生活废水 pH 值和悬浮物含量较高,悬浮物的主要成分为泥沙,属无毒废水。

在施工高峰期,施工人数众多,生活污水排放量大,主要污染物为 BOD_5、COD_{Cr} 等。

2. 粉尘、废气

根据工程施工特点,施工作业产生粉尘、燃油废气主要发生在以下环节:

（1）推土机、挖掘机、铲土机、装载机、搅拌机等进行机械作业产生的粉尘;

（2）砂石料场在空气动力作用下起尘;

（3）汽车在运送土石方和砂石料过程中,由于震动和自然风力等因素引起的物料洒落起尘及道路二次扬尘;

（4）汽车卸料时产生的粉尘以及水泥拆包时产生的粉尘;

（5）施工运输车辆及其他施工机械运行过程中排放少量燃油废气,主要有害物为 SO_2、NO_x 和烃类。

施工过程中产生的粉尘、SO_2、NO_x 对施工区空气产生不良影响,易引起作业人员呼吸道疾病的发生。

3. 环境卫生

本工程施工期 1 年,施工高峰期人数达 100。外来流动人员进出频繁,增加各种疾病传播和流行的可能。施工区生活垃圾、粪便等如果不能妥善处理、随处倾倒,会导致河流等水源受到污染,当地居民及工作人员饮用后,会导致肝炎、痢疾等肠道传染病的发病率增加。此外,基坑的积水是滋生蚊子的场所,易导致疟疾等虫媒传染病的发病和流行,对人体的健康有较大的影响。

4. 高温中暑危害

本项目所在区域属于亚热带季风气候,极端最高气温为 39.6 ℃,全年夏长冬短。作业人员如果连续在户外高温下施工作业,容易中暑,给身体健康带来一定的危害。

16.3.2　工业卫生防护对策

1. 施工期卫生防护对策

（1）水环境防护对策

拟采用二级自然沉淀法对施工废水进行处理,施工废水经处理后循环利用,实现废水回用零排放。

施工区生活污水中的主要污染物为 BOD_5、COD_{Cr},施工期生活污水依照《污水综合排放标准》（GB 8978—1996）一级排放标准控制,BOD_5、COD_{Cr} 排放浓度分别控制在 20 mg/L、100 mg/L 以下。在施工生活区采用可重复利用的成套生活污水处理设备,避免生活污水直接排放而污染水质。

（2）粉尘、废气危害防治对策

① 在工程施工区配备 1 台洒水车,在施工区和施工公路沿线,在非雨天的早、中、晚来回洒水,避免扬尘。

② 施工材料的运输尽量采用遮盖封闭形式。另外,砂石土方的运输车辆不能超载,驶入施工作业区时要减速慢行。

③ 在混凝土拌和生产过程中设置除尘器,控制粉尘污染。

④ 加强施工人员的劳动卫生防护意识,作业时佩戴防尘口罩、手套等卫生防护用品,做好个人防护。

⑤ 严格执行汽车报废标准,推行强制更新报废制度,及时更新发动机耗油多、效率低、排放尾气严重超标的老、旧车辆。同时对燃油机械安装尾气净化器,定期检查维修,确保施工机械各项环保指标符合尾气排放要求,以降低废气排放量。

（3）环境卫生防护对策

① 定期对施工营地的饮用水源进行监测,以保证用水水质良好。成立专门的清洁队

伍,负责施工区、办公区和生活区的清扫工作,除日常清理外,每月至少集中清理两次。公共卫生设施应达到国家卫生标准和要求。

② 加强对施工人员生活环境卫生的管理,同时定期灭杀老鼠、蚊虫、苍蝇、蟑螂等。

③ 施工期应设立疫情监控站,定期进行抽样检疫,随时备有痢疾、肝炎、肺结核等常见传染病的处理药品和器材。

(4) 高温危害防护对策

工程区地处南方,夏季时间长、气温高,要注意防暑降温。工作场所要保持良好的通风条件。室内工作场所可适当安装电风扇、空调;在露天场所工作的人员要戴防暑帽,合理调整工作时间,尽量避开中午气温高的时间工作,以避免中暑。同时,在夏季安排供应清凉饮料。

2. 运行期卫生防护对策

(1) 疾病防疫

针对工程区较常见的地方流行性疾病,建立防疫网络,对防洪管理人员做好卫生防疫工作。

(2) 划定工程管理范围和保护范围

划定工程管理范围和保护范围,对防洪工程加强巡视和管理。

(3) 防洪运行

建立水情自动测报系统及必要的安全观测项目,确保工程安全运行。

(4) 防污染措施

防洪运行中产生的污水,经过处理后方可排入地面水体。

17 节能设计

17.1 节能设计依据

17.1.1 相关法律

(1)《中华人民共和国节约能源法》；

(2)《中华人民共和国可再生能源法》；

(3)《中华人民共和国电力法》；

(4)《中华人民共和国建筑法》；

(5)《中华人民共和国清洁生产促进法》。

17.1.2 产业政策

(1)《国务院关于加强节能工作的决定》（国发〔2006〕28 号）；

(2)《国务院关于发布实施〈促进产业结构调整暂行规定〉的决定》（国发〔2005〕40 号）；

(3)《民用建筑节能管理规定》（建设部令第 143 号）；

(4)《固定资产投资项目节能审查办法》；

(5)《产业结构调整指导目录》；

(6)《建设工程质量管理条例》（国务院令第 279 号）；

(7)《建设工程勘察设计管理条例》（国务院令第 293 号）；

(8)《实施工程建设强制性标准监督规定》（建设部令第 81 号）；

(9)《国家发展改革委关于加强固定资产投资项目节能评估和审查工作的通知》（发改投资〔2006〕2787 号）；

(10)《广西壮族自治区单位 GDP 能耗考核和主要污染物总量减排考核工作方案》。

17.1.3 相关标准及规范

(1)《油浸式电力变压器技术参数和要求》（GB/T 6451—2023）；

(2)《电动机能效限定值及能效等级》（GB 18613—2020）；

(3)《电力变压器能效限定值及能效等级》(GB 20052—2020);

(4)《建筑照明设计标准》(GB/T 50034—2024);

(5)《能源管理体系 分阶段实施指南》(GB/T 15587—2023);

(6)《用能单位能源计量器具配备和管理通则》(GB 17167—2006);

(7)《节电技术经济效益计算与评价方法》(GB/T 13471—2008);

(8)《公共建筑节能设计标准》(GB 50189—2015);

(9)《工业建筑供暖通风与空气调节设计规范》(GB 50019—2015);

(10)《建筑采光设计标准》(GB 50033—2013);

(11)《广西壮族自治区居住建筑节能设计标准》(DB 45/221—2017);

(12)《水利水电工程节能设计规范》(GB/T 50649—2011)。

17.2　节能设计

17.2.1　项目用能品种及用能总量分析

1. 项目用能品种分析

本工程运行期单项工程能耗项目主要有以下两个。

(1)水利管理站生产生活区能耗

该部分能耗包括水利管理站生产生活区的办公用房、职工住房通风、照明消耗的电能和温度调节消耗的电力。

(2)工程建设期能源消耗

该部分能耗包括工程建设期的岸线生态修复工程、排涝工程、污水处理工程、临时机电设备安装等消耗的电力、柴油和汽油。

综上分析,本工程在工程建设期和生产运行管理期所消耗的主要能源有电力、柴油和汽油。

2. 能源消耗总量分析

本项目能源消耗总量按工程运行管理期和工程建设期分析如下:

(1)工程运行期耗能总量分析

临桂区桃花江黄塘村至龙头村段生态保护修复工程无机电设备安装项目,运行期内主要能源消耗为水利管理站生产生活区内办公及生活的能源消耗。水利管理站投入运行后,响应国家节能政策,通过采取节能措施,使年总能耗降到最低。

(2)工程建设期耗能总量分析

工程建设期落实国家节能政策,与地方电力部门协调用电需求,支付合理电费,建设期尽管耗能总量不大,但仍需加强节能。

17.2.2　项目节能措施

根据本工程的特点及地理位置,能源消耗主要在运行期和施工期,设计中严格执行国家有关规范规程要求,以节约能源的设计思路为主导。具体措施如下:

1. 建筑节能措施

在建筑节能设计中,尽量通过围护结构的保温隔热性能提高采暖和空调设备的能源利用率,通过自然通风和天然采光提高通风、照明设施的能源利用率。建筑节能的主要措施有:

(1)采取措施降低义江洪水水面线,尽可能利用已有护岸挡墙拦挡洪水,对现有护岸挡墙少加高或不加高;减少排涝设施,力求内涝洪水自排,避免设置排涝泵站,达到节能降耗目的。

(2)生产生活区内办公、生活用房屋,应充分利用自然光和自然风来满足采光、通风要求,减少电能消耗。

(3)推广节能型墙体和屋面,重点推广外保温墙体,采用合理的窗墙比及建筑体型。大力推广节能型门窗、门窗密封条及热反射保温隔热窗帘等。提高建筑物保温、隔热和气密性能。外墙采用240 mm厚的烧结空心砖,屋顶采用保温隔热面板。

(4)生产生活区内办公房屋节能按照《公共建筑节能设计标准》(GB 50189—2015)进行设计,满足二步节能要求。住宅房屋满足三步节能要求。

(5)建筑照明方面,推广节能型电光源,选用高效照明及线路设备,减少电能损耗。

2. 电气节能措施

电气设备的耗能主要有配电变压器的电能损耗等。电气节能措施主要有以下几种。

(1)积极采用高效设备,提高用电效率,降低设备运行费用,减少能耗。

(2)配电变压器采用低损耗变压器系列产品,并合理布置,降低损耗。

(3)根据国家照明设计标准的规定采用合适的照度标准,满足使用场所的照明需求,尽可能选用荧光灯等用电效率高、光学性能好、寿命较长的光源和灯具,保证照明功率密度设计在限定值内。照明控制器则根据具体场所的需求采用相应的控制方式,以尽量节省能源消耗。

(4)合理选用导线材料和截面,降低线损率。

(5)优化电气设备布置方案,进一步降低线损率。

3. 施工期主要节能降耗措施

(1)主要施工设备选型及其配套设计

本工程规模不大,工程呈带状分布,为保证施工质量及施工进度,施工过程中须采用较多的施工机械设备,因此,节能降耗的工作重点是选择施工机械。在设备选择及配套设计时,主要参考了相关标准规范以及同类工程的先进经验,同时还结合本工程和本地区的实际情况,在满足工程进度要求、保证工程质量、降低工程造价的前提下,选用节能型的施工机械设备及相应的配套设备。

（2）主要施工技术和工艺选择

本工程在设计施工方案和安排施工进度时，参考国内已建和在建相同类型工程的成功经验，因地制宜地结合本工程所在区域实际的地形地质条件、工程布置情况，不断优化设计，工艺流程上尽量做到减少装卸操作环节，减少二次倒运，选择合理的运输距离，提高施工机械设备利用率，降低能耗。通过比选，确定适合本工程的最佳的施工技术和施工工艺。

（3）施工辅助生产系统设计

施工辅助生产系统主要包括压缩空气、供水、供电系统等。为了达到节能降耗目的，供风系统采用移动式空压机，靠近施工用风的工作面，减少损耗。供水系统则采用单级离心泵，其优点是水力性能适用范围广，节能效果好。供电系统尽量采用永久供电和临时供电相结合，选择节能的供配电变压器和电器设备，减少电能损耗和电压损失，选用合理的导线材料和截面，降低线损率。

（4）施工临时设施及营地建筑设计

施工临时用地尽可能不占或少占耕地；临时建筑设施和营地的建设统筹考虑施工前期与后期规划，避免二次搬迁，并结合工程地理位置特点，部分短期临时用房可以租用，缩小临时建筑设施的规模；施工临时建筑设施的空间布置，尽量满足自然通风、采光的要求，外墙、屋面、门窗选用具有节能保温功能的产品；施工临时建筑设施和营地采用一般照明、重点照明、混合照明、应急照明、疏散照明及装饰照明相结合的方式，尽量使用光效高、寿命长、显色性好的光源和灯具，并充分利用天然光及各种集光装置进行采光，以达到节能降耗的目的。

（5）施工期建设管理节能措施

根据本工程的布置和施工特点，施工期建设管理采取的节能措施如下：

① 定期对施工机械设备进行保养和维修，降低设备故障的发生率，确保设备安全、连续运行。

② 加强对开挖渣料的管理，按渣场规划和渣料利用的不同要求，分别将渣料堆存在指定地点，方便利用。

③ 根据施工强度，配备合适的设备，以保证设备的连续运转，最大限度发挥设备的效率。

④ 合理安排施工项目，做好资源平衡工作，避免施工强度峰谷差别太大，充分发挥施工设备能力。

⑤ 合理安排混凝土浇筑工期，相同强度等级的混凝土尽可能同时安排施工，避免混凝土拌和系统频繁更换，节省能源。

⑥ 及时维护施工道路，确保道路畅通，减少堵车、停车、刹车，节约油料。

⑦ 生产、生活建筑物的设计尽可能采用自然光照明，充分利用太阳能，室内外照明采用节能灯具，减少用电量。

⑧ 成立节能管理领导小组，对现场施工、管理及相关人员进行节能教育。经常检查、

监督节能降耗执行情况,根据不同施工时期,明确相应节能降耗工作重点。

4. 优化设计、强化节能措施

优化电气设备的布置设计方案,优化主要建筑物的用能设计和办公生活区及宿舍等建筑物设计,进一步降低项目能源消耗。

17.3 节能效果综合评价

本工程节能效果主要体现在工程本身的机电设备选型上,在设计时充分考虑国家相关节能规范要求,严格按规范要求设计,积极采用低耗能产品,达到节能要求。节能效果分析如下:

1. 电气设备设计节能效果分析

本工程根据国家的节能政策、法律、法规、行业的用能标准及电气设备节能设计规范,通过强化电气设备节能措施,采用节能新技术和节能工艺流程,不使用已公布淘汰的机电产品以及国家产业政策限制的产业序列和规模容量或行业已公布限制(或停止)的工艺,电气设备节能措施科学、有效。

2. 建筑工程设计节能效果分析

水利管理站办公房等建筑采取节能措施,大大降低了采暖负荷。外墙采用 240 mm 厚的烧结空心砖,屋顶采用保温隔热面板,采用节能设计后能源消耗降低 35% 以上。同时,采取措施降低河道洪水水面线,尽可能利用现有防洪墙拦挡洪水,实现内涝自排,避免设置泵站等抽排设施,大大节约运行能耗。

建筑工程节能设计通过采用节能型墙体、屋面,节能型门窗密封条及热反射保温隔热窗帘等,提高了建筑物保温、隔热和气密性能。建筑耗能标准达到行业和地方节能要求,建筑节能措施科学、有效。

3. 节能指标评价

根据本工程能源消耗总量和产生的经济效益分析计算,本项目万元 GDP 能耗约为 0.05 t 标准煤,远低于 2015 年 1.00 t 标准煤/万元 GDP 能耗标准。从能源消耗和产出看,该生态修复工程属节能投资项目。

4. 项目节能效果综合评价

本工程在设计理念、机电设备选用、施工等多个方面遵循国家的节能政策、法律、法规及行业的用能标准,并进行了优化设计,选用符合国家政策的先进节能设备和材料,节能措施科学、有效,项目节能效果显著,符合我国固定资产投资项目节能设计要求。

18　工程管理设计

18.1　工程管理体制

为了确保桂林市临桂区桃花江黄塘村至龙头村段(塔山段)生态修复工程中的护岸安全运行,充分发挥工程效益,需建立健全组织管理机构,以对护岸的运行调度进行管理。本工程建成后,由临桂区临桂镇人民政府农业服务中心负责运行管理,临桂镇人民政府农业服务中心隶属临桂镇人民政府,临桂区水利局提供技术指导。

18.2　工程运行管理

18.2.1　管理要求和管理内容

临桂镇人民政府农业服务中心负责其所属护岸工程设施的日常安全运行、维修和管理,汛期在临桂区防汛抗旱指挥部的领导下承担各防洪工程的安全度汛工作,对护岸工程管理区内的大小沟渠、塘坝、河床滩涂、河岸岸坡等进行管理,此外,对与工程有关的道路桥梁、下水道,配合县政府等有关部门进行管理。

为了能及时发现和预报建筑物的异常现象,消除隐患,确保工程安全,工程运行管理单位需安排专人对工程进行定期和不定期巡查,同时通过临桂区防洪预报预警系统的站点,将巡查观测结果(特别是流域上游的观测结果)直接传送到桂林市防汛抗旱指挥中心,如遇有异常情况,能及时研究抢险处理措施,进行加固除险。

18.2.2　工程调度运用原则和调度方式

在确保安全的前提下进行科学管理,协调各部门的矛盾,充分发挥项目的综合利用效益。其中,防汛调度原则和运用规程,由县防汛办批准,并由临桂区防洪调度中心指挥,由工程管理处执行,最大限度地发挥工程效益。

18.2.3　运行管理经费及来源

根据《中华人民共和国防洪法》《中华人民共和国水法》《中华人民共和国防汛条例》《中华人民共和国河道管理条例》等法律法规,对临桂区境内的防洪工程实施管理。针对临桂区的具体情况,制定桃花江临桂区黄塘村至龙头村河段运行、维修、管理制度及其他技术、财务、安全生产等相关的规章制度,使防洪工程管理纳入法制轨道,运行管理做到有章可循,确保防洪工程安全、正常运行,发挥防洪的作用。

根据《水利产业政策》(国发〔1997〕35号)、《国务院关于印发〈水利建设基金筹集和使用管理暂行办法〉的通知》(国发〔1997〕7号)、《广西壮族自治区人民政府关于调整防洪保安费有关征收管理政策的通知》(桂政发〔2000〕5号)等有关文件,工程管理、运行、维修费用的来源为临桂区城市建设维护费。

根据《水利产业政策》第七条,城市防洪为甲类项目,第二十一条规定,"甲类项目的维护运行管理费由各级财政预算支付,乙类项目的维护运行管理费由企业营业收入支付"。为此,该工程的维护运行管理费主要由临桂区人民政府从区城市建设维护费用中拨给。

《水利产业政策》第十二条规定:"地方项目中的防洪排涝、城市防洪等甲类项目所需投资,由所在地人民政府从地方预算内资金、农业综合开发资金、以工补农资金、水利专项资金等地方资金和贴息贷款中安排,同时要重视利用农业生产经营组织和农业劳动者的资金和劳务投入。"

18.3　工程管理和保护范围

18.3.1　工程管理范围和保护范围

根据《中华人民共和国城乡规划法》、《中华人民共和国水法》、《中华人民共和国防洪法》、《中华人民共和国防汛条例》、《中华人民共和国河道管理条例》、《广西壮族自治区水利工程管理条例》、《堤防工程管理设计规范》(SL/T 171—2020)等有关法律法规,堤防工程管理需明确划定管理范围以及堤防安全保护区。为此,结合本工程的实际情况,拟定本工程的管理范围和保护范围。

本工程堤防属4级,堤防工程管理范围为堤防迎、背水坡脚以外8~15 m;堤防工程管理范围以外30~50 m为保护范围。

18.3.2　管理范围用地

本工程竣工后由临桂镇人民政府农业服务中心主管,临桂镇人民政府农业服务中心负责具体运行管理。临桂镇人民政府农业服务中心利用现有办公用房,本次不再增设用地。临桂镇人民政府农业服务中心位于临桂镇,离护岸不远,有利于对工程进行管理。

18.4　管理设施与设备

　　管理设施与设备由临桂镇人民政府农业服务中心负责,本次不再增设。

19 工程信息化

　　桃花江临桂区境内干流全长 32.3 km,支流麻枫河 7.2 km,均未实施信息化管理系统。桂林市漓江流域山水林田湖草生态修复和保护示范工程项目建设工作领导小组办公室组织漓江流域"天空地人网"监测项目调研,对漓江流域进行系统监测。为避免重复建设,本项目不再进行工程信息化设计。

20 设计概算

20.1　编制说明

20.1.1　工程概况

工程建设内容分为岸线生态修复工程、农村污水处理工程。总治理河长 12.439 km,其中桃花江主河道治理河长 11.192 km,支流治理河长 1.247 km,岸线布置基本沿原河岸走向布置,护岸总长 11.18 km。其中桃花江主河道护岸总长 9.54 km,左岸 5.43 km,右岸 4.11 km;支流护岸总长 1.640 km,左岸 1.260 km,右岸 0.380 km。其中附属建筑物主要有下河码头 19 座、排水涵管 7 座、生态堰坝改造 2 座。建设生态缓冲带 13.61 hm²;21 个村庄新建农村生活污水收集管网,新建处理站点 17 个。

20.1.2　工程主要投资指标

工程总投资 9 953.03 万元,其中建筑工程 7 718.93 万元,机电设备及安装工程 0 元,金属结构设备及安装工程 0 元,临时工程 494.76 万元,独立费用 1 052.45 万元,基本预备费 463.31 万元,征地移民补偿 92.05 万元,水土保持工程 80.05 万元,环境保护工程 51.48 万元。

20.1.3　编制原则和依据

(1)《广西水利水电工程设计概(预)算编制规定》《广西水利水电建筑工程概(预)算定额》《广西水利水电设备安装工程概(预)算定额》《广西水利水电工程机械台时费定额》;

(2)《广西壮族自治区水利水电工程概(预)算补充定额》(桂水基〔2014〕41 号);

(3)《关于调整广西水利水电建设工程定额人工预算单价的通知》(桂水基〔2016〕1 号);

(4)《水利厅关于营业税改征增值税后广西水利水电工程计价依据调整的通知》(桂水基〔2016〕16 号);

(5)《自治区水利厅关于调整水利工程增值税税率的通知》(桂水基〔2018〕11 号);

（6）《自治区水利厅关于调整水利工程增值税计算标准的通知》（桂水建设〔2019〕4号）；

（7）《广西壮族自治区人力资源和社会保障厅 广西壮族自治区财政厅关于印发降低社会保险费率实施方案的通知》（桂人社规〔2019〕9号）；

（8）《国家计委、建设部关于发布〈工程勘察设计收费管理规定〉的通知》（计价格〔2002〕10号）；

（9）《关于印发〈建设工程监理与相关服务收费管理规定〉的通知》（发改价格〔2007〕670号）；

（10）《广西壮族自治区安装工程消耗量定额》及其配套费用定额；

（11）《关于印发〈市政工程设计概算编制办法〉的通知》（建标〔2011〕1号）；

（12）《广西壮族自治区市政工程消耗量定额》（2014年）及其配套费用定额；

（13）《广西壮族自治区园林绿化及仿古建筑工程消耗量定额》（2021年）；

（14）《广西壮族自治区工程建设其他费用定额》（桂建标〔2018〕37号）；

（15）《自治区住房城乡建设厅关于调整建设工程定额人工费及有关费率的通知》（桂建标〔2018〕19号）；

（16）《关于调整安装市政等工程费用定额有关规定的通知》（桂建标〔2013〕47号）；

（17）《建设工程工程量清单计价规范》（GB 50500—2013）；

（18）《建设工程工程量计算规范（GB 50854~50862—2013）广西壮族自治区实施细则》；

（19）《市政工程工程量计算规范》（GB 50857—2013）；

（20）《自治区住房城乡建设厅关于调整建设工程计价增值税税率的通知》（桂建标〔2019〕12号）；

（21）管理费和利润取费率区间的中值；规费按现行相关规定收取，增值税按9%取费；

（22）工程量、基础资料均由设计人员提供。本工程采用一般计税法计税。

20.1.4 基础价格

1. 人工费

依据文件《水利厅关于营业税改征增值税后广西水利水电工程计价依据调整的通知》（桂水基〔2016〕16号），人工预算由42元/工日调整为59.68元/工日，相应工时单价由5.25元/工时调整为7.46元/工时。人工预算单价调整后，进入直接费的人工预算单价仍按"桂水基〔2007〕38号"规定的3.46元/工时执行，超过3.46元/工时部分（4.00元/工时）的人工预算单价在工程单价计算表的价差项内计列。

2. 施工用水、用电单价

施工用水单价1.0元/m³，施工用电预算价0.55元/（kW·h）。

3. 主要材料预算价格

主要材料预算价格参考《桂林市建设工程造价信息》或市场询价。

4. 材料运杂费计算

本工程所需钢筋、水泥、砂石料在临桂区购买,由汽车运至工地,运距 15 km 内。根据《桂林市建设工程造价信息》,材料价格已包含 15 km 运费,超过部分根据相关规定计算。弃渣场与工地运距为 30 km,采用新型智能环保渣土车运输弃渣。

20.1.5 各部分工程概算编制

1. 建筑工程及施工临时工程

(1)建筑工程由主体建筑工程、房屋建筑工程、其他建筑工程组成。主体建筑工程按设计工程量乘以工程单价进行概算编制;房屋建筑工程投资按单位造价指标估算;其他建筑工程按估算指标计算。

(2)在临时工程中,导流工程投资采用工程量乘以单价计算,施工临时道路、施工场外供电、施工交通工程和施工仓库工程投资按单位造价指标计列。施工生活及文化福利建筑等其他临时工程按有关扩大指标计算。

2. 设备及安装工程

机电设备及安装工程的投资均按设备数量乘以工程单价进行编制。

3. 独立费用

独立费用包括建设管理费、勘察设计费和其他费用。

(1)建设管理费

① 项目建设管理费

项目建设管理费按"桂水基〔2007〕38 号"规定计算,项目建设管理费由建设单位管理费、工程管理经常费组成。

建设单位管理费:Ⅰ~Ⅳ部分投资≤10 000 万元,按[63+(Ⅰ~Ⅳ部分投资)×1.0%]计算。

工程管理经常费:按建安工程费×1.5%计算。

② 工程建设监理费

工程建设监理费按"发改价格〔2007〕670 号"、《国家发展改革委关于降低部分建设项目收费标准规范收费行为等有关问题的通知》(发改价格〔2011〕534 号)计算。

(2)勘察设计费

勘察设计费参考"计价格〔2002〕10 号"的规定计算。

(3)其他费用

工程保险费按一至四部分(建筑工程、机电设备及安装工程、金属结构设备及安装工程、临时工程)投资合计的 0.45%计算;招标业务费按国家发展和改革委员会《招标代理服务收费管理暂行办法》(计价格〔2002〕1980 号)规定和"桂建标〔2018〕37 号"计算;工程验收抽检费按建筑安装工程费的 0.3%计算;工程平行检测费按建筑安装工程费的 0.3%计算;建筑工程意外伤害保险费按建筑安装工程费的 0.3%计算。水利工程确权划界费按2 万元/km 计算。

20.1.6 预备费

基本预备费按一至五部分(上文提及的四个工程+独立费用)投资之和的5%计算。

20.2 资金筹措

本工程以桂林市临桂区城昇农业综合开发有限责任公司为项目主要承担机构,总投资为9 953.03万元,项目资金主要由中央、自治区财政补助资金和地方配套资金组成,其中中央、自治区财政补助资金6 605万元,地方配套资金3 348.03万元。

20.3 概算表

桂林市临桂区桃花江黄塘村至龙头村段(塔山段)生态修复工程项目概算总表如表20.1所示。

表20.1　工程项目概算总表　　　　单位:万元

序号	工程或费用名称	建筑安装工程费	设备购置费	独立费用	合计
一	工程部分投资				
(一)	建筑工程	7 718.93			7 718.93
1	岸线生态修复工程	4 908.82			4 908.82
2	农村污水处理工程	2 733.69			2 733.69
3	其他建筑工程	76.42			76.42
(二)	机电设备及安装工程				
(三)	金属结构设备及安装工程				
(四)	临时工程	494.76			494.76
(五)	独立费用				1 052.45
1	建设管理费			425.83	425.83
2	勘察设计费			462.21	462.21
3	其他			122.77	122.77
4	建筑工程意外伤害保险费			24.64	24.64
5	水利工程确权划界费			17	17
	一至五部分投资合计	8 213.69		1 052.45	9 266.14
	基本预备费(5%)				463.31

（续表）

序号	工程或费用名称	建筑安装工程费	设备购置费	独立费用	合计
	静态总投资				9 729.45
	价差预备费				0
	建设期融资利息				0
	工程部分总投资				9 729.45
二	移民与环境投资				
（一）	征地移民补偿			92.05	92.05
（二）	水土保持工程			80.05	80.05
（三）	环境保护工程			51.48	51.48
	移民与环境总投资			223.58	223.58
三	工程投资总计				
	静态总投资				9 953.03
	总投资				9 953.03

注：本表工程部分投资由五部分概算表汇总生成，如因万元转换四舍五入产生显示偏差，以五部分概算表为准。

21 实施效果评价

21.1 工程概况

工程建设内容分为岸线生态修复工程、农村污水处理工程。总治理河长 12.439 km，其中桃花江主河道治理河长 11.192 km，支流治理河长 1.247 km，岸线布置基本沿原河岸走向布置，护岸总长 11.18 km，其中桃花江主河道护岸总长 9.54 km，左岸 5.43 km，右岸 4.11 km；支流护岸总长 1.640 km，左岸 1.260 km，右岸 0.380 km。其中附属建筑物主要有下河码头 19 座、排水涵管 7 座、生态堰坝改造 2 座。建设生态缓冲带 13.61 hm²；21 个村庄新建农村生活污水收集管网，新建处理站点 17 个。

河流整治工程主要产生社会效益，没有直接的现金收入，因此本次只针对实施效果进行评价。实施防洪治理工程具有防洪治涝、生态环境治理的社会效益，通过工程施工过程中的水土保持措施和环境保护措施，可对环境的影响减少至最小，因此本工程宜尽早投入实施。

21.2 实施效果评价

21.2.1 工程效果评价

本次护岸轴线布置结合治理河段河道走向，岸坡的地形、地质条件和特点以及保护范围进行，做到力求平顺，避免因护岸工程改变水流方向和条件，保证河道的行洪断面和流态顺畅。

工程全部建成后，可以有效保护沿岸现状和沿河一带居民的生命及财产安全。经分析，工程防护乡村耕地面积 0.55 万亩，涉及人口 0.36 万人，工程建设对维护民族团结、社会稳定，以及促进当地社会经济快速发展具有重要意义。

21.2.2 生态效果评价

本工程根据护岸措施与乡村规划相结合的原则，从生态角度考虑，确定设计方案。护岸结构形式选择根据护岸所在的位置、河岸的地形地质条件、与周边环境景观相协调的要求等因素综合考虑,能较好地与乡镇绿化、美化相结合,与周边环境协调一致。

工程兴建后,河道生态系统得到改善。通过实施清淤疏浚、河岸带护坡、植物修复等措施,改善了区域内河道的综合环境,恢复了河道生态,提高了区域水资源调控能力,优化了区域水资源配置,同时还对安定人民生活,维护正常的生产和社会秩序,以及创造良好的投资、建设环境有着重要的作用。工程实施后,进行施工迹地植被恢复,改变了过去垃圾乱堆、污水满地流的局面;临江道路的建设,使沿河两岸的堤、路、园等基础配套设施建设得到了进一步完善,同时改善了该区环境面貌,促进了当地经济稳定、持续地发展。

21.3 修复前后效果

1. "桃花源"生态修复区

兰田堰坝生态修复前如图 21.1 所示,兰田堰坝生态修复后如图 21.2 所示。

图 21.1 兰田堰坝生态修复前

图 21.2　兰田堰坝生态修复后

　　兰田堰坝生态区节点位于桃花江兰田村段,该节点是桃花江绿色廊道的起点。长期以来,该堰坝是附近村民纳凉、玩水的场所。近年来,由于洪水的冲刷、淘蚀,该区域岸坡崩塌严重,堰坝坝脚被淘空,淤泥覆盖层厚,使得昔日的纳凉胜地逐渐被废弃、遗忘。根据现场堰坝损毁情况,本工程对堰坝进行了全面加固,同时结合生态修复理念,将其与周边环境进行整体修复,既使其具备蓄水、防洪的功能,又兼顾自然生态的特点,还为人们提供了休闲纳凉的好去处。

2. "桃花春"生态修复区

　　"桃花春"区域生态修复前如图 21.3 所示,"桃花春"区域生态修复后如图 21.4 所示。

图 21.3　"桃花春"区域生态修复前

图 21.4 "桃花春"区域生态修复后

　　"桃花春"生态修复区位于人流量相对较多的刘家村沿线,由于该区生态环境的破坏,原来的水美乡村已成为人们的梦中家园,通过生态修复后,沿线居民的梦中家园又回到了现实。

3. "桃花香"生态修复区

（1）"桃花香"生态修复区大宅堰坝生态节点

大宅堰坝生态修复前如图 21.5 所示。

图 21.5　大宅堰坝生态修复前

　　周边村民世代在大宅堰坝节点洗衣、打水、休憩,随着桃花江的生态逐渐被破坏,水质逐渐变差,村民不再来江边,原来的码头、洲岛均已荒废。生态修复将原本残破不堪的滚水坝修复成为生态堰坝,不仅改善了水环境,还使其成为生态节点,将水清、岸绿、景美还给两岸村民。

　　大宅堰坝生态修复后如图 21.6 所示。

图 21.6　大宅堰坝生态修复后

（2）"桃花香"生态修复区亲水码头节点

亲水码头生态修复前如图 21.7 所示。

图 21.7　亲水码头生态修复前

亲水码头生态修复后如图 21.8 所示。

图 21.8　亲水码头生态修复后

（3）"桃花香"生态修复区洲岛生态修复节点

通过对洲岛的生态修复,原来无人问津的荒岛被改造成沿线村民及游客休闲游乐的生态滨水公园。

洲岛生态修复前如图21.9所示。

图21.9 洲岛生态修复前

洲岛生态修复后如图21.10所示。

该洲岛位于大宅村旁,是桃花江上少有的洲岛,岛上原本生态优越,是鸟类理想的栖息地。然而,随着桃花江的生态恶化,岛屿上垃圾遍地,鸟类已经很少在此出没。通过生态修复,桃花江上的洲岛又恢复了原本良好的生态环境,达到了人与自然的和谐共生。

图 21.10　洲岛生态修复后

4."桃花醉"生态修复区

"桃花醉"区域生态修复前如图 21.11 所示。

"桃花醉"区域生态修复后如图 21.12 所示。

图 21.11 "桃花醉"区域生态修复前

图 21.12 "桃花醉"区域生态修复后

该节点位于项目的核心区,是桃花江生态修复的亮点之一。修复前,这里生态脆弱,建筑垃圾乱倒乱堆、遗留的临时铁桥墩、废弃多年的混凝土桥严重阻塞河道,致使河道岸坡冲刷崩塌、生态受损。通过清淤清障、生态修复,这里展现出河畅、水清、景美的生态画卷。

5. "桃花思"生态修复区

"桃花思"区域生态修复前如图 21.13 所示。

图 21.13 "桃花思"区域生态修复前

"桃花思"区域生态修复后如图 21.14 所示。

该节点位于西二环道路边,人流量大、群众关注度高,将此处作为生态修复重点区域打造。修复前,道观桥及下面的残桥严重阻塞河道,造成了大面积淤积和岸坡的损坏,岸线生态岌岌可危。通过自然修复的方式,淤积滩地变成了河道湿地。

图 21.14　"桃花思"区域生态修复后

21.4　幸福河建设效果

21.4.1　修复前评分

按照幸福河标准评分,修复前评分 46 分,见表 21.1。

表 21.1　修复前桃花江(临桂镇塔山段)幸福河建设评分表(乡村段河流)

评价内容	评价指标	序号	评分标准	分值	自评分	初评分
水安全(20分)	防洪排涝	1	河流管理范围内的涉水建筑物满足防洪、排涝等要求。发现桥梁、码头、拦河闸坝、浮桥、泵站等涉水工程对防洪排涝安全造成不利影响的,发现一处扣2分,扣完为止	5	2	2
	工程运行	2	水利工程安全运行,堤防、水闸、泵站、拦河坝以及水电站等工程设施能正常运行。工程存在安全风险问题的,发现一处一般问题扣1分,发现一处较重及以上问题扣2分,扣完为止	5	3	3
	岸线稳定	3	河流岸坡和河势稳定,行洪通畅。发现一处塌岸、废弃涉水建筑物、明显淤塞等问题的,扣1分,扣完为止	4	2	2
	安全管理	4	在河流险工险段设置安全警示标识。发现一处未按要求设置的,扣1分,扣完为止	3	1	1
		5	在旅游开发,水上活动、人类活动密集,学校附近等河湖区域设置安全警示标识,配备必要的安全救生设施设备。发现一处未按要求设置的,扣1分,扣完为止	3	1	1

（续表）

评价内容	评价指标	序号	评分标准	分值	自评分	初评分
水资源（12分）	生态流量（水位）	6	评价河段存在水电站或上游水电站对评价河段造成生态影响的，应保障生态流量泄放。无生态流量目标或无生态流量泄放措施的，扣4分；有生态流量目标，不按目标泄放的，扣3分	4	2	2
		7	保障河流生态需水量，防止人为造成河段减水严重。$L=$平均裸露河槽宽度/平均河槽宽度 $L \geq 0.8$ 的，扣4分；$0.5 \leq L < 0.8$ 的，扣3分；$0.3 \leq L < 0.5$ 的，扣2分；$L < 0.3$ 的，不扣分	4	2	1
	取水规范	8	河流取水口依法设置，管理规范，符合相关技术标准。存在非法设置取水口、超标取水等非法取水行为的，发现一处扣4分	4	2	2
水生态（16分）	河流连通	9	河流水系连通性和流动性好。连通指数 $n > 1$ 的，扣4分；$0.5 < n \leq 1$ 的，扣2分；$0 < n \leq 0.5$ 的，扣1分；$n = 0$ 的，不扣分	4	2	2
	自然生态	10	河流景观自然优美、宜弯则弯，保持原真性和完整性，弯道、深潭、浅滩、江心洲、滩地、滩林等自然风貌得到有效保护与修复，河流治理过程中维持河流自然形态，保障基本生态功能。破坏、刻意改变河流生态环境的，发现一处扣2分，扣完为止	4	2	2
		11	河流两岸植被覆盖完好，原生植被得以保留。河岸存在植被破坏、开垦种植等破坏生态的，发现一处扣1分，扣完为止	4	2	2
	水生生物保护	12	水生生物保护良好。未按国家或自治区部署，未启动外来水生生物入侵物种普查、监测和治理的，扣2分；存在非法捕捞，电、毒、炸鱼等现象的，发现一起扣1分；存在有害外来入侵物种的，发现一种扣1分，扣完为止	4	2	2
水环境（20分）	河流整洁	13	河流清洁卫生，及时清理河流水面漂浮物（垃圾、油污、规模性水葫芦、蓝藻等）。发现一处问题扣1分，扣完为止	6	3	2
		14	河流沿岸不得设置集中垃圾堆放点，发现一处扣4分；不得堆放废弃物，发现一处扣1分，扣完为止	4	2	2
	排水规范	15	河流排污口依法设置，管理规范，符合相关技术标准。存在非法设置排污口和偷排、超排等非法排污行为的，发现一处扣6分；农村生活污水未经处理直排的，发现一处扣0.5分，扣完为止	6	3	2
	人水和谐	16	河流沿线的人水活动和谐。发现一处破坏水环境的，扣2分，扣完为止	4	2	2

（续表）

评价内容	评价指标	序号	评分标准	分值	自评分	初评分
水文化（6分）	文化保护	17	河流及其沿岸历史文化古迹(古桥、古堰、古码头、古闸、古堤、古河道、古塘、古井等)留存保护良好,得到有效保护和利用。有文化古迹,但未有效保护的,扣4分	4	2	2
		18	通过水文化相关活动或利用已有堤、堰、闸、桥等载体展示河流水工程文化、治水文化等。无水文化建设的,扣2分	2	1	1
水管理（26分）	河流管控	19	河流划界成果经县级以上人民政府公告,按标准设定界桩、界牌,划界成果纳入河湖长"一张图"、国土空间规划"一张图",缺一项扣2分,扣完为止	4	2	2
		20	河湖长设立及责任有效落实,合理布设河长公示牌。未按照规定合理布设河长公示牌的,扣1分;河湖长未按照规定开展巡河的,扣1分;发现存在明显管护问题的,扣1分。扣完为止	2	1	1
		21	持续推进河湖"清四乱"常态化、规范化。每发现1个严重问题扣6分,较重问题扣5分,一般问题扣4分,扣完为止	6	3	3
		22	河流保洁有保障。未落实保洁员的,扣1分;未落实管护经费的,扣1分	2	1	1
	公众参与	23	积极推进河流管护公众参与,河流有民间河长、社会监督员等。缺少一项扣1分,扣完为止	2	1	1
		24	河流管护纳入村规民约,提高村(居)民参与度。河流管护未纳入村规民约的,扣2分	2	1	1
		25	加强幸福河宣传,对河流沿线村(居)民开展宣传。无任何宣传的,扣4分	4	2	2
		26	河流沿岸居民满意度较高。满意度≥90%的,不扣分;80%≤满意度<90%的,扣2分;70%≤满意度<80%的,扣3分;满意度<70%的,扣4分	4	2	2
合计				100	49	46

21.4.2 修复后评分

按照幸福河标准评分,修复后评分97分,见表21.2。

表 21.2　修复后桃花江(临桂镇塔山段)幸福河建设评分表(乡村段河流)

评价内容	评价指标	序号	评分标准	分值	自评分	初评分
水安全 (20分)	防洪排涝	1	河流管理范围内的涉水建筑物满足防洪、排涝等要求。发现桥梁、码头、拦河闸坝、浮桥、泵站等涉水工程对防洪排涝安全造成不利影响的,发现一处扣2分,扣完为止	5	3	3
	工程运行	2	水利工程安全运行,堤防、水闸、泵站、拦河坝以及水电站等工程设施能正常运行。工程存在安全风险问题的,发现一处一般问题扣1分,发现一处较重及以上问题扣2分,扣完为止	5	5	5
	岸线稳定	3	河流岸坡和河势稳定,行洪通畅。发现一处塌岸、废弃涉水建筑物、明显淤塞等问题的,扣1分,扣完为止	4	4	4
	安全管理	4	在河流险工险段设置安全警示标识。发现一处未按要求设置的,扣1分,扣完为止	3	3	3
		5	在旅游开发,水上活动、人类活动密集,学校附近等河湖区域设置安全警示标识,配备必要的安全救生设施设备。发现一处未按要求设置的,扣1分,扣完为止	3	3	3
水资源 (12分)	生态流量 (水位)	6	评价河段存在水电站或上游水电站对评价河段造成生态影响的,应保障生态流量泄放。无生态流量目标或无生态流量泄放措施的,扣4分;有生态流量目标,不按目标泄放的,扣3分	4	4	4
		7	保障河流生态需水量,防止人为造成河段减水严重。$L=$平均裸露河槽宽度/平均河槽宽度。$L \geq 0.8$ 的,扣4分;$0.5 \leq L < 0.8$ 的,扣3分;$0.3 \leq L < 0.5$ 的,扣2分;$L < 0.3$ 的,不扣分	4	4	4
	取水规范	8	河流取水口依法设置,管理规范,符合相关技术标准。存在非法设置取水口、超标取水等非法取水行为的,发现一处扣4分	4	4	4
水生态 (16分)	河流连通	9	河流水系连通性和流动性好。连通指数 $n > 1$ 的,扣4分;$0.5 < n \leq 1$ 的,扣2分;$0 < n \leq 0.5$ 的,扣1分;$n = 0$ 的,不扣分	4	4	4
	自然生态	10	河流景观自然优美、宜弯则弯,保持原真性和完整性,弯道、深潭、浅滩、江心洲、滩地、滩林等自然风貌得到有效保护与修复,河流治理过程中维持河流自然形态,保障基本生态功能。破坏、刻意改变河流生态环境的,发现一处扣2分,扣完为止	4	4	4
		11	河流两岸植被覆盖完好,原生植被得以保留。河岸存在植被破坏、开垦种植等破坏生态的,发现一处扣1分,扣完为止	4	4	4
	水生生物保护	12	水生生物保护良好。未按国家或自治区部署,未启动外来水生生物入侵物种普查、监测和治理的,扣2分;存在非法捕捞、电、毒、炸鱼等现象的,发现一起扣1分;存在有害外来入侵物种的,发现一种扣1分,扣完为止	4	4	4

（续表）

评价内容	评价指标	序号	评分标准	分值	自评分	初评分
水环境（20分）	河流整洁	13	河流清洁卫生，及时清理河流水面漂浮物（垃圾、油污、规模性水葫芦、蓝藻等）。发现一处问题扣1分，扣完为止	6	6	5
		14	河流沿岸不得设置集中垃圾堆放点，发现一处扣4分；不得堆放废弃物，发现一处扣1分，扣完为止	4	4	4
	排水规范	15	河流排污口依法设置，管理规范，符合相关技术标准。存在非法设置排污口和偷排、超排等非法排污行为的，发现一处扣6分；农村生活污水未经处理直排的，发现一处扣0.5分，扣完为止	6	6	6
	人水和谐	16	河流沿线的人水活动和谐。发现一处破坏水环境的，扣2分，扣完为止	4	4	4
水文化（6分）	文化保护	17	河流及其沿岸历史文化古迹（古桥、古堰、古码头、古闸、古堤、古河道、古塘、古井等）留存保护良好，得到有效保护和利用。有文化古迹，但未有效保护的，扣4分	4	4	4
		18	通过水文化相关活动或利用已有堤、堰、闸、桥等载体展示河流水工程文化、治水文化等。无水文化建设的，扣2分	2	2	2
水管理（26分）	河流管控	19	河流划界成果经县级以上人民政府公告，按标准设定界桩、界牌，划界成果纳入河湖长"一张图"、国土空间规划"一张图"，缺一项扣2分，扣完为止	4	4	4
		20	河湖长设立及责任有效落实，合理布设河长公示牌。未按照规定合理布设河长公示牌的，扣1分；河湖长未按照规定开展巡河的，扣1分；发现存在明显管护问题的，扣1分。扣完为止	2	2	2
		21	持续推进河湖"清四乱"常态化、规范化。每发现1个严重问题扣6分，较重问题扣5分，一般问题扣4分，扣完为止	6	6	6
		22	河流保洁有保障。未落实保洁员的，扣1分；未落实管护经费的，扣1分	2	2	2
	公众参与	23	积极推进河流管护公众参与，河流有民间河长、社会监督员等。缺少一项扣1分，扣完为止	2	2	2
		24	河流管护纳入村规民约，提高村（居）民参与度。河流管护未纳入村规民约的，扣2分	2	2	2
		25	加强幸福河宣传，对河流沿线村（居）民开展宣传。无任何宣传的，扣4分	4	4	4
		26	河流沿岸居民满意度较高。满意度≥90%的，不扣分；80%≤满意度<90%的，扣2分；70%≤满意度<80%的，扣3分；满意度<70%的，扣4分	4	4	4
合计				100	98	97

桂林市临桂区临桂江桃花江黄塘村至龙头头村段（塔山段）生态修复工程总体平面布置图如图 21.15 所示。

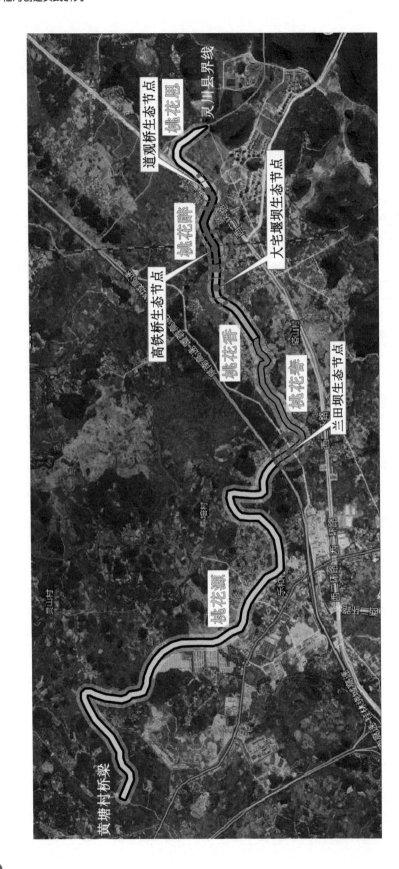

图 21.15　桂林市临桂区桃花江黄塘村至龙头头村段（塔山段）生态修复工程总体平面布置图

桂林市临桂区桃花江黄塘村至龙头村段（塔山段）生态修复工程节点平面布置图如图 21.16 所示。

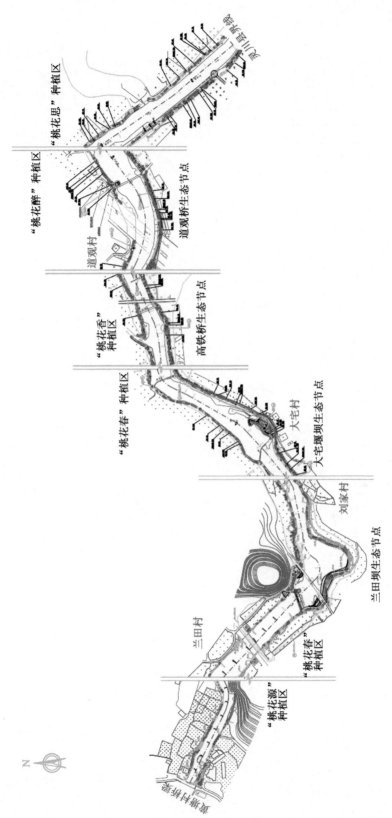

N

"桃花思"种植区

"桃花醉"种植区

道观村

道观桥生态节点

"桃花香"种植区

高铁桥生态节点

"桃花春"种植区

大宅村

大宅堰坝生态节点

刘家村

兰田村

兰田坝生态节点

"桃花春"种植区

"桃花源"种植区

灵川县界

图 21.16 桂林市临桂区桃花江黄塘村至龙头村段（塔山段）生态修复工程节点平面布置图